益川敏英監修／
植松恒夫，青山秀明編集

基幹講座　物理学
熱力学

宮下精二 著

東京図書

|R|〈日本複製権センター委託出版物〉
本書を無断で複写複製(コピー)することは,著作権法上の例外を除き,禁じられています.本書をコピーされる場合は,事前に日本複製権センター(電話03-3401-2382)の許諾を受けてください.

シリーズ刊行にあたって

　現代社会の科学・技術の基盤であり，文明発達の原動力になっているのは物理学である．

　本講座は，根源的，かつ科学全ての分野にとって重要な基礎理論を軸としながらも，最新の応用トピックとしてどのような方面に研究が進んでいるか，という話題も扱っている．基礎と応用の両面をバランスよく理解できるように，という配慮をすることで未来を拓く新しい物理学を浮き彫りにする．

　現代社会の中で物理学が果たす本質的な役割や，表層的ではない真の物理学の姿を知って欲しいという観点から，「ただ使えればいい」「ただ易しければいい」という他書の姿勢とは一線を画し，難しい話題であっても全てのステップを一つひとつじっくり解説し，「各ステップを読み解くことで完全な理解が得られる」という基本姿勢を貫いている．

　しっかりとした読解の先に，物理学の極みが待っている．

2013年4月

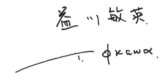

益川敏英

監修者，編集者によるまえがき

植松恒夫（以下，植松）　この『基幹講座 物理学』シリーズは，今回は『熱力学』ですが，益川さんは，熱力学をどのように捉えておられますか？

益川敏英（以下，益川）　ある意味非常に理論的なんだよね．第一種永久機関はない．第二種永久機関もない．あんな二つの公理だけから，あれだけの壮大な理論を作っちゃう．

青山秀明（以下，青山）　他の講義はね，力学にせよ，電磁気学にせよ，全部，論理的に行けるわけですよ．でも，ちょっと熱力学は違いますね．

植松　確かに．マクロな量だけで理論を構成していくので，ミクロな立場から気体分子運動論や統計力学の非常に大きな自由度の系を考えて，そこでの確率分布から結論を導く話と全然アプローチが違ってますよね．

益川　それは，実験的事実として公理を仮定するからね．二つの公理だけから，あれだけのものを作っていくというのはね，僕，天才だと思うね．

青山　そうかもしれませんね．公理があって，その中でやれば現象と合うよ，みたいな．

益川　だから，最初にエネルギー保存則とエントロピー増大則とを，出してくるわけね．あれを読んだときは，非常に素晴らしいと思ったけど，さっぱりわからん．統計力学が出てきて，はじめてわかった．

青山　ちょっと，ほっとしましたけどね．いや，その公理は，物理学のほかの公理，というか，基礎とは独立なんですよね．力学だったら，ニュートン運動方程式があるけど，そんなの関係ない．

益川　公理というべきかなんか知らんけど，第一種の永久機関は作れない，第二種は作れない，それだけでしょ．

青山　それ自体は他からは導けない，というか，公理に反する事実は存在しない．だから，それで理論としてはパーフェクトな存在ということでしょうか．でも分かりやすい構成としては，統計力学から説き起こして熱力学を作っていけばいいんですね．統計力学はミクロな理論だから，余分な公理とか永久機関の何とかかんとかは必要ない．

植松　しかし，最近は，統計力学をその基礎として熱力学を出してくるっていうのではなく，その熱力学自体で，一つの完成した理論体系になってるという考え方がありますね．必ずしも，ミクロなものでマクロなものが説明できるということでもないという考え方が複雑系の理論の考え方です．そうそう，ミクロな粒子であるクォークを導入したゲルマンが一方でコンプレックス・システムの研究所を作ったこともありましたね．

青山　すべてミクロに戻って理解するというのは間違いであるということでしょうか．

植松　間違いというか，それだけに頼ってやるというのは間違いであるということですよね．だからある意味でいろんな，例えば経済現象とか経済のいろいろな現象とかそういうのに複雑系の理論とか使ったでしょう．それは，個々のものというよりは，もっとマクロ的なもので議論していくということかと思うんですが．

青山　形式的にはそうかもしれないけど，本当はミクロなものが寄せ集まって出来ているんだから，やっぱり統計力学から理解するのは自然だと思うんだけどな．もちろん，ある程度レベルが違えば，そのレベルでのストーリーっていうか，違った理解があるだろうけど，すべては基本レベルからあるわけでしょ．原子・分子はあるわけだから．統計力学は本物ですよね．

益川　だからマクロの世界でね，そこでだけ閉じるような理論ができるってことが脅威なんだね．

青山　それは面白いけど，物理学の本質ではないですよね．つまり，ミクロなところから全部階層的にあるわけで．

植松　だからそうとは限らないという思想だと思うんですけど．熱力学を統計力学から説明されるという理解ではないということを言ってる人がいる．

青山　そのレベルでそういう理論が存在しうるっていうのが非常に興味深い現象だけれど，本質はやはりミクロなんじゃないんですか？　違います？

益川　いや，それは簡単だけどね，実際そうだから．だから，マクロのところだけ閉じるっていうのはね，脅威だよね．

青山　それは……．一応，そうですけど．うーん……．

植松　いや，例えば，素粒子だってハドロンの現象論で，場の理論まで戻らないで，高エネルギーで，しかもソフトな相互作用というのは，レッジェ・ポール理論とかレゾナンスで説明できますよね．それは決して，ミクロなQCD

なレベルから説明するわけではなく，そのマクロなレベルでの閉じた理論になっている．

青山　エフェクティブな理論，バンド理論なんかがそうですかね．その意味ではS行列理論は，熱力学に対応していると言えそうですね．

植松　例えば超伝導でも，ランダウ・ギンズブルグ理論のような有効相互作用で記述して，いちいちBCSまで戻らないですよね．

青山　だけど基本的な理解はBCSがあって，ランダウ・ギンズブルグ理論があって，普通の計算はランダウ・ギンズブルグ理論でやればいいと．Sマトリックスだって，今となっては本当は場の量子論があるけどエフェクティブな理論としてSマトリックスの理論があって，そのレベルで計算しても足りるものは足りると．そう思って我々はやってるわけでしょ．熱力学は，本当は統計力学があって，普通は熱力学の中の計算だけで熱機関は足りるけど，本当は統計力学が本物だ，というのが自然だと思うんだけど．

植松　だから，ミクロの立場からでの理解が万能だというのが間違いだということですよね．ミクロなことで説明できることはいっぱいあるわけだけど，それだけですべて説明できるかって言われたらそうではないと．

青山　これまで，我々の勝手な思いを話し合ってきましたが，ミクロとマクロ，統計力学と熱力学の関係については，本書の著者の宮下さんが，次巻の統計力学も執筆されるので，読者の方々はそれをお読み頂いて，お考えいただきましょう．

著者によるまえがき

　熱力学は，物理学の中でも特殊な科目である．それは力学や電磁気学などと違い，その原理や対象が式で表されておらず，「熱」と「温度」という漠然とした対象を扱うためである．昔は「熱」と「温度」は暖を取るものであったが，熱機関の導入によってその定量的解析が必要になり，物理学としての熱力学が構築された．

　しかし，そのよりどころは，熱平衡の存在（第0法則），熱とエネルギーの関係（第1法則），熱の流れに関する関係（第2法則）という，定性的なものである．熱の解釈には観測側の認識の程度といった曖昧さ（熱＝マクロに認識できないエネルギー）があるにもかかわらず，熱力学はその一見とりつくしまのなさそうな曖昧さを，物理学としての精密さをもって論理構成していく奇跡的な論理展開である．それは「乱れの定量化」ということもできるだろう．そのため，熱力学の最重要概念である「エントロピー」という言葉は熱力学のみならず多くの分野で使われている．

　本書では，元祖エントロピーとは何か，どのようにして定義されるのか，さらにはどのように使われるのか，について説明する．そこではミクロな理論に依存しない形で議論を進める．そのため，熱力学は熱平衡状態にあれば対象によらず成り立つという普遍性を持っている．技術的には，偏微分の技を駆使する場面もあるが純粋にテクニカルな問題なので，その部分に目を奪われず，その醍醐味を味わっていただければ幸いである．

　また，熱力学の適用例としていろいろな例を挙げている．それらからは熱力学の簡単な基本式からいかに多様な非自明な現象が説明できるのかを楽しんでいただければと期待する．さらに，熱平衡状態から外れた状態での動的性質に関しての線形応答現象についての議論も簡単に触れた．

　また，上で述べたように熱力学は対象に依らない普遍的な理論なので，実際の具体的な対象に適用するためには，個々の対象物質の個性を導入する必要がある．ミクロな立場からその役目を担うのが統計力学であるが，それは他の機会に紹介する．

謝辞

　最後に，執筆の貴重な機会を与えてくださった植松恒夫先生，青山秀明先生及び監修者の益川敏英先生に感謝いたします．本書執筆にあたっては中央大学理工学部の香取眞理先生から重要で有益なコメント，議論いただきました．心からお礼申し上げます．また，執筆に際して忍耐強くサポートいただいた編集部の皆様に謝意を表します．

2019 年 6 月　宮下精二

目次

シリーズ刊行にあたって iii

監修者，編集者によるまえがき iv

著者によるまえがき vii

第1章 序論 1
 1.1 【基本】熱現象 1
 1.2 【基本】ミクロからマクロへの視点の切り替え 3
 1.3 【基本】熱現象の初等的な記述 3
  コラム 温度計 8

第2章 熱力学の原理 9
 2.1 【基本】熱平衡状態と状態量 9
 2.2 【基本】熱力学第0法則 12
 2.3 【基本】熱力学第1法則 13
 2.4 【基本】熱力学第2法則の定性的表現 25
 2.5 【基本】熱力学第2法則の定量的表現 26
 2.6 【基本】熱力学的温度 34
 2.7 【基本】エントロピー 36
 2.8 【発展】カラテオドリの原理 39
 2.9 【基本】熱力学の基礎方程式 40
 2.10 【基本】熱力学第3法則 42
  コラム カルノーの考察と熱力学の発展 42

第3章 熱力学関係式とその応用 45
 3.1 【基本】熱力学関係式 45
 3.2 【基本】熱力学関数 47

3.3	【基本】	偏微分の公式	51
3.4	【基本】	マクスウェルの関係	54
3.5	【基本】	応答関数の間の関係	56
3.6	【基本】	理想気体の状態方程式	58
3.7	【基本】	理想気体のいろいろな状態変化	60
3.8	【基本】	準静的過程	65
	コラム	リンデ (Linde) の液化器	69

第4章 熱力学的安定性 ... 71

4.1	【基本】	エントロピー増大の原理	71
4.2	【基本】	クラウジウスの不等式	72
4.3	【基本】	自発的な変化に伴うエントロピー変化	77
4.4	【基本】	熱平衡状態の条件	78
4.5	【基本】	2つの系が接触しているときの相平衡条件	80
4.6	【基本】	熱力学的安定性を表す不等式	82
	コラム	熱力学的に異常な状態	86

第5章 エントロピーが重要な役割をする現象 ... 89

5.1	【応用】	エントロピーが重要な役割をする現象	89
5.2	【応用】	混合系の熱力学	90
5.3	【応用】	ギブスのパラドックス	92
5.4	【応用】	希薄溶液	95
5.5	【応用】	化学反応と平衡定数	98
5.6	【発展】	ミクロ操作でのエントロピーと情報	103
5.7	【発展】	熱力学の第3法則：Nernst-Planck の定理	104
	コラム	寒剤	108

第6章 相転移 ... 111

6.1	【基本】	相図	111
6.2	【基本】	ギブスの相律	115
6.3	【基本】	ファンデルワールスの状態方程式	116
6.4	【基本】	気相・液相相転移	120

目次

6.5	【応用】	ギブスの自由エネルギーを用いた気相・液相相転移の決定	124
6.6	【応用】	ヘルムホルツの自由エネルギーを用いた気相・液相転移の記述	127
6.7	【基本】	1次相転移と2次相転移	131
6.8	【発展】	現象論的自由エネルギー	136
6.9	【発展】	ギンツブルグ–ランダウの自由エネルギー	138
6.10	【発展】	磁性体の相転移	141
6.11	【発展】	2次相転移の現象論的自由エネルギーと臨界指数	141
	コラム	3重臨界点	150

第7章 いろいろな熱現象 … 153

7.1	【応用】	熱機関	153
7.2	【応用】	実効効率	161
7.3	【応用】	エアコンの原理：ヒートポンプ	163
7.4	【応用】	フェーン現象	165
7.5	【応用】	分留	166
7.6	【応用】	電池	168
7.7	【応用】	黒体輻射	169
	コラム	ビッグバンと宇宙背景輻射	172

第8章 輸送現象と線形応答 … 175

8.1	【発展】	応答現象	175
8.2	【発展】	オンサーガーの相反定理	177
8.3	【発展】	熱電効果	178
8.4	【発展】	一般化されたジュール熱とエントロピー生成	180
8.5	【発展】	一般化線形応答理論	182
8.6	【発展】	複素アドミッタンスの特性	185
8.7	【発展】	ウィーナー–ヒンチンの定理	188
8.8	【発展】	ゆらぎを取り入れた熱力学	190
8.9	【発展】	オンサーガーの相反定理の導出	195
8.10	【発展】	エントロピー生成最小の原理	200

8.11	【発展】揺動・散逸定理	201
8.12	【発展】非平衡熱力学	205
	コラム 熱の伝導現象	206

章末問題 解答 ... 209

索 引 ... 231

◆**装幀** 今垣知沙子（戸田事務所）

第1章 序論

物理学において熱力学は何をめざして構築された理論であるのか．歴史的な背景から話を始め，力学や電磁気学とは大きく異なった理論体系となった理由を述べる．ここではまた，熱現象に対する初等的な記述方法を簡単に復習することで，次章以降の準備も行う．

§1.1 熱現象

人類は火を使うことにより，他の動物とは大きく異なる進化を遂げた．そのため，土や水，金や銀など，人類が利用してきた他の物質と同様に，火もまた，世界を構成する重要な要素の一つと古人が考えたのは，むしろ自然なことである．火は長い間，寒いときに体を暖めたり，食物の煮炊きをするなど，もっぱら熱を得るために用いられてきた．しかし，18世紀に入り，熱した蒸気の圧力を利用して力学的な仕事をさせる蒸気機関が動力源として実用化され，このことが18世紀半ばから19世紀にかけて起こった産業革命を導いた．熱に仕事をさせるという，それまでにはなかった熱の能動的利用を可能とする装置を，一般に**熱機関**とよぶ．この熱機関の効率を上げるため，熱に関係する現象が詳しく調べられていった．

その過程で，人々は，川の水流によって水車を回して仕事をさせるときと，熱を使って熱機関に仕事をさせるときとでは，原理的な違いがあることに気づいた．そして，その違いに関して多くの実験と考察がなされ知識が蓄積されていった．そこから，熱現象全般を対象とする**熱力学**という物理学が生まれたのである．熱という概念を定式化するためには，独特な論理体系を構築する必要があり，熱力学は物理学の理論においてユニークな存在となっている．本書ではその様子を説明し，身近に現れる熱現象の妙を紹介する．

自然現象を記述するため，力学と電磁気学において，いろいろな概念が導入され物理量として定式化された．力学ではまず，位置や運動を表すため「長さ」と「時間」が，また，物体の重さとして「質量」が物理量として定義され

た．その上で，「力」という概念が物理量として定式化された．「仕事」や「運動量」，あるいは「エネルギー」などは，それらから構成される副次的な物理量である．電磁気学では，「電荷」や「電流」といった物理量の定義から始まり，「電場」と「磁場」という場の概念が導入され，それらに対する定式化がなされた．厳密に定義された物理量を用いると，一見すると複雑に思われるさまざまな力学現象と電磁気現象を，わかりやすく，しかも正確に説明できるようになる．なぜならば，曖昧さなく定義された物理量の間に成り立つ関係は明確であるので，どの物理量が基本的なものであり，それがどのような原理で定まるのかがわかれば，その他の副次的な物理量の振舞いも正しく記述できることになるからである．基本的な物理量が従う原理を明示するものは，力学ではニュートンの法則であり，電磁気学ではマクスウェルの偏微分方程式系であった．

ところが，自然現象を表す量であり，しかも日常的に誰もが用いているにも関わらず，上述の力学と電磁気学で定義された物理量だけではその本質を定式化することができないものがある．その典型例が「温度」である．「温度」は日常，温度計を用いれば容易に測ることができる．しかし，例えばアルコール温度計で測っているものは，単に，細長いガラス管の中に封入されたアルコールという液体の体積にすぎない（図1.1 参照）．

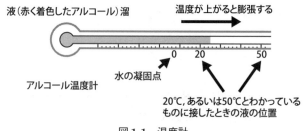

図1.1　温度計

私たちが温度という言葉で表している概念は，「暖かい」とか「冷たい」とかいう物質の状態を数値で表したものである．熱力学では「温度」を物理量として定式化する．それと同時に，「熱」という概念を厳密化し，この両者の間の関係を定める原理を明らかにするのである．この原理を知ることによって初めて，なぜ細長いガラス管の中に封印された液体の体積を見ることで温度を測ったことになるのかが理解できるようになり，さらには，熱機関の熱効率の限度を定めることが可能となるのである．

§1.2　ミクロからマクロへの視点の切り替え

　電荷の素は電子という素粒子がもつ素電荷であり，電流は電子の流れである．また，電波は空間的に不均一な電場と磁場が，マクスウェルの偏微分方程式系に従って，時間経過に伴って空間中を伝播していく現象である．それでは，熱の素となる素粒子は存在するだろうか．また，温度という場は存在するだろうか．もしも，熱の素粒子があり，それが従う運動法則がわかれば熱の本質を知ることができるだろう．また，もしも物理学の基本的な場としての「温度場」というものが定義でき，それが従う方程式がわかれば，それを解くことによって熱と温度との関係を正確に書き下すことができるはずである．ところが，残念なことに，そのようなものは存在しないのである．

　温度が 0 ℃，気圧が 1 気圧の状態を標準状態という．いま，この標準状態にある体積 1 リットル ($= 1000\,\text{cm}^3 = 10^{-3}\,\text{m}^3$) の窒素気体を考えてみよう．これは，膨大な数の窒素分子の集合体である．このように考えて，窒素分子一つ一つの運動の様子を個別に見ようとする見方を**ミクロ（微視的）な描像**という．物質の様子をミクロに追求すると，物質を構成している原子や分子といった物体の個々の運動は（量子）力学の原理によって完全に記述されるという結論に至る．そこには，気体の「温度」も，あるいはそれらが変化したときの「熱」の出入りも議論する必要はない．1 リットルの窒素気体の熱現象を議論するには，窒素気体全体を窒素分子の集合体としてではなく，一つの系として扱う．このような見方を**マクロ（巨視的）な描像**という．

　マクロな系として存在する物質の性質を，曖昧さなく捉え正確に記述するのが熱力学である．その意味で，力学や電磁気学といったミクロな描像の上に構成された物理学と，マクロな描像の上に構成される熱力学とは，大きく異なった理論体系となっている．そのミクロな描像とマクロな描像の二つを関係づける物理学として**統計力学**がある．

§1.3　熱現象の初等的な記述

　まずは，中学校や高等学校で習った方法を思い出して，熱や温度に関する計算をしてみることにしよう．初等的な記述方法を復習しておくことは，次章で熱力学の勉強を始める際に足がかりを与えるだけでなく，熱現象に対する記述

方法が物理学の理論としてどのように抽象化されるのか，また，その過程を経てどのように厳密に定式化されていくのか，その様子を理解するための手助けにもなることだろう．

1.3.1　熱量と熱容量

　熱い物体と冷たい物体を接触させると，熱が移動して最終的に同じ温度になる．図1.2に示したように，30℃の水2000gを入れた容器Aと，90℃に熱した1000gの水を入れた容器Bを用意し，「AとBを接した後，十分に時間が経ち両者の温度が等しくなったときの値を求めよ」という問題を考えることにしよう．

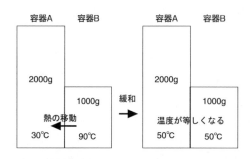

図 1.2　熱の移動によって2つの物体が等温になる過程

　この問題に答えるために，ある質量の物体がある温度にあるとき，「その物体はある定まった熱量をもつ」と考えてみることにする．水1gの温度を1℃上げるのに必要な熱量を **1カロリー (cal)** とよぶ．また，ある標準温度を定めておくことにする．その上で，物体のもつ熱量の値は，この標準温度から現在の温度にするために物体に与えなければならない熱量の値に等しいものとして定義することにする．終状態での温度を問う上述の問題の答は，標準温度を何度に設定したとしても実は同じなのであるが，具体的に数値を書き下すことができるよう，ここでは標準温度を0℃とする．ただし，容器自体がもつ熱量は考えなくてよいものとする．

　以上の設定より，始めにAがもっていた熱量は $30 \times 2000\,\mathrm{cal}$，Bがもっていた熱量は $90 \times 1000\,\mathrm{cal}$ ということになる．また，両者を接した後の終状態での温度を T℃と書くことにすると，この終状態でのAとB全体の熱量は

§1.3 【基本】 熱現象の初等的な記述

$T \times (2000 + 1000)$ cal ということになるので，等式

$$30 \times 2000 + 90 \times 1000 = T \times (2000 + 1000) \tag{1.1}$$

より，

$$T = \frac{30 \times 2000 + 90 \times 1000}{2000 + 1000} = 50\,\text{℃} \tag{1.2}$$

というように答が求められる．

この解法では，熱量を保存量として取り扱っていることに注意すべきである．(1.1) の左辺はAとBを接触させる前の両者の熱量の総和であり，右辺は接触させた後の終状態での熱量である．ここでは温度は「熱量の密度」のようなものとして扱われている．

水1gの温度を1℃上げるのに必要な熱量を1 cal としたが，水に限らず，一般に物質固有の属性として，その物質1gの温度を1℃上げるのに与えなければならない熱量の大きさは定まっている．これを，その物質の**熱容量**とよぶ．単位は cal/g℃ である．[1] 物質の単位体積あたりの質量として定義される密度を，基準となる物質の密度との比で表すことがあり，これを比重という．固体や液体の状態にある物質に対しては，通常，水を基準物質とする．この慣習に従って，水の単位質量あたりの熱容量に対する比という意味でも，比熱という名称が使われている．なお，大地を構成している物質の比熱の値は概ね1よりも小さい．つまり，水はそれらの物質に比べて温めにくく冷めにくいことになる．海に近い地域の方が，内陸部に比べて気温の変化が穏やかなのはこのためである．

熱容量を用いると，水だけではなくさまざまな物質からなる物体に対しても，上で示したのと同様の計算ができる．例えば，銅の比熱は約 0.1 cal/g℃ である．30℃の水 2000 g を入れた容器に 90℃ に熱した銅のかたまり 1000 g を接した場合には，十分時間が経った後の終温度は

$$T = \frac{1 \times 30 \times 2000 + 0.1 \times 90 \times 1000}{1 \times 2000 + 0.1 \times 1000} \simeq 33\,\text{℃} \tag{1.3}$$

---

[1] 正確には，熱容量の値は1℃上げる前の物質の温度にも依存する．ただ，その依存性は日常の温度領域ではごくわずかなので，通常は熱容量の温度依存性は考えない．逆に言うと，温度依存性を正確に考慮すれば，物質固有の比熱の大きさを基準にして熱量の単位を正確に定義することが可能になる．例えば，上で述べた熱量の単位であるカロリー (cal) の定義の一つとして，「1気圧のもとで，14.5℃の純水1gを15.5℃にするのに必要な熱量を1 cal とする」とするものがある．これによって定義される熱量の単位を特に「15度カロリー」とよび，$1\,\text{cal}_{15}$ と記す．

であることになる.

このように熱量という物理量を考えると,物体の間の熱の移動とそれによる温度変化の様子をうまく説明することができる.そこで,熱量の素となる元素が物体内に存在し,それが別の物体に伝わっていくことにより物体の温度が変化するという考え方が,ラヴォアジェ(Antoine-Laurent de Lavoisier, 1743–1794)によって提唱された.この元素は目には見えず質量ももたないものとされ,カロリック(熱素)と命名された.[2]

しかし,熱は移動だけでなく摩擦によっても発生する.イギリス植民地時代のアメリカに生まれ,アメリカ独立戦争ではイギリス軍のために働いた科学者トンプソン(ランフォード伯,Sir Benjamin Thompson, Count Rumford, 1753–1814)は,金属柱をえぐって大砲の砲身を作る工程で大量の摩擦熱が生じることに着目した.金属を削るという力学的作業を続けると摩擦熱が発生し続けることから,この現象は熱素論では説明できないことを示し,熱を運動と関連づけて議論した.この力学的な仕事による熱量の発生に関する研究は,2.3節で説明する有名なジュール(James Prescott Joule, 1818–1889)の実験や,気体の定積比熱と定圧比熱の差に関するマイヤー(Julius Robert von Mayer, 1814–1878)の考察(3.7節参照)などを経て,**熱力学第1法則**として確立することになる.

1.3.2 気体温度計の温度とシャルルの法則

気体温度計は,希薄な気体の体積で温度を決めるものである.圧力一定の条件の下で,ある一定量の気体の0℃のときの体積をV_0とし,100℃のときの体積をV_{100}とする.そして,この気体の体積がVであるとき,その状態での温度を

$$T^{摂氏} = 100 \times \frac{V - V_0}{V_{100} - V_0} \tag{1.4}$$

で定義する.このようにして気体の温度を測る測定器を**気体温度計**とよぶ.得られた温度が日常で使われる**摂氏温度**(セ氏温度,セルシウス温度)であり,単位は℃である.図1.3に示したように,横軸に温度,縦軸に気体の体積をと

---

[2] この熱素に基づいた学説(熱素論)は,ここで扱ったような簡単な問題に対してだけでなく,熱現象に関するさまざまな問題に対しても適用された.その結果,非常に精密な理論体系として構築されていき,当時は多くの科学者によって支持されていた.ラヴォアジェは現代化学の祖ともいうべき大科学者であったが,フランス革命で処刑された.

§1.3 【基本】 熱現象の初等的な記述

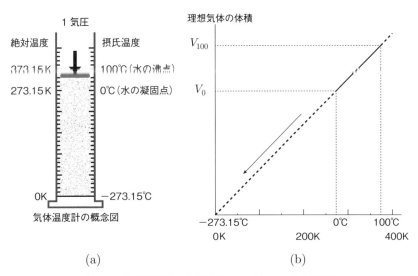

(a) (b)

図 1.3 気体温度計の温度の決め方（シャルルの法則）

り，0℃のときの体積の値 V_0 と，100℃のときの体積の値 V_{100} をプロットし，この 2 点を線分で結んでみる．この線分に沿って気体の体積の比に従って按分をとることにより定めた温度が，この摂氏温度である．

その線分を図の左下に外挿して，体積が 0 になる温度を（気体温度計の）**絶対零度**とよぶ．その値は −273.15℃である．これを基準点 0 として測った温度が**気体温度計**の**絶対温度**である．温度 1 度の刻み（尺度）は摂氏温度と等しく，よって 1℃であるが，絶対温度の単位は K と書き**ケルビン**と読む．これは，この絶対温度を導入した物理学者ウィリアム・トムソン（ケルビン卿，William Thomson, 1st Baron Kelvin, 1824–1907）にちなんだ名称である．この定義より，気体温度計の絶対温度 $T^{気体温度計}$ と摂氏温度 $T^{摂氏}$ との間には

$$T^{気体温度計} = T^{摂氏} + 273.15 \tag{1.5}$$

という簡単な関係式が成り立つことになる．

気体温度計の絶対温度 $T^{気体温度計}$ を用いると，a を正の比例係数として，気体の体積は

$$V = aT^{気体温度計} \tag{1.6}$$

で与えられることになる．「圧力が一定のとき，一定量の気体の体積は，絶対温度に比例する」ことを表すこの関係式は，通常，**シャルル**（Jacques Alexandre

7

César Charles, 1746–1823) の法則とよばれる．しかし，上で述べたように，これは「気体温度計の絶対温度を定義する式」と見なすこともできるのである．

本章の冒頭で述べたように，熱現象の原理を与え，そこから温度という物理量を正確に定式化するのが熱力学の目標の一つである．このことは，本書では次章の最後に達成されるが，それまでは，温度 T といった場合，とりあえずは上述の気体温度計の絶対温度 $T^{気体温度計}$ のようなものを意味するものと思って議論を進めることにしよう．

□章末コラム　温度計

　温度計にはいろいろなものがある．アルコール温度計や水銀温度計の原理は次のようである．容器の中に一定量のアルコールや水銀などの物質を封入しておく．これをまず幾つかの基準となる温度にある物体と接して，その都度，容器内の物体の体積がどれだけであったかを記録しておく（容器に印をつけて温度の値を書き込んでおく）．次に，これを温度のわからない物体に接する．そのとき，容器内の物質の体積が印をつけた値のいずれかであったなら，その物体の温度はそこに書き込んでおいた値に等しいと認定する（図 1.1 参照）．

　アルコール（融点 -114.5℃）や水銀（融点 -38.8℃）が用いられているのは，日常我々が温度を測りたい状況で固化しない物質であるからである．容器の中に封入してあるので，大気圧の下での沸点は低くても構わない．ただし，水銀温度計は環境問題のため，最近は使われなくなってきている．

　物理実験では熱電対とよばれる温度計もよく用いられる．これは，温度による起電力（ゼーベック効果：8.3.1 項参照）を利用したものである．最近ではデジタル温度計もよく使われる．この装置は，内部の仕組みを見ることができないようになっているが，温度によって電気抵抗が変化する半導体（サーミスタとよばれる）が用いられているのである．物体からはその温度を反映した電磁波が放出されている（黒体輻射：7.7 節参照）．人体から放出される電磁波の一種である赤外線を捉えて，温度に換算する温度計も実用化されている．鼓膜からの放射を測定して体温を表示する耳式温度計はその例である．

第 2 章 熱力学の原理

　熱力学の原理は，熱力学第 0 法則から第 3 法則までの 4 つの法則として与えられる．特に熱力学第 1, 2 法則について詳しく解説する．それは，これらの法則によって導入されるエントロピーという状態量の存在が，熱力学の原理のエッセンスだからである．

§2.1 熱平衡状態と状態量

　$0℃$，1 気圧の気体の状態を**標準状態**という．熱力学では，例えば，この「標準状態にある 1 リットルの窒素気体」($T=0℃, P=1\,\mathrm{atom}, V=1$ リットル $=1000\,\mathrm{cm}^3=10^{-3}\,\mathrm{m}^3$)[1]というものを対象にして議論を展開する．これに対して，物体は分子や原子の集まりであるという分子論的な見方（ミクロな描像）もある．この見方では，膨大な数の分子がほぼ自由に飛び回っているのが気体というものであるから，$0℃$，1 気圧の状態であると言ったとしても，分子の力学的な状態（ミクロな状態）を特定したことにはならない．1 リットルの容器の中に，「各々の分子の位置がどのように配置されていて，それぞれがどのような運動量をもっているか」という各瞬間でのスナップショットをミクロな描像における 1 つの状態と考えることにすると，分子の配置が少しでも違えばミクロな描像においては異なった力学的状態ということになる．実際，ある瞬間での分子の配置が異なれば，その後に起こる分子間の衝突と散乱の様子は異なることになり，また，分子が容器の内壁にぶつかる位置や跳ね返される方向も異なることになる．その結果，その後の分子の運動状態も異なったものとして実現される．このように，ミクロな描像における互いに異なる非常に多数の状態を，大雑把にまとめて 1 つの状態と見なしてしまった結果が，「標準状態にある 1 リットルの窒素気体」という状態なのである．

　膨大な数のミクロな状態の差異を均すことを**粗視化**とよぶ．この操作を物理

---

[1] 1 気圧は $1.01325 \times 10^5\,\mathrm{N/m^2} = 1013.25\,\mathrm{hPa}$（ヘクトパスカル）である．標準状態（$0℃$，1 気圧）の下で 1 mol の希薄気体は約 22.4 リットルの体積をもつ．よって，この気体の物質量は 1 リットル/22.4 リットル $= 4.46 \times 10^{-2}\,\mathrm{mol}$ であることになる．

学の理論として体系化したのが**統計力学**である．しかし，この統計力学という物理学の理論が有ろうと無かろうと，「標準状態にある1リットルの窒素気体」というマクロな捉え方が物理的に意味をもつことは明らかな事実である．実験室で圧力や温度を調節することにより，このようなマクロな状態を作り出し，その状態を保持することができる．その上で，圧力や温度を変化させたときの気体の体積変化の様子を測定するというような実験は，完全なる再現性をもって行うことができる．このような実験的事実に基づき，マクロなレベルでの状態を記述し，その変化の仕方を支配するマクロなレベルの物理法則を明らかにするのが**熱力学**なのである．

17世紀にニュートン（Sir Isaac Newton, 1643–1727）によって創始され19世紀には物理学において中心的役割をしていたニュートン力学を，今日では**古典力学**とよぶ．これは，20世紀に入り，物体の速度が光速に近くなった場合には**特殊相対性理論**が必要となることがわかり，また，ミクロな原子や分子の力学現象を記述するために**量子力学**が導入されたため，それらの「現代的な力学理論」と区別するためである．これに対して熱力学は，物理現象のミクロな詳細に頼ることなく，当初から，マクロな現象を直接的に，かつ正確に捉えるという理論体系であった．そのため，特殊相対論的な補正も量子力学的な補正も必要なく，19世紀に完成したままの形で，今日でも熱現象一般に対する唯一の物理学理論として存在しているのである．この意味において，奇跡的な理論体系であるといえるのである．

マクロな状態の例として，「標準状態にある1リットルの窒素気体」に対する考察を続けることにする．この状態は，マクロには時間的な変化のない落ち着いた状態である．その状態において，温度，圧力，体積といった系の属性が定義される．また，窒素密度は容器内の場所に依らずに一定である．つまり，系の組成は一様である．この気体を1気圧に保ったまま，急に加熱することを考える．すると，当然，場所ごとの温度に差が生じる．相対的に高い温度となった部分の気体の体積膨張が起こり，相対的に低温である部分との間で密度差が生まれる．その結果，例えば対流が起こる．しかし，加熱を止めると気体はすぐにまた落ち着いた状態を取り戻す．そのとき，気体は加熱前の0℃よりもすこし高い温度，例えば5℃になっていたとする．5℃，1気圧となったこの気体は，体積は1リットルより少し増えるが，その組成は再び空間的に一様になっている．このように，マクロな状態は，いったん変化を起こしても，

§2.1 【基本】 熱平衡状態と状態量

その後放っておくと，速やかに，再び落ち着いた状態になるという性質がある．そこで，一般に「巨視的にはもうそれ以上変化しなくなって落ち着いた状態」を**熱平衡状態**とよぶことにする．上の例における対流現象のような，温度を急に変えた直後に見られる空間的に不均一な変化は，あくまで過渡的な変化であると見なし，その途中の様子を記述することは熱力学では行わないことにする．通常，熱力学が対象とするのは，マクロな状態のうち，自発的に変化することはなく安定して存在する熱平衡状態だけとするのである[2]．

熱平衡状態を特徴づける量として，経験的に，温度，圧力，体積，粒子数などが知られている．この事実を逆に考えて，熱力学では，熱平衡状態が与えられたとき，その状態における値が一意的に決まる量を**状態量**とよび，これを状態量の定義とする．状態量には，その値が物質量に比例するものと，物質量には依らず定まるものとがある．前者は**示量性量**とよばれ，物質の質量や体積，またすぐ後に定義する内部エネルギーがその例である．後者の典型例は圧力と温度であり，**示強性量**とよばれる．

ここで「粒子数」についてコメントしておく．物質が，それを構成する原子や分子の原子量または分子量にgをつけた分量の質量をもつとき，1 mol という．また，モル (mol) を単位として測った物質の分量を**物質量**という．例えば，分子量 28 の窒素 1 mol は 28 g であり，84 g の窒素の物質量は 3 mol ということになる．1 mol の物質は**アボガドロ定数**（$N_A = 6.02 \times 10^{23}$）で与えられる個数の原子あるいは分子から成る．したがって，系を構成している原子や分子といった粒子の数 N を N_A を単位にして表したものが物質量ということになる．つまり，物質量 n モルの物質は $N = nN_A$ 個の粒子から成るのである．

しかし，分子論的なミクロ描像に基づく統計力学とは異なり，マクロな描像に基づく熱力学では，気体も液体も空間的に均一な連続体として扱い，ミクロな構成粒子という概念を必要としない．歴史的には，熱力学は原子論・分子論とともに発展したため，自然に粒子数 N という概念が導入されたが，第一義

---

[2] 気体や流体の温度や圧力，あるいは組成や密度が空間的に不均一であり，対流などマクロな流れがある系を扱う物理学は**流体力学**とよばれる．熱力学を**熱平衡熱力学**と**非平衡熱力学**とに分類し，後者の対象の一つとして流体力学を含めることもある．熱平衡状態ではない不均一なマクロ状態が，熱平衡状態に「落ち着いていく」過程を一般に**緩和過程**とよぶが，非平衡熱力学の目的の一つにその正確な記述がある．本書では主に熱平衡熱力学（狭義の熱力学）を取り扱うが，第 8 章で非平衡熱力学についても解説する．

的には，粒子数 N は物質の分量を示す量という意味をもつだけでよく，必ずしも自然数である必要はない．「1 mol の物質はアボガドロ定数 N_A で与えられる個数の粒子から成る」という事実は，熱力学自身の定式化に直接関係しないのである．以後，粒子数 N は非負の実数として扱うことにする．したがって，その微小変化を dN で表し，N の関数 $f(N)$ を N で微分するといった計算も行うことにする．

§2.2　熱力学第0法則

　ある一定の物質量の気体において，温度と気圧を定めると体積が決まる．物質量，温度，気圧，体積など，十分な数の状態量の値を与えると，1つの熱平衡状態を指定することができる．このような**熱平衡状態の存在**は自然の性質であり，実験に裏づけられた事実である．熱力学では，この経験則を理論の出発点の原理とする．本書では，理論の起点という意味を込めて，これを**熱力学第0法則**とよぶことにする[3]．

　特に重要な状態量として温度がある．第1章でも見たように，温度が異なる2つの物体を接触させると，速やかに緩和し，両物体ともある1つの温度に落ち着く．全体で1つの熱平衡状態になるのである．接触する前の2つの物体の熱平衡状態が指定されれば，接触後の熱平衡状態は一通りに定まる．このことは，熱平衡状態が単に存在するというだけでなく，十分な条件が指定されていれば，それは唯一存在するということを意味する．この**熱平衡状態の一意性**も熱力学第0法則に含めることにする．

　定義より，熱平衡状態が定まると，状態量である温度の値も定まることになる．ある系が熱平衡状態にあって，それに接した系も熱平衡状態にあったとすると，上述の一意性より，両者の温度は同じということになる．このことから，次のような考察が導かれる．いま，熱力学的な性質を調べることが他の系に比べて簡単にできる，ある特別な系があったとしよう．そして，その系がとるすべての熱平衡状態に対して温度を定義することができたとしよう．する

---

[3]「経験則，あるいは自然の法則である」としてしまわずに，どのような条件の下でこの法則が成り立つかを明らかにしようとする研究が，熱力学，あるいは統計力学の研究者によって進められている．これは理論の起点をどこまで掘り下げることができるかに挑戦するものであり，理論物理における重要な基礎研究の一つである．

と，この特別な系に接して熱平衡状態になった他の系の温度も決められることになる．最初に温度を定義した特別な系は，一般の系の温度を測る温度計としての役割を果たすことになる．この考察より，熱力学第0法則は**温度計可能の法則**ともよばれる．

熱力学第0法則でその存在が保証された温度計で測る温度というものを，理論的に定式化するのが，熱力学の目的の一つである．前章で述べたように，温度は，力学にも電磁気学にも出てこない熱力学固有の物理量である．それを測る温度計というものを，1.3.2項で述べた気体温度計のように経験則に基づいて導入するのではなく，物理法則に基づいて理論的に導入したい．そのために必要なのが，以下で説明する熱力学第1法則，および第2法則である．

§2.3　熱力学第1法則

2.3.1　エネルギー移動の2つの形態

熱力学第1法則は熱とエネルギーとの関係を明らかにするものである．前章で，熱量の移動により物体の温度が平均化される様子を見た．物体の温度変化は，物体の中に熱量の素になっている粒子が存在し，それが物体の間を移動することによって起こると説明するとわかりやすかった．濃度が違う塩水は辛さが違うが，それを混ぜると平均した濃度になり，辛さも中間のものとなる．この例を用いて言うと，辛さの度合いと水に溶けている塩の粒子数を，それぞれ温度と熱量の素となる粒子の数に対応させて考えるというわけであり，自然な発想である．18世紀の科学者ラヴォアジェが唱えた熱素論は，熱量の素としてカロリック（熱素）という「元素」の存在を仮定し，この元素の物質内の濃度が温度を表すという学説であった．このカロリックという元素は保存量であると仮定すると，その保存則から，実際，多くの熱現象を説明することが可能である．そのため，ある時期にはこの熱素論は物理学における主流の理論であった．

しかし，熱素論では説明するのが難しい現象もあることがわかってきた．その一つは，摩擦による熱の発生である．第1章でも述べたように，トンプソン（ランフォード伯）が金属柱を削って大砲の砲身を作る工程で大量の熱が発生するのを見て，熱素説に疑問を呈したことは有名である．砲身を作る金属の比

熱は，削る前の塊のときも削りかすになった後でもその値は同じであり，よって，この物体の中にカロリックという元素があったとすると，その分量は削る前と後とで同じはずである．金属を削る作業の間だけ大量のカロリックが発生するというのは不自然であるというわけである．カロリックなど存在せず，砲身を作るために金属を削る目的でなされた仕事によって与えられたエネルギーの一部が，その目的に使われずに，熱として消費されたと考えるほうが自然である．

　摩擦による熱の発生を，さらに定量的に調べたのが，有名なジュールの実験である．図2.1のように，液体中に設置した羽車を回すと流体内に発生する摩擦熱によって液体の温度が上昇する．ジュールは，羽車を回すために仕事として外から与えた力学的エネルギーと，等量の液体を加熱によって同じだけ温度上昇させるのに必要な熱量との間に，比例関係があることを示した．この実験は，物体の温度を上昇させるには，熱を加える方法と，外から適切な方法で仕事をする方法の二通りがあり，ともに同じ結果を与えるという熱と仕事の等価性を示すものであった．

　熱素論では説明するのが難しい事柄として，摩擦による熱の発生の他にもう一つ，気体の定積比熱と定圧比熱には差があるという事実を挙げることができる．気体の圧力を一定にして測った比熱（定圧比熱）は，一般に，気体の体積を一定にして測った比熱（定積比熱）よりも大きい．同じ気体の温度を同じだけ上げるのに必要なカロリックの量は同じはずである．しかし実際には，過程によって必要な熱量に差があるのである．前者の定圧過程では気体は加熱に従って膨張するので，外部に対して力学的な仕事をする．マイヤーは，加熱膨張の間に気体が外部にする仕事の量と比熱の値の差の間の関係（マイヤーの関係）を明らかにした（3.7節参照）．

　これらの研究成果により，力学的な仕事によっても熱がもたらされることが明らかになり，熱量は保存量ではないことが結論され，よってカロリックという元素の存在は否定された．仕事と熱の等価性は，仕事に対して使われていた単位 $J = kg\,m/s^2$ と，熱量に対して使われていた単位 cal は，元来は同じものに対する単位であり，単に尺度が異なるだけであることを意味する．ジュールの実験の精度を上げることにより，

$$1\,\mathrm{cal} = 4.184\,\mathrm{J} \tag{2.1}$$

§2.3 【基本】熱力学第1法則

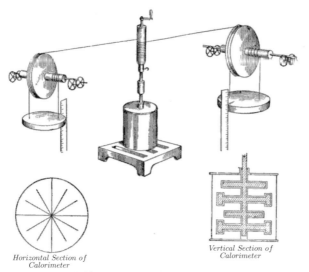

図 2.1 ジュール実験

という関係が結論された[4].

2.3.2 内部エネルギー

力学で習ったように，質点に力学的な仕事をすると運動エネルギーやポテンシャル・エネルギーが増加する．前者は運動の速さの増加として観測される．後者は，例えば，一様な重力が鉛直下向きにはたらく地上において物体を上空に移動させると，重力ポテンシャルの増加として実現される．質点ではなく大きさをもつ剛体に力のモーメントを与えると回転を始めるが，これは剛体の回転に伴う運動エネルギーが発生する過程である．

熱平衡状態において，物体がもっている全エネルギーを表す量として，物体の **内部エネルギー** という概念を導入する．この量に関して，以下の注意を与え

---

[4] 物理学では今日，熱も J（ジュール）の単位で測る．ただ，便宜上 cal（カロリー）という単位を使うこともある．cal の定義は第 1 章 1.3.1 項を参照．なお，栄養学で通常使われる単位であるカロリーは 1 Cal = 1000 cal のことであり，大カロリーとも言われる．これは，その食品から得られる化学エネルギー（生理的熱量）を熱量の単位で測ったものである．この場合，量の大きさを大小ではなく高低でいうことが多い．例えば，「カロリー高めの料理」など．

ておくことにする.

(i) 分子論的に考えると，内部エネルギーは主に，系を構成している原子や分子の運動エネルギーと，外力の作用や相互作用を与えるポテンシャル・エネルギーの総和であると思われる．しかし，運動エネルギーは個々の原子や分子の運動形態（並進，回転，振動など）によって異なるであろうし，原子や分子の相互作用ポテンシャルは一般には大変複雑なものであろう．熱力学においては，我々はそういったミクロな詳細を把握することはせず，マクロな存在である我々に直接的には把握できないエネルギーもすべてまとめて，内部エネルギーとよぶことにするのである．

(ii) 上で，熱平衡状態にある物体がもっている全エネルギーを内部エネルギーと定義した．しかしながら，考察対象としている状態変化によって値を変えることがないエネルギーは，内部エネルギーとして考慮しなくてもよい．例えば，分子の運動による状態変化を考察対象とする場合には，分子の電子的な結合エネルギーなどは一定として考える必要はない．ただし，化学反応による系の状態変化も考察対象とする場合には，それらも内部エネルギーに取り入れて考える必要がある．また，通常は，原子の原子核の結合エネルギーなどは，内部エネルギーに含めて考えることはしない．

系に対する外部からの熱の移動を Q と書くことにする．外部から系に熱が流入するとき，すなわち，系が外部から熱を吸収する（吸熱する）とき，$Q > 0$ とする．逆に，系から外部に熱が流出するとき，すなわち，系が外部に熱を放出する（放熱する）とき，$Q < 0$ とする．また，外部から系になされる仕事を W と書くことにする．外部が系に仕事をするとき $W > 0$ とし，逆に，系が外部に対して仕事をするとき $W < 0$ とする．

内部エネルギーは示量性の状態量であり，U と記し，その変化を ΔU と書くことにする．内部エネルギーの変化は，外部からの仕事 W と熱 Q によって

$$\Delta U = W + Q \tag{2.2}$$

で与えられる．これを**熱力学第1法則**とよぶ．この熱力学第1法則は，内部エネルギー U は状態量であること，すなわち系の熱平衡状態が与えられるとその値は一意的に定まることを主張している．よって，気体や液体の状態をいろ

§2.3 【基本】 熱力学第1法則

いろと変化させたとしても，その後に元の状態に戻せば，内部エネルギーの正味の変化量は0となる．途中の過程には依らないので，力学系に対する全エネルギーと同様に，内部エネルギーは**保存量**であると結論づけられる．

ここで，わざわざ内部エネルギーの変化を2つに分ける理由を考えてみよう．まず，仕事による，通常の力学的エネルギー E の変化をみることにしよう．たとえば，質量 m の質点がばね定数 k のばねにつながっている系を考えることにする．つり合いの位置からの変位を x とする．この系が，重力加速度の大きさが g の重力の下，高さ h の平面の上に置かれているものとする．ばねの変位 x と高さ h を，それぞれ Δx と Δh だけ変化させるためにしなければならない仕事を W_1 と W_2 と書くことにすると，

$$W_1 + W_2 = kx\Delta x + g\Delta h = \frac{k}{2}\Delta(x^2) + g\Delta h \tag{2.3}$$

で与えられる．状態をどのように変化させても，その過程には依らず，状態が元に戻ると2つの変数の変化に伴う仕事の和は0であり，エネルギーの値も元に戻る．ばねの弾性や重力の他にも，電気的な力など，他にも仕事の形態がある場合には，それらすべての仕事 $W_j, j = 1, 2, 3, \ldots$ の和

$$\Delta E = \sum_j W_j \tag{2.4}$$

を考えればよい．ミクロにはこれで十分であるが，この (2.4) と熱力学第1法則の式 (2.2) を比べると，熱力学第1法則は，内部エネルギーを変化させる仕事には2つの形態がある事を主張している．そこで，(2.2) で Q をわざわざ W と区別して書くのは，熱の移動というものが，単なる仕事の一形態としては扱えない別物であるからなのである．

熱の移動と仕事との違いは熱力学第2法則で明示される．そのため，ここまでの議論ではその差異を正確に説明することはできない．しかし，直感的には，次のような違いがあることは明らかであろう．熱平衡状態を変化させる仕事は，気体をピストン（可動部）をもつシリンダー（円筒型容器）の中に入れておいて，ピストンを動かして体積を変化させるというように，目に見える形で（つまり，マクロなレベルで）我々が能動的に行うことができるものである．これに対して，熱の移動を直接的に見ることはできない．ある系に高温の物体を接触させてしばらく置いておくと，結果的に，その対象とする系に熱が移動するのである．このプロセスは我々が直接的にコントロールできない．

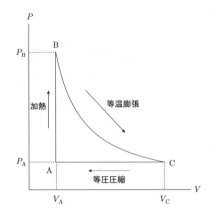

図 2.2 サイクル図（このサイクルはマイヤー・サイクルとよばれる）

このように熱力学第1法則は，単に熱の移動を仕事の1つの形態と見なせるという主張ではなく，「仕事とは異なった方法で物体間にエネルギー移動をさせるものとして熱の移動というものがあり，これは仕事とは区別して捉えなければならない」ということを主張するものと考えるべきなのである．

2.3.3 サイクル

ある一定の物質量をもつ物質の状態変化を考える．途中，熱の出入りがあり，また外部から仕事をされたり，外部に仕事をしたりする．しかし，結果的には元の状態に戻る過程を考えることにする．このような過程を**サイクル**とよぶ．具体的なイメージをもちやすくするため，ここではサイクルを行う系として，ピストンが付いたシリンダーの中に一定量の希薄な気体を閉じ込めた系を考察することにする．図 2.2 に，等積加熱，等温膨張，等圧圧縮からなるマイヤー・サイクルとよばれる系を，気体の体積 V と圧力 P をパラメータとして示す．このように閉じた過程をパラメータ空間で表したものを**サイクル図**という[5]．

サイクル図では，その曲線上の各点 (V, P) が，体積 V と圧力 P をもつ熱平衡状態を表している．その意味で，サイクル図は熱平衡状態を表す点の羅列といえる．そこでは，どのような手段でその間を変化させるかについては規定

---

[5] 一般に，パラメータの値を座標とする空間を**パラメータ空間**という．ここでは，パラメータは V と P の2つだけなので，パラメータ空間は平面である．

§2.3 【基本】熱力学第1法則

されていない．そのため，どのように状態間（たとえばAからB）を変化させているかは別途指定しなくてはならない．たとえば，サイクル図の各点を忠実に通る過程として，サイクルに表された線に沿って状態を熱平衡状態に保ちながら変化させる過程が考えられる．そのような過程を実現するためには，各点で熱平衡状態になるように，十分にゆっくりと系を変化させる必要がある．そのような過程を**準静的過程**という．準静的過程はある種の極限として実現することができる．これについては3.8節で説明する．

それに対し，2つの熱源だけを用いてABあるいはCAの温度変化を起こす場合にはサイクル図のABあるいはCAの間の点は実現していない．その場合，サイクル図では熱平衡状態であるA点，B点だけを考える[6]．

ここで重要なことは，変化のさせ方に依らず，状態間での状態量の変化は熱平衡状態での値の差で与えられることである．

2.3.4 熱と仕事と内部エネルギーの関係

ここでは，図2.2に示したマイヤー・サイクルを用いて熱と仕事と内部エネルギーの関係を考える．初期の状態Aは，圧力がP_A，体積がV_Aの熱平衡状態であるとする．過程ABでは体積を$V = V_A$に保ったまま，温度を上昇させ圧力をP_Bまで上昇させる．ただし，体積はV_Aにしたままとする．これを**定積加圧過程**という．この過程で気体は熱源から熱を得る．次に，過程BCでは**等温膨張**させ，気体の体積をV_Cまで増加させる．この過程で系は外部に仕事

$$\int_{V_B}^{V_C} P(V) dV$$

をしている．したがって，この過程BCの間に系が外部からされた仕事をW_{BC}と書くことにすると，系は外部に仕事をしているので，W_{BC}は上の積分に負符号を付けた

$$W_{BC} = -\int_{V_B}^{V_C} P(V) dV < 0 \tag{2.5}$$

で与えられる．

---

[6] 通常の質点系の力学では，ポテンシャルエネルギーが下がれば，力学的エネルギー保存則よりその分だけ質点の運動エネルギーが増加する．しかし，熱平衡状態においては，マクロな意味での運動エネルギーは常に0である．気体や液体がマクロな意味での運動エネルギーをもつ場合とは，全体的にある方向に流れている場合や対流運動をしている場合などを意味するのであるが，（平衡）熱力学ではこのような運動は扱わない．

過程 CA では，圧力を P_A に保ったまま系の温度を減少させ体積を V_A まで減少させる．この**等圧過程**では，系は外部から

$$W_{CA} = -\int_{V_C}^{V_A} P_A dV = P_A(V_C - V_A) > 0 \tag{2.6}$$

だけ仕事をされる．その間に，系は熱を放出する．

サイクルを一周すると系は元の状態になる．内部エネルギー U は状態量なので，1サイクルした後には同じ値に戻る．よって，

$$\Delta U = \oint_{サイクル} dU = 0 \tag{2.7}$$

である．しかし，この1サイクルの間に，系は外部から正味

$$W = W_{BC} + W_{CA} \tag{2.8}$$

だけの仕事をされている．（過程 AB は定積過程なので仕事はされない．）図2.2 のパラメータ平面上で考えてみると，(2.5) と (2.6) より，(2.8) で与えられる W は，図2.2において1サイクルを表す閉曲線 ABCA で囲まれた部分の面積に負符号を付けた値に等しいことがわかる．つまり

$$W = -\oint_{サイクル} PdV < 0 \tag{2.9}$$

である．このことは，系は1サイクルの間に，外部に $|W| = -W > 0$ だけの仕事をすることを意味する．この仕事のエネルギーは，熱源と系との間の熱の移動 Q によって供給されなければならない．過程 AB, BC では熱を吸収しており，過程 CA では熱を放出している．この熱の出入りの和が Q である．つまり

$$Q = -W > 0 \tag{2.10}$$

である．これは，熱力学第1法則 (2.2) で $\Delta U = 0$ としたものに他ならない．

上の例において，内部エネルギーの変化を仕事による部分と熱による部分とに分け，1サイクルでの収支は，それぞれ単独では0にならないことを示した．上述のように，サイクルを行うとそこで引き起こされる熱の移動が仕事に変換される．このように，熱の流れから仕事を取り出す装置を一般に**熱機関**という．**マイヤー・サイクル**も熱機関の一つである．

2.3.5 状態量の偏微分と全微分

上で,熱と仕事の1サイクルでの収支は,それぞれ単独では0にはならないことを見た.このことは,熱と仕事は,内部エネルギー U とは異なり,状態量ではないということを意味する.この事実をはっきりさせるために,状態量の変化について改めて考察しておこう.

例えば,マイヤー・サイクルでは熱平衡状態を指定するパラメータとして V と P を考え,状態を変化させた.それぞれの状態での内部エネルギー U は V と P の関数 $U = U(V, P)$ で表される.このような多変数の関数の変化率を表すのに**偏微分**が用いられる.

状態量は,熱平衡状態を定めれば一意的にその値が決まる物理量と定義した.上では熱平衡状態を指定するパラメータとして V と P を考えたが,ここでは変数を一般的に x と y とし,熱平衡状態はこの2変数で指定されるものと仮定することにする.すると定義より,任意の状態量 f はこの2変数の関数であり $f = f(x, y)$ と書けることになる.もしも, $f = f(x)$ というように f が変数 x のみの関数であるときには,その変化率は通常の微分(導関数)

$$f'(x) = \frac{df(x)}{dx} \equiv \lim_{\varepsilon \to 0} \frac{f(x+\varepsilon) - f(x)}{\varepsilon} \tag{2.11}$$

によって表される.これに対し,2変数関数 $f = f(x, y)$ の場合には,変数を変化させる仕方を指定しないと関数の変化率を定めることはできない.例えば,変数 y の値は固定して変数 x のみを変化させる場合には,関数 f の変化率を

$$\frac{\partial f(x, y)}{\partial x} = \lim_{\varepsilon \to 0} \frac{f(x+\varepsilon, y) - f(x, y)}{\varepsilon} \tag{2.12}$$

と書き,これを x による**偏微分**とよぶ(図 2.3).同様に,変数 x の値は固定して変数 y のみを変化させたときの関数 f の変化率は, y による偏微分

$$\frac{\partial f(x, y)}{\partial y} = \lim_{\varepsilon \to 0} \frac{f(x, y+\varepsilon) - f(x, y)}{\varepsilon} \tag{2.13}$$

で与えられる.

異なる2つの熱平衡状態が,パラメータ平面での2点 $A_1 = (x_1, y_1)$, $A_2 = (x_2, y_2)$ で表されているとする.そして,この2点における状態量 f の値である $f(x_1, y_1)$ と $f(x_2, y_2)$ の差 $f(x_2, y_2) - f(x_1, y_1)$ を考えることにする.この差は,点 A_1 で表される熱平衡状態から点 A_2 で表される熱平衡状態へと系

第2章　熱力学の原理

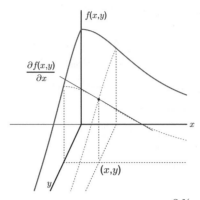

図2.3 関数 $f(x,y)$ の点 (x,y) における x による偏微分 $\dfrac{\partial f(x,y)}{\partial x}$。これは，$y=$ 一定として，x 軸に沿って f の変化率を見たものである．

の状態が変化したときの，状態量 f の変化量を与えることになる．この変化量は，2 変数 x,y に関する偏微分を，それぞれの変数について積分したものの和

$$f(x_2,y_2) - f(x_1,y_1) = \int_C \frac{\partial f(x,y)}{\partial x}dx + \int_C \frac{\partial f(x,y)}{\partial y}dy \quad (2.14)$$

によって与えられるはずである．ただし，積分記号の下付き添え字 C は，点 A_1 を始点とし点 A_2 を終点とするパラメータ平面上の経路を表す．このような経路に沿った積分を**線積分**という．一般に，線積分 $\int_C \dfrac{\partial f(x,y)}{\partial x}dx$ の値や $\int_C \dfrac{\partial f(x,y)}{\partial y}dy$ の値は，経路の取り方によって異なる．しかし，f が状態量を表す関数である場合には，パラメータ平面上に 1 点 (x,y) を与えると $f(x,y)$ の値は一意的に決まる．したがって，2 点 A_1, A_2 が与えられれば，それぞれの点での値 $f(x_1,y_1), f(x_2,y_2)$ も定まるので，その差である (2.14) の値も一意的に決まることになる．以上より，状態量の線積分は経路 C の取り方には依らないということが結論される．

この線積分の値の一意性から，さらに次のことが帰結される．経路 C を表す曲線の線素を ds と書くと，これに沿った f の変化率は $\dfrac{df(x,y)}{ds}$ と書けることになるが，これは線素 ds の選び方（すなわち，xy 平面での線素の向き）には依存せず，線素の始点 (x,y) の位置だけで定まることになる．すなわち，f の微分（導関数）

$$f'(x,y) = \frac{df(x,y)}{ds}$$

が，(x,y) の関数として定まることになる．

§2.3 【基本】 熱力学第1法則

これを経路 C に沿って線積分すると，関数 f の変化量

$$f(x_2, y_2) - f(x_1, y_1) = \int_C \frac{df(x, y)}{ds} ds$$

が得られるわけである．ここで積分記号 $\int_C$ の中身全体を

$$df(x, y) = \frac{df(x, y)}{ds} ds$$

と書くことにすると，f の変化量は

$$f(x_2, y_2) - f(x_1, y_1) = \int_C df(x, y) \tag{2.15}$$

と表されることになる．これが (2.14) と等しいので，

$$\int_C df(x, y) = \int_C \left(\frac{\partial f(x, y)}{\partial x} dx + \frac{\partial f(x, y)}{\partial y} dy \right)$$
$$\iff \int_C \left\{ df(x, y) - \left(\frac{\partial f(x, y)}{\partial x} dx + \frac{\partial f(x, y)}{\partial y} dy \right) \right\} = 0 \tag{2.16}$$

を得る．この最後の等式 (2.16) も任意の経路 C において成り立つので，中かっこの中は恒等的に 0 でなければならないことになる．その結果，

$$df(x, y) = \frac{\partial f(x, y)}{\partial x} dx + \frac{\partial f(x, y)}{\partial y} dy \tag{2.17}$$

という等式が導かれる．この等式の右辺に現れる微分 $\dfrac{\partial f(x, y)}{\partial x}$ と $\dfrac{\partial f(x, y)}{\partial y}$ を偏微分とよんだことに対応して，左辺の $df(x, y)$ を関数 f の（点 (x, y) における）**全微分**とよぶ．以後，(2.17) を全微分の定義式とする[7]．以上より，f が状態量である場合，その微小変化は全微分 $df(x, y)$ で与えられることが示された．内部エネルギー U，圧力 P，体積 V は状態量であり，それらの微小変化は，それぞれ全微分 dU, dP, dV で書けることになる．

---

[7] 通常 (2.11) を f の微分というが，これは正確には「微分係数」というべきだろう（この微分係数 f' を x の関数としてよんだ名称が「導関数」である）．そして，(2.11) を

$$df(x) = f'(x) dx \tag{2.18}$$

と書き，微分とは左辺の $df(x)$ を指すものであると思うべきである．微分 $df(x)$ は変数 x の微小変化 dx に比例していて，その比例係数 $f'(x)$ が「微分係数」というわけである．こう考えると，(2.17) を全微分とよぶのは自然である．同様に，通常は偏微分とよぶ $\dfrac{\partial f(x, y)}{\partial x}$ や $\dfrac{\partial f(x, y)}{\partial y}$ も「偏微分係数」という方が正確であると考えられる．この場合は，変数が x, y と 2 つあるので，それらの微小変化も dx, dy と 2 種類あり，したがって，比例係数も 2 種類あるということになる．

2.3.6 状態量ではない仕事と熱

熱と仕事は状態量ではない．よって，その全微分は存在しない．つまり，それらの微小変化を dW や dQ と書くことはできない．

ただし，全微分は存在しないが，状態をどのような経路に沿って変化させるかを指定さえすれば，仕事や熱の出入りも線積分を使って表すことができる．たとえば，2.3.3項でのマイヤー・サイクルの説明の際には，

$$W = -\int_C P(V)dV,$$
$$Q = \int_C dU + \int_C P(V)dV \tag{2.19}$$

と線積分表示しておいて，経路 C を図 2.2 のサイクルの内の等温曲線 BC に指定したり，等圧圧縮過程を表す直線 CA に指定する．

これらの表式に対して，それぞれの微小変化を表すために，本書では次の記法を用いることにする．すなわち，系の微小変化に伴う仕事を δW，熱の移動量を δQ と書き，それぞれ

$$\delta W = -PdV,$$
$$\delta Q = dU + PdV \tag{2.20}$$

を表すものとする．この記法を用いると，熱力学第1法則 (2.2) は，系の微小変化に対して，

$$dU = \delta W + \delta Q = -PdV + \delta Q \tag{2.21}$$

と表される．

2.3.7 第一種永久機関不可能の原理

エネルギーを無から生み出す仮想的な装置を**第一種永久機関**という．熱機関が開発されていったとき，まだ熱力学の理論が未完成であった時代に，熱現象を利用すれば第一種永久機関ができるのではないかという期待があった．しかし，上で見てきたように，熱はエネルギー移動の一形態であるということが熱力学第1法則として確立した．したがって，熱を利用した仕組みをいくら工夫したとしても，エネルギー保存則を破ることはできない．熱現象を用いても第一種永久機関は不可能である．

§2.4 熱力学第2法則の定性的表現

　熱はエネルギー移動の一形態であることがわかったが，力学的な仕事とは異なる側面をもつことを2.3.2節で述べた．温度が違う2つの物体を接触させると，最終的には両者は同じ温度になる．この現象を，仮に熱という量の運動として考えてみることにしよう．熱は高温の物体から低温の物体に移動する．その結果，高温の物体の温度は下がり，低温の物体の温度は上がり，両方が同じ温度になったとき熱の移動が終わる．この熱の移動は一方的で，逆の運動，すなわち，低温の物体から高温の物体への熱の移動が自発的に起こることはない．つまり，2つの物体が一度同じ温度になったら，再び温度の違う状態に戻るような運動はないのである．

　この，「元の状態に戻ることはない」という点が，力学的な物体の運動と大きく異なる重要なポイントである．力学的な運動には慣性がある．重力ポテンシャルエネルギーなど位置エネルギーの損失は運動エネルギーに変わる．一度運動を始めた物体は，慣性によりその運動を続ける．そして，その運動の「勢い」で元の状態に戻ることもできるのである．振り子やばねにつながれた質点の振動運動がわかりやすい例である．

　しかし，熱の移動に関しては慣性というものは存在しない．高温側から低温側に「垂れ流し」された熱は，力学的な仕事をする「勢い」はもたないのである[8]．この熱の特性を表現しようとするのが**熱力学第2法則**である．

　熱力学第2法則はいろいろな表現をもつ．例えば，

> **クラウジウスの原理**　　他に何の変化も残さず，熱を低温の物体から高温の物体に移すことはできない．

という表現がある．これは，暗に，

「熱を高温の物体から低温の物体に移すことは，他に何の変化も残さずにすることができる．」

ということを意味している．これが上で述べた，「勢い」のない，熱の「垂れ流し」のことである．また，熱力学第2法則は，

---

[8] まだ温度は定義されていないが，熱が流れ出す方の物体の温度が高いとする．

|トムソンの原理| 1つの熱源から奪った熱を全て仕事に変え,それ以外何の変化も残さないことは不可能である.

とも表現される.

2.4.1 第二種永久機関不可能の原理

「熱源を冷やして仕事をする以外に,外部に何の変化も残さず,周期的にはたらく機関」を**第二種永久機関**という.第一種永久機関とは違って,仕事のエネルギー源は熱源であり,エネルギー保存則には反しない.よって,無から仕事を得ようとするわけではない.しかしながら,身の回りの物体の内部エネルギーをエネルギー源として,仕事をすることができるなら,石炭や石油といった燃料を確保する必要はなくなることになる[9].熱力学第2法則はそのようなことは実現不可能であることを述べている.

§2.5 熱力学第2法則の定量的表現

熱力学第2法則に対して上でいくつかの表現を与えたが,いずれも定性的なものである.その定量的な定義が必要であるが,上記の表現からはすぐにはわからない.熱力学第2法則を定量的に表現するためには,熱機関の**仕事効率**という概念が必要となる.

2.5.1 サイクルにおける仕事の取り出しと仕事効率

熱は高温の物体から低温の物体へ移動する.その間,この熱の流れだけが起こる場合には,その過程に対して特に何の物理的制約はない.これが,2.4節の最後に,クラウジウスの原理が暗示するものであるとして述べた熱の「垂れ流し」である.しかし,人類は熱機関を発明した.これは,熱をただ垂れ流しておくのではなく,熱の流れから仕事を取り出す装置である.

この熱機関の性質を一般的に考察するために,図2.4で表したような簡略化した系を考えることにする.具体的な熱機関では,石炭やガソリンなどの燃料

---

[9] よく社会では,エネルギーの枯渇ということが言われるが,エネルギーは保存している.問題は,仕事に変換できるエネルギーがどれだけ残されているか,ということなのである.

§2.5 【基本】 熱力学第2法則の定量的表現

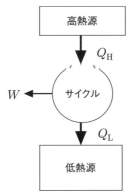

図 2.4 サイクルによる仕事の取り出し

によって蒸気を高温に熱するのであるが，この部分は抽象化して単に「高熱源」と称することにする．高温の熱源という意味である．燃料の補給作業などは熱機関本体のはたらきとは別のものであるので，ここではその詳細は一切考えず，高熱源の温度は常にある一定の高い温度に保たれているものとする．熱機関の本体はサイクルで表される．2.3.3項で述べたように，一般にサイクルとは巡回的な状態変化を意味し，状態を表すパラメータ空間内の閉曲線（サイクル図）で表されるものである．

具体的には，ピストンの往復運動やタービンとよばれる装置を用いて起こす回転運動によりポンプや機関車を動かす．これら熱機関の本質は，物質の状態を巡回的に変化させることによって，熱の流れから継続的に仕事を取り出すサイクル構造である．高温源から熱機関に供給された熱量を $Q_H > 0$ とする．この熱量のうち，仕事として取り出すことができたエネルギーを $W > 0$ と書くことにする[10]．仕事として取り出すことができなかった余剰分の熱量は外気に放出される．この放熱（排気）の作業は，図 2.4 では，ある一定の低い温度に保たれた「低熱源」に，1サイクル毎 $Q_L > 0$ の熱量が放出される過程として簡略化する[11]．

[10) ここでの W の定義は，系が外にする仕事を正にとっており，熱力学第一法則で考えて系がされる仕事とは符号が逆であることに注意しよう．仕事の符号がどちらにとられているか状況によるので注意が必要である．

[11) 2.3.3項でも注意したが，サイクル図自身は熱平衡状態を表す点の集合であり，無限個の熱源を用いて準静的に変化させることができる．しかし，熱機関という場合には，通常，高熱源と低熱源の2つの熱源だけで，サイクルで指定した状態を変化させる過程を

この熱機関を作動させないときは，熱は高熱源から低熱源に垂れ流しされるので，当然 $Q_L = Q_H$ である．他方，この熱機関を作動させると，1 サイクルの間に正味 $Q_H - Q_L > 0$ の熱量が流入し，（外部に $W > 0$ の仕事をしたことにしたので）外部からは $-W < 0$ の仕事をされたことになる．1 サイクルすると熱機関の状態は元に戻るので，状態量である内部エネルギーの変化はなく，$\Delta U = 0$ である．したがって，熱力学第 1 法則 (2.2) より，

$$0 = -W + (Q_H - Q_L) \iff W = Q_H - Q_L \tag{2.22}$$

という関係式が得られる．

さて，熱機関の**仕事効率**を定義しよう．これは，1 サイクルする間に，高熱源から得た熱量 $Q_H > 0$ に対して，仕事 $W > 0$ として取り出すことができた分がどれだけの割合であるかを比

$$\eta = \frac{W}{Q_H} \tag{2.23}$$

で表したものである．(2.22) を用いると，これは

$$\eta = 1 - \frac{Q_L}{Q_H} \tag{2.24}$$

と書くこともできる．もちろん，熱機関を作動させず熱を垂れ流しする場合は，$W = 0$ であり，$Q_L = Q_H$ なので，仕事効率は $\eta = 0$ である．

以後は，熱機関として，図 2.4 のように簡略化しその本質を抽象的に表した系を考えることにする．そして，熱機関の本体部分を単にサイクルとよぶことにする．また，高熱源と低熱源，およびサイクルが仕事をする対象は，このサイクルの外部とみなすことにする．

2.5.2 カルノーの可逆サイクル

可逆サイクルとは，サイクルを 1 周させると，外部の 2 つの熱源も含めて元の状態に戻るサイクルを意味する．このことはまた，サイクルを完全に逆回転させることができることも意味する．

可逆なサイクルの一つに**カルノー・サイクル**とよばれるものがある．このサイクルは，熱の移動を遮断した断熱過程と，同じ温度にある 2 つの系の間で熱

考える．そのため，過程の途中の点は意味を持たない．

§2.5 【基本】 熱力学第2法則の定量的表現

の移動が行われる等温過程だけから構成される．前者では熱の流れはなく，後者では熱の垂れ流しがない．いずれも，可逆な過程である．

カルノー・サイクルのサイクル図を図 2.5 に示す[12]．（$T_1 > T_2$ とする．）過程 AB は温度 T_1 での**等温膨張過程**である．系は高熱源から熱を吸収し，膨張することで外部に仕事をする．過程 BC では，熱の出入りは遮断されるが，系は引き続き体積を増やす．これは**断熱膨張過程**とよばれる．この間に系の温度は T_1 から T_2 へ下がる．過程 CD は温度 T_2 での**等温圧縮過程**である．系は外部から仕事をされて収縮し，その間に低熱源へ熱を放出する．最後の過程 DA は**断熱圧縮過程**であり，熱の出入りは遮断されるが，系は引き続き体積を減らす．この間に系の温度は上昇し，状態 D で T_2 であった温度は状態 A で再び T_2 に戻る．いずれの過程も可逆であるため，サイクル全体も可逆である[13]．

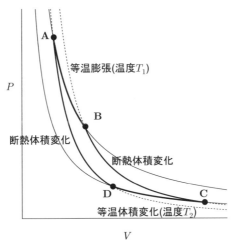

図 2.5 カルノー・サイクル

---

[12] 気体では一般に，等温膨張のときよりも断熱膨張の方が圧力の減少率は大きく，また，等温圧縮のときよりも，断熱圧縮の方が圧力の増大率は大きい．理想気体に対しては，状態方程式からこの事実を容易に導くことができることを，第3章の 3.7.3 項で示す．

[13] 複数個の熱源を用いてよいことにすると任意の可逆サイクルはカルノー・サイクルの合成で近似できる．したがって，準静的過程は無限小の可逆カルノー・サイクルの合成とみなすこともできる（次章 3.8 節参照）．この節で議論したサイクルの可逆，不可逆は2つの熱源を用いて状態を変化させる過程に関してのものであることに注意しよう．

2.5.3　可逆サイクルの仕事効率

動力源を開発する上で，熱機関の仕事効率をいかに向上させるかは，最も重要な研究課題であった．カルノー（Nicolas Léonard Sadi Carnot, 1796–1832）はこの研究において，次の事実を発見した．

> **カルノーの命題**　与えられた高熱源と低熱源の間でサイクルを考えたとき，その仕事効率はサイクルが可逆な場合に最大となる．

この命題は，熱力学第 2 法則の一つの表現であるクラウジウスの原理を用いることにより，以下のように証明することができる．

カルノーの命題の証明

高熱源と低熱源が与えられたとする．そして，その間ではたらかせるサイクルとして任意のものを考えることにする．これは一般には非可逆なサイクルである．このサイクルは，図 2.4 で示したように，1 サイクルの間に高熱源から $Q_H > 0$ の熱量を吸収し，外部に仕事 $W > 0$ をし，低熱源に $Q_L > 0$ の熱量を放出するものとする[14]．これをサイクル A とよぶことにし，その仕事効率を η^A と書くことにする．このサイクル A とは別に，同じ高熱源と低熱源の間に定義された可逆サイクル B を考え，その仕事効率は η^B で与えられるものとする．サイクル B は可逆であると仮定したので，逆回転させることにする．その結果，サイクルを 1 周逆回転させる間に，低熱源から $Q'_L > 0$ の熱量を吸収し，高熱源に $Q'_H > 0$ の熱量を放出することができたとする．しかしこれは，低温の熱源から高温の熱源に熱を移動させることになるので，外から仕事を与えなければ実現することは不可能である．実現させるために必要な仕事は，初めに考えたサイクル A が熱の流れのうちから取り出すことができた仕事 $W > 0$ でまかなうことにする．このような設定の下では，仕事効率の定義 (2.23) より，

$$W = \eta^A Q_H = \eta^B Q'_H > 0 \tag{2.25}$$

が成り立つことになる．

命題の証明は背理法によって与えることにする．そのために，命題に反した

---

[14] ここでは，サイクルを，サイクルを行う装置自身の意味で使っている．以後の議論でも同様である．たとえば，「サイクルがした仕事」とは，サイクルを行う装置がした仕事の意味である．

§2.5 【基本】 熱力学第 2 法則の定量的表現

仮定, すなわち, 一般のサイクル A の効率は可逆サイクル B の効率より大きいという仮定

$$\eta^{\mathrm{A}} > \eta^{\mathrm{B}} \tag{2.26}$$

をおくことにする. すると, 等式 (2.25) より,

$$Q_{\mathrm{H}} < Q'_{\mathrm{H}} \tag{2.27}$$

であることになる.

以下では便宜上, 可逆サイクル B を逆回転させたものをサイクル B^{-1} と記すことにする. そして, サイクル A とサイクル B^{-1} を上述のように合成したサイクル AB^{-1} を考えることにする. サイクル A が 1 サイクルの間に得た仕事 W をそっくりそのままサイクル B^{-1} を 1 サイクル動かすのに用いることにしたので, 合成サイクル AB^{-1} は外部に対して正味の仕事をすることはない. また, 仮定より (2.27) が成り立つことになるが, $Q'_{\mathrm{H}} > 0$ はサイクル B^{-1} が高熱源に放出する熱量であり, $Q_{\mathrm{H}} > 0$ はサイクル A が高熱源から吸収する熱量であると定義したので, この不等式は前者が後者を上回るということを意味している. つまり, 合成サイクル AB^{-1} は 1 サイクルの間に, 高熱源に正味 $Q'_{\mathrm{H}} - Q_{\mathrm{H}} > 0$ の熱量を放出することになる. 合成サイクル AB^{-1} は外部に対して正味の仕事はしないので, 熱力学第 1 法則より, この放出熱量は 1 サイクルの間に低熱源から吸収する熱量に等しいはずである. そうすると, この合成サイクル AB^{-1} を 1 周させると, 「外に何の変化も残さず (つまり, 外部から仕事をすることなく), 熱を低温の物体 (低熱源) から高温の物体 (高熱源) に移す」ことになり, クラウジウスの原理に反することになってしまう. よって, 仮定 (2.26) は否定され

$$\eta^{\mathrm{A}} \leq \eta^{\mathrm{B}} \tag{2.28}$$

でなくてはならないことになる. 以上で, 命題の証明は完了する. ∎

上で証明したカルノーの命題より, 高熱源と低熱源が与えられれば, その間ではたらく任意のサイクルに対して, その仕事効率の最大値 (**最大仕事効率**) が定まることになる. 他方, 高熱源と低熱源を特定している物理量は, それらの温度だけである. したがって, もしも何らかの方法で熱力学的に温度を定義することができたとして, 高熱源と低熱源の温度がそれぞれ T_{H} と T_{L} である

と指定したとすると，最大仕事効率はこの2変数関数として一意的に定められることになる．つまり，2つの熱源の間のサイクルの最大仕事効率は

$$\eta = \eta(T_\mathrm{H}, T_\mathrm{L}) \tag{2.29}$$

と書けることになる．

さらに，上の結果は

「与えられた高熱源と低熱源の間に置かれたすべての可逆過程の仕事効率は同じである．」

という重要な結論を導く．これは，もしも2つの可逆サイクルBとCの効率に差があり，$\eta^\mathrm{B} > \eta^\mathrm{C}$ であったとすると，熱力学第2法則に反する合成系 BC^{-1} をつくることができてしまうからである（章末問題を参照）．

2.5.4 カルノー・サイクルの効率が満たす関係

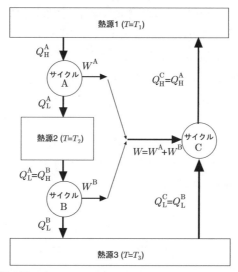

図2.6 3つの熱源の間のカルノー・サイクル AB, BC, CA．AB, BCのする仕事でCAを逆回しして熱を汲み上げる．そのため，全体としては何もしていない状況．

上述の議論は，温度が（気体温度計の温度のように経験的にではなく）熱力学的に定義されたとしたら，最大仕事効率は高熱源の温度と低熱源の温度とい

§2.5 【基本】 熱力学第2法則の定量的表現

う2変数の関数として一意的に定まるというものであった.しかし,この議論を逆に辿ると,最大仕事効率という仕事効率の上限値が存在するということから,2つの熱源の温度を,熱力学の法則の帰結として定義することが可能になるのである.以下では,その論理を説明する.

3つの互いに異なる熱源の間に2つのカルノー・サイクルを考えることにする.図 2.6 に示すように,3 つの熱源をそれぞれ熱源 1, 熱源 2, 及び,熱源 3 とよぶことにする.それらを特定する温度をそれぞれ T_1, T_2, T_3 とし,その値の間には $T_1 > T_2 > T_3$ という大小関係が成り立っているものと仮定する.

まず,熱源 1 を高熱源,熱源 2 を低熱源として,この 2 つの熱源の間にカルノー・サイクル A を考えることにする.このカルノー・サイクル A は,サイクルを1周する間に,高熱源から $Q_H^A > 0$ の熱量を吸収し,外部に仕事 $W^A > 0$ をするものとする.その結果,$Q_L^A = Q_H^A - W^A > 0$ の熱量を熱源 2 に放出する.カルノー・サイクル A の仕事効率を η^A と書くことにすると,(2.24) より,

$$1 - \eta^A = \frac{Q_L^A}{Q_H^A} \tag{2.30}$$

という等式が得られる.

熱源 2 と熱源 3 の間には,別のカルノー・サイクル B を考える.カルノー・サイクル B は,熱源 2 を高熱源として利用し,1 サイクルの間にそこから $Q_H^B > 0$ の熱量を吸収し,外部に仕事 $W^B > 0$ の仕事をするものとする.カルノー・サイクル B は熱源 3 を低熱源として,1 サイクルの間に,$Q_L^B = Q_H^B - W^B > 0$ の熱量を放出する.ここで,熱源 2 は,カルノー・サイクル A においては低熱源として利用され,カルノー・サイクル B においては高熱源として利用されていることに注意すべきである.その上で,カルノー・サイクル A が 1 サイクルの間に熱源 2 に放出した熱量 Q_L^A とちょうど同じだけの熱量を,カルノー・サイクル B が 1 サイクルの間に熱源 2 から吸収するという条件を課すことにする.すなわち,

$$Q_L^A = Q_H^B \tag{2.31}$$

を仮定する.カルノー・サイクル B の仕事効率を η^B と書くことにすると,

$$1 - \eta^B = \frac{Q_L^B}{Q_H^B} = \frac{Q_L^B}{Q_L^A} \tag{2.32}$$

という等式が成り立つ.この 2 番目の等号のところで,条件 (2.31) を用いた.

ここで，カルノー・サイクル A とカルノー・サイクル B を合成したサイクル AB を考えることにする．この合成サイクル AB は熱源 1 を高熱源，熱源 3 を低熱源として利用する可逆サイクルであり，1 サイクルの間に，高熱源からは $Q_\mathrm{H}^\mathrm{A} > 0$ の熱量を吸収し，低熱源には $Q_\mathrm{L}^\mathrm{B} > 0$ の熱量を放出し，その間に

$$W^\mathrm{AB} = W^\mathrm{A} + W^\mathrm{B} = Q_\mathrm{H}^\mathrm{A} - Q_\mathrm{L}^\mathrm{B} > 0 \tag{2.33}$$

の仕事を取り出すことになる．この合成サイクル AB の仕事効率を η^AB と書くことにすると，これは

$$\eta^\mathrm{AB} = \frac{W^\mathrm{AB}}{Q_\mathrm{H}^\mathrm{A}} = 1 - \frac{Q_\mathrm{L}^\mathrm{B}}{Q_\mathrm{H}^\mathrm{A}} \tag{2.34}$$

で与えられる．ただし，この 2 番目の等号のところで (2.33) を用いた．

仕事効率に関する 3 つの表式 (2.30)，(2.32)，および (2.34) を見比べると，等式

$$1 - \eta^\mathrm{AB} = (1 - \eta^\mathrm{A})(1 - \eta^\mathrm{B}) \tag{2.35}$$

が成り立つことがわかる．

よって，(2.29) に従って，効率 η を 2 つの熱源の温度のみの関数 $\eta(T_\mathrm{H}, T_\mathrm{L})$ として明示すると，任意の $T_1 > T_2 > T_3$ に対して

$$1 - \eta(T_1, T_3) = (1 - \eta(T_1, T_2))(1 - \eta(T_2, T_3)) \tag{2.36}$$

という等式が成り立つことが導かれる．

ここで取り出した仕事 W^AB を用いて熱源 1 と熱源 3 の間にカルノー・サイクルを用意し，ここで取り出した仕事 W^AB を用いて熱源 3 から $Q_\mathrm{L}^\mathrm{C} = Q_\mathrm{L}^\mathrm{B}$ を汲み上げ，熱源 1 に熱を戻すと

$$Q_\mathrm{H}^\mathrm{C} = Q_\mathrm{L}^\mathrm{B} + W^\mathrm{AB} = Q_\mathrm{H}^\mathrm{A} \tag{2.37}$$

であるので，サイクル C の効率は $\eta(T_1, T_3)$ に一致する．このようにして，これら 3 つのサイクルを同時に動かすと，全体では熱源も含めて元に戻ることが確認できる．

§2.6 熱力学的温度

上で得られた関係 (2.36) を用いて，温度を具体的に決める．ここでは，関数 $\eta(T_\mathrm{H}, T_\mathrm{L})$ は T_H に関して単調増加関数であると仮定する．すると，この関係

§2.6 【基本】 熱力学的温度

式 (2.36) によって，$1-\eta(T_\mathrm{H}, T_\mathrm{L})$ はある単調増加関数 $f(T)$ を用いて

$$1-\eta(T_\mathrm{H}, T_\mathrm{L}) = \frac{f(T_\mathrm{L})}{f(T_\mathrm{H})} \tag{2.38}$$

の形に表せることが結論される．ここで，単調増加関数 $f(T)$ の選び方は任意である．そこで，最も単純に

$$f(T) = T \tag{2.39}$$

とすると，

$$1-\eta(T_\mathrm{H}, T_\mathrm{L}) = \frac{T_\mathrm{L}}{T_\mathrm{H}} \tag{2.40}$$

という関係式を得る．

この関係式を用いると，与えられた高熱源と低熱源の間の可逆サイクルの仕事効率を測ることで，2つの熱源の温度の比を決めることができることになる．よって，ある基準系（例えば，水の三重点[15]）の温度を決めておくことで，この関係式を用いて任意の系の温度を一意的に決めることができる．このようにして決めた温度 T を**熱力学的温度**とよぶことにする．

希薄な気体（理想気体）に対して，カルノー・サイクルの仕事効率を計算すると

$$1-\eta(T_\mathrm{H}^{気体温度計}, T_\mathrm{L}^{気体温度計}) = \frac{T_\mathrm{L}^{気体温度計}}{T_\mathrm{H}^{気体温度計}} \tag{2.41}$$

と定まる（章末問題参照）．したがって，(2.39), (2.40) で決めた熱力学的温度は気体温度計の絶対温度に比例することになる．特に，比例係数を1とすれば，

$$T = T^{気体温度計} \tag{2.42}$$

というように，両者を完全に一致させることができる．このように完全に一致させることができるのは，(2.39) で $f(T) = T$ と選んだからである．もしも，$f(T) = T^2$，あるいは $f(T) = e^T$ と選んでいたら，熱力学的温度は気体温度計の温度の平方根 $T = \sqrt{T^{気体温度計}}$，あるいは対数 $T = \ln T^{気体温度計}$ になっていたはずである．たとえそうしたとしても，熱力学の理論としては全く問題はない．$f(T)$ の選び方を変えると，熱力学的温度と気体温度計の温度は等しくな

---

[15] 水では，温度 0.01℃，圧力 611 Pa においてのみ，氷，水，水蒸気という3つの相の共存が実現する．この点を水の三重点という．水の三重点は再現性がよく，この状態の温度を 273.16 K と定め，熱力学的温度の定点としている．

くなり，熱力学温度を測る温度計の目盛りの打ち方が変わるだけである．以下では，経験的に導入されて日常的に使われている気体温度計の絶対温度と一致するという極めて便利な特性 (2.42) をもつことから，(2.39) という選択を採用することにする．そして，(2.42) を単に**温度**とよぶことにする．

§2.7 エントロピー

2.7.1 熱源でやりとりする熱と温度の関係

熱力学第2法則から温度を定量的に決めることができた．そこで，この温度と熱の関係を整理し直してみることにする．カルノー・サイクルに対して，(2.24) と (2.40) より

$$\frac{Q_L}{Q_H} = \frac{T_L}{T_H} \tag{2.43}$$

という等式が得られる．いま，高熱源の温度は $T_H = T_1$ であり，低熱源の温度は $T_L = T_2$ であるものとする．これまで，1周する間にサイクルは低熱源に対して「$Q_L > 0$ の熱量を放出する」という言い方をしてきたが，$Q_2 = -Q_L < 0$ としてサイクルが外部から熱を吸収するときには，その熱量を正とし，外部に熱を放出するときには，その熱量を負とするように記述を統一することにする．高熱源に対しては，1周する間に $Q_H > 0$ の熱を吸収するとしてきたので，これは特に符号を変える必要はなく，$Q_1 = Q_H$ とおく．すると，(2.43) は

$$\frac{Q_1}{T_H} + \frac{Q_2}{T_L} = 0 \tag{2.44}$$

と書き直すことができることになる．

2.7.2 任意のサイクルが準静的過程で実現できること

任意のサイクルは，カルノー・サイクルを表す短冊型の図形 (図2.6) によって，埋め尽くすことができる．その外周で表されるぎざぎざのサイクルは与えられたサイクルを近似的に表している．用いる短冊型の図形を小さくすると，与えられたサイクルにいくらでも近づけることができる．その意味で任意の可逆サイクルはカルノー・サイクルの合成で近似できる．

マイヤー・サイクルを等温変化と断熱変化のジグザグ線で実現したサイクルを図 2.7 に示す．ここで注意しなくてはならないのは，このジグザグ線による

§2.7 【基本】 エントロピー

サイクルを実現するためにはジグザグの数だけ温度の異なる熱浴を用意しなくてはならない点である．ジグザグ線を無限に小さくした極限がマイヤー・サイクルとして PV 面に描かれていると考えてよい．このように与えられたサイクルを表す閉曲線をジグザグ過程に置き換えることはどのようなサイクルに対しても可能である．具体的な例を次章で理想気体を用いて考察する．このような極限操作を考えると，どのような過程も可逆過程の組み合わせで実現することができることになる．

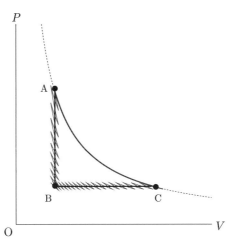

図 2.7 マイヤー・サイクルを等温変化と断熱変化のジグザグ線で実現した図．今の場合 AC 間は等温変化のため一つの等温変化で表せる．

2.7.3 クラウジウスの等式

2.5.4 項の議論では，図 2.6 で示したように，3 つのカルノー・サイクル A, B, C を合成した可逆サイクルを考えたが，ここではもっと多数のカルノー・サイクルから合成された可逆サイクルを考えることにしよう．この可逆サイクルは $T_1 > T_2 > \cdots > T_n$ という n 個の異なる温度の熱源と順次接触し熱のやり取りを行うものとする．そして，このサイクルが 1 周する間に，$j = 1, 2, \ldots, n$ の各々において，温度 T_j の熱源との間でやり取りする熱量は Q_j で与えられるものとする．(上述のように，$Q_j > 0$ ならば，サイクルは温度 T_j の熱源からその分の熱を吸収し，$Q_j < 0$ ならば，サイクルは $|Q_j| = -Q_j > 0$ の熱を放出する．) このような場合には，与えられたサイクルを合成しているそれぞ

れのカルノー・サイクルにおいて等式 (2.44) が成り立っているため

$$\sum_{j=1}^{n} \frac{Q_j}{T_j} = 0 \tag{2.45}$$

というように拡張される．

　さらに，無限個のカルノー・サイクルの合成として実現される可逆サイクルに対しては，(2.45) の等式を拡張しておこう．このサイクルの行程を指定するパラメータを s と書くことにする．いま，このパラメータの値が s のときに，サイクルが熱のやり取りをしている熱源の温度は $T(s)$ で与えられるものとしよう．そして，サイクルの行程がわずかに進行しパラメータが s から $s+ds$ に微小変化すると，熱源の温度も $T(s) \to T(s+ds)$ と変化してしまうものとする．このような状況では，温度がちょうど $T(s)$ である熱源とやり取りできる熱量は無限小であることになる．これを $\delta Q(ds)$ と書くことにする．すると，(2.45) は，このようなサイクルに対しては，次のような周回積分で表される．

$$\oint \frac{\delta Q(ds)}{T(s)} = 0 \tag{2.46}$$

サイクルの行程を表すパラメータ s は補助的な変数であるので，それを省略して，上の等式を

$$\oint \frac{\delta Q}{T} = 0 \tag{2.47}$$

と書くことにする．これを**クラウジウスの等式**とよぶ．

2.7.4 状態量：エントロピー

　任意の可逆サイクルに対して成り立つクラウジウスの等式 (2.47) は，熱力学第 1 法則で与えられた内部エネルギーとは異なる状態量が存在することを意味している．この新たな状態量の全微分は $\delta Q/T$ で与えられ，したがって，それをサイクルの行程に従って周回積分すると，0 になるというわけである．熱力学第 2 法則から導かれるこの状態量を **エントロピー** とよび，S と記す．その微小変化は，全微分

$$dS = \frac{\delta Q}{T} \tag{2.48}$$

で与えられることになる．

　この式から，熱量の微小変化はエントロピーを用いると，

$$\delta Q = TdS \tag{2.49}$$

と表されることになり，このことは，熱の移動が T と S という2つの状態量を用いて表すことができることを意味している．この式は，(2.20) の最初の式

$$\delta W = -P dV \qquad (2.50)$$

と同じ形をしている．

§2.8　カラテオドリの原理

　熱力学の公理論的定式化の中で，カラテオドリ (Constantin Carathéodory, 1873–1950) によって提唱された原理がある．熱 Q は状態量でなく，その変化分 δQ は全微分で表せず，その量を温度で割った量 $\delta Q/T$ が状態量となり，それがエントロピーであることを説明した．このような役割をする関数 T を，数学では**積分分母**とよぶ．積分分母は，変数が2個の場合特殊な場合を除いて積分分母が存在するが，変数の数が3つ以上になると必ずしも積分分母は存在しない．しかしながら，「3次元パラメータ空間中の任意の点 $\mathrm{P}=(x,y,z)$ のいかなる近傍にも，その点Pから

$$\delta Q = X(x,y,z)dx + Y(x,y,z)dy + Z(x,y,z)dz = 0$$

を満たす変化で達することができない点が存在する.」と仮定するとこのとき，積分分母の存在することを示せる[16]．

　関数 Q は熱量を表し，積分分母 T は温度を表すものとみなし，この性質を熱力学の言葉でいい直す．このとき，

$$\delta Q = X(V,P,N,\dots)dV + Y(V,P,N)dP + Z(V,P,N)dN + \cdots = 0 \qquad (2.51)$$

を満たす変化とは断熱変化である．よって，積分分母が存在するための条件，すなわち，エントロピーという状態量が存在するための条件は，「熱平衡状態の近傍には，その状態から断熱変化で到達できない状態が必ずある」ということになるのである．これが**カラテオドリの原理**とよばれるものである．

　保存力だけからなる系，すなわち，力学的あるいは電磁気的な系では，状態を断熱的に変化させることができる．しかしながら，熱の垂れ流しを含む不可

---

[16] くわしい説明は，たとえば原島 鮮著『熱力学・統計力学』（培風館, 1978年）参照.

逆な変化を経て生じた状態は，断熱的には元に戻せないというのが熱力学の第2法則の意味することであった．2.5節では熱機関を表すサイクルを用いて熱力学第2法則を定式化したが，カラテオドリの原理は熱力学第2法則の別の表現であり，熱力学で扱う熱平衡状態の数学的構造を明らかにしたものである．

§2.9　熱力学の基礎方程式

内部エネルギーの全微分 dU を熱力学第1法則に従って表すと (2.21) が得られた．しかし，そこで現れた熱量の微小変化 δQ は状態量の全微分を用いて表すことはできなかった．上で述べたことは，熱力学第2法則によってそれが可能となり，(2.49) が得られたということである．そこで新たに登場した状態量が，エントロピー S であった．したがって，内部エネルギーの全微分は

$$dU = TdS - PdV \tag{2.52}$$

というように，2つの状態量 S と V の全微分を用いて表すことができることになった．これが**熱力学の基本方程式**である．この基本方程式は，以下のように拡張することができる．

これまでは，気体や液体などの系の物質量，すなわち構成粒子の総数 N は状態変化の間に一定であると仮定してきた．しかし，化学反応などにおける状態変化では粒子数 N も変わる．このようなときの内部エネルギーの変化は，**化学ポテンシャル**とよばれる状態量 μ を用いて μdN で与えられる．この効果も入れると，(2.52) は

$$dU = TdS - PdV + \mu dN \tag{2.53}$$

という形に拡張される．また，仕事の変化 δW は $-PdV$ で与えられる場合だけではなく，一般にはそれぞれの物質の性質（物性）に応じて，物理量 A の変化 dA と，それに**共役な外力** a を用いて，adA という形で与えられる．例えば，誘電体では，変化させる物理量は電荷 $A = q$ であり，それに共役な外力は電場 $a = E$ で与えられ，電気エネルギーの変化は Edq という項で表される．また，磁性体では，変化させる物理量は磁化 $A = M$ であり，それに共役な外力は磁場 $a = H$ で与えられ，磁気エネルギーの変化は HdM と表現される．これらの寄与も加えて，

§2.9 【基本】 熱力学の基礎方程式

$$\delta W = -PdV + Edq + HdM + \cdots \tag{2.54}$$

とすると，(2.53) は

$$dU = TdS - PdV + Edq + HdM + \cdots + \mu dN \tag{2.55}$$

というように一般化される．このように，仕事の変化を表す項は場合に応じて追加されるが，熱力学第2法則に由来するのは TdS の項だけである．他の項は，力学的，電磁気的，あるいは化学的な仕事によって物質の内部エネルギーが変化する様子を表すものである．力学的な仕事によって力学的なポテンシャルエネルギーが変化することと，電磁気的な仕事によって電磁気的なポテンシャルエネルギーが変化することは，すでに力学と電磁気学で習った事実であり，それを物質に対して適用しただけのことである．力学的でも電磁気的でも化学的でもないエネルギー変化の形態を表した TdS という項の存在が，熱力学のエッセンスである．ただし，熱平衡状態における状態変化に対して (2.55) を用いて計算を行う上では，TdS の項も，PdV などのエネルギー変化の項や μdN の項と全く同様に取り扱えばよい．

熱は分子運動の運動エネルギーの総和であるとか，エントロピーは乱雑さの指標であるとか，熱力学量に対してミクロな解釈が与えられることがしばしばある．しかし，これらは熱力学という一つの理論体系の外から別の概念や事実を，いわば，「密輸」したものである[17]．熱力学では，熱はあくまで，マクロな存在である我々にはコントロールすることができない「認識できないエネルギー移動」なのである．ミクロな描像に頼ることなく，内部エネルギーとエントロピーという状態量を導入することによって構築された熱力学という理論体系の基礎は，クラウジウス（Rudolf Julius Emanuel Clausius, 1822–1888）やトムソン（ケルビン卿）によって完成された．

---

[17] 熱平衡状態におけるエントロピーに対するミクロな意味づけは，統計力学においてボルツマンの原理として与えられる．しかし（平衡）統計力学では，もはや熱の移動という概念はなくなってしまっている．熱の移動がなぜ起こるのかは（平衡）統計力学で議論されることはないのである．他の命題から導くことができないという意味で，熱力学第2法則は物理学の原理なのである．

§2.10　熱力学第3法則

エントロピーの値が絶対零度 $T = 0\,\mathrm{K}$ では 0 になることが，いくつもの実験とそれに基づく考察によって示唆された．この経験則を**熱力学第3法則**という．しかしながら，この法則は低温における物性に関するものでありで，必ずしも成立するとは限らない．また，熱力学第3法則は，実は熱力学の理論構造全体には関係がない．この点も含めて，本書では，5.7節で熱力学第3法則について詳しく論ずることにする．

□章末コラム　カルノーの考察と熱力学の発展

本文でも述べたように，熱機関が動力として実用化された後，その仕事効率の値が最大の関心事となった．

カルノーは，運動方程式が与えられていない（つまり力学で扱えない）熱というものが関与する熱機関の仕事効率にどのような制約があるのか研究を行った．そして，仕事効率に上限はあるのか，また，それがある場合には，上限値は熱機関の仕組みや実際に使用する物質に依るのか，という根本的な問題に対して，「火の動力，および，この動力を発生させるに適した機関についての考察」という題目の画期的な論文を1824年に発表した．

そこでの考察の対象は熱機関であり，そこで用いたのは物質の状態方程式だけであった．熱機関は1サイクルで元に戻るため，どうしても2つ以上異なる温度の熱源が必要である．熱機関はそれら複数の熱源を用いて系の温度を巡回的に変える仕組みである．状態方程式があるので，温度の変化から圧力と体積の変化が定まり，それから熱機関がする仕事を計算することができる[18]．熱機関の仕組みをいろいろ変えて，それぞれの仕組みに対して仕事効率を調べていき，シンプルで美しい結論にたどり着いたのである．すなわち，仕事効率の最大値は断熱過程と等温過程だけからなるサイクル（カルノー・サイクル）で実現できること，そして，最大効率の値は高熱源と低熱源の温度のみに依存し，作業物質に依らないということである[19]．

本書も含めて熱力学の教科書では普通，熱力学第1法則，第2法則の順に説明される．しかし，熱力学のエッセンスであるカルノーの考察は，ジュールの熱と仕事の等価性の実験(1840年代)より前に，熱素論に基づいてなされたものであった．

---

[18] いろいろな熱機関の効率については第7章で紹介する．
[19] その考察は，当時研究者の間で主流であった熱素論を用いているが，その議論では高温と低温で熱の性質が変わるとしたため，熱量保存は本質的でなく，熱力学第1法則と矛盾することなく正しい結論が導かれた．

§2.10 【基本】 熱力学第3法則

その意味では熱の特殊性の方が，熱と仕事の等価性よりも先に理解されていたことになる．むしろ，そのような事情から等価性の受け入れに時間がかかったともいえる．

ここで，注意しておかなくてはならないのは，熱力学第1法則を強調しすぎると，熱と仕事が等価とされ，不可逆性を示す熱という形態の特殊性が表せないということである．なぜ高熱源から取り出される熱をすべて仕事にすることができないのかが問題の本質であり，その答えが，カルノーによって示された仕事効率上限の存在なのである．

本文でも述べたように，これからわかることは，熱と仕事が等価といってもそう単純ではないということである．そして，熱と仕事との違いを明示したのが，クラウジウスとトムソンが定式化した熱力学の第2法則なのである．

仕事が摩擦で熱に変わる

$$W \to Q \tag{2.56}$$

というプロセス（いわゆる**緩和現象**）は，サイクルでは表せない過程であり，熱機関の考察には直接的には役に立たない．熱機関の関係からすると，熱と仕事の等価を表す関係として，マイヤーによって発見された気体の定圧比熱C_Pと定積比熱C_Vの差に関するマイヤーの関係の方が重要であるように思える．この関係は以下のようである．（詳しくは3.7節で説明する．）気体の温度をΔTだけ変えるとき必要な熱量は

$$Q_{定圧} = nC_P\Delta T, \quad Q_{定積} = nC_V\Delta T \tag{2.57}$$

で与えられる．他方，定圧過程において系が圧力Pによって外部にする仕事は，理想気体の状態方程式$PV = nRT$（Rは気体定数）を用いて

$$P(V + \Delta V) = nR(T + \Delta T) \to P\Delta V = nR\Delta T \tag{2.58}$$

と求めることができる．以上より，

$$C_P = C_V + R \tag{2.59}$$

という関係式が導かれるというものである．これは仕事と熱との関係を，緩和現象を議論することなく表している．

第2章 章末問題

問題1 トムソンの原理とクラウジウスの原理が等価であることを証明せよ.

問題2 次の命題を証明せよ.
「サイクル図において,断熱変化を表す線は交点をもたない.」

問題3 第二種永久機関は実現不可能であることを,トムソンの原理から導け.

問題4 カルノー・サイクルを PV 平面ではなく, TS 平面で表せ.

問題5 熱力学第2法則より,次の命題を証明せよ.
「与えられた高熱源と低熱源の間に置かれたすべての可逆過程の仕事効率は同じである.」

問題6 ボイル=シャルルの法則に従う理想気体を用いたカルノー・サイクルを考える.高熱源と低熱源の気体温度計温度をそれぞれ, $T_{\mathrm{H}}^{\text{気体温度計}}$ と $T_{\mathrm{L}}^{\text{気体温度計}}$ とする.このとき,仕事効率は

$$\eta = 1 - \frac{T_{\mathrm{L}}^{\text{気体温度計}}}{T_{\mathrm{H}}^{\text{気体温度計}}} \tag{2.60}$$

で与えられることを導け.

第3章　熱力学関係式とその応用

第2章で準静的過程における熱力学の基礎方程式を導いた．これを多変数関数に関する数学的な公式と組み合わせて用いると，さまざまな熱力学関係式を導き出すことができる．しかしながら，得られた熱力学関係式を具体的な物質に適用するためには，それらとは別に，対象とする物質ごとに状態方程式を導入する必要がある．ここでは，理想気体の状態方程式を与え，いろいろな状態変化の様子を詳しく調べる．

§3.1　熱力学関係式

この章では，2.9節で導いた熱力学の基礎方程式

$$dU = TdS - PdV + \mu dN \tag{3.1}$$

を議論の出発点とする．この式は，内部エネルギーの変化 dU はエントロピーの変化 dS，体積の変化 dV，および，粒子数の変化 dN によってもたらされることを示している．3変数 S, V, N のいずれの値も変化しなければ（つまり，$dS = dV = dN = 0$ ならば）$dU = 0$ であり，この3変数のいずれかの値に変化があれば $dU \neq 0$ となる．つまり，U は3変数 S, V, N の関数であり，$U = U(S, V, N)$ と書けることになる．この状況のとき，S, V, N は**独立変数**であり，U はこの3変数の**従属変数**であるという．

多変数関数に対しては，どの変数で微分するかの違いに応じて複数の微分（導関数）を定義することができる．上述の $U = U(S, V, N)$ に対しては，3種類の1階微分（1階の導関数）が定義できる．それらを，それぞれ次のように書くことにする．

$$\left(\frac{\partial U(S, V, N)}{\partial S}\right)_{V, N} = \lim_{\varepsilon \to 0} \frac{U(S+\varepsilon, V, N) - U(S, V, N)}{\varepsilon} \tag{3.2}$$

$$\left(\frac{\partial U(S, V, N)}{\partial V}\right)_{S, N} = \lim_{\varepsilon \to 0} \frac{U(S, V+\varepsilon, N) - U(S, V, N)}{\varepsilon} \tag{3.3}$$

$$\left(\frac{\partial U(S, V, N)}{\partial N}\right)_{S, V} = \lim_{\varepsilon \to 0} \frac{U(S, V, N+\varepsilon) - U(S, V, N)}{\varepsilon} \tag{3.4}$$

これらは，2.3.5 項で導入した偏微分に他ならない．ただし，状態量の偏微分をとるときに，値を固定させる変数を下付き添え字で明示することにする．例えば，$\left(\dfrac{\partial U(S,V,N)}{\partial S}\right)_{V,N}$ の下付き添え字の V, N は，これらの変数の値を固定させるという条件を示している．つまり，変数 V と N の値は固定し，変数 S のみを dS だけ変化させたときの U の変化が (3.2) で与えられることになる．他の 2 つの 1 階の偏微分 (3.3)，(3.4) についても同様である．その上で，S, V, N の 3 変数関数である U の一般的な変化は，2.3.5 項で定義した全微分

$$dU(S,V,N) = \left(\frac{\partial U(S,V,N)}{\partial S}\right)_{V,N} dS + \left(\frac{\partial U(S,V,N)}{\partial V}\right)_{S,N} dV \\ + \left(\frac{\partial U(S,V,N)}{\partial N}\right)_{S,V} dN \qquad (3.5)$$

で与えられる．この U の全微分を熱力学の基礎方程式 (3.1) と比べると，次の関係式が得られる．

$$\begin{aligned} T(S,V,N) &= \left(\frac{\partial U(S,V,N)}{\partial S}\right)_{V,N} \\ P(S,V,N) &= -\left(\frac{\partial U(S,V,N)}{\partial V}\right)_{S,N} \\ \mu(S,V,N) &= \left(\frac{\partial S(U,V,N)}{\partial N}\right)_{S,V} \end{aligned} \qquad (3.6)$$

系が断熱材で作られた容器の中に密閉されている場合，その内部エネルギー U，体積 V，および，粒子数 N の値は一定である．このような系を**孤立系**という．したがって，孤立系の熱平衡状態を指定する変数は U, V, N である．この 3 変数の値が異なれば，別の熱平衡状態にある孤立系が実現することになる．そこで，熱力学の基礎方程式 (3.1) を次のように書き直すことにする．

$$dS = \frac{1}{T}dU + \frac{P}{T}dV - \frac{\mu}{T}dN \qquad (3.7)$$

この表式は，エントロピーを U, V, N の関数と見なすことができることを意味している．したがって，孤立系における独立変数は U, V, N であり，この 3 変数の関数として，状態量であるエントロピーを表すのは自然である．この $S = S(U, V, N)$ のように，系の熱平衡状態を特徴づける関数を一般に**熱力学関数**とよぶことにする．$S = S(U, V, N)$ の全微分を考え，それと (3.7) を比較することにより，

§3.2 【基本】 熱力学関数

$$\frac{1}{T(U,V,N)} = \left(\frac{\partial S(U,V,N)}{\partial U}\right)_{V,N}$$

$$\frac{P(U,V,N)}{T(U,V,N)} = \left(\frac{\partial S(U,V,N)}{\partial V}\right)_{U,N}$$

$$\frac{\mu(U,V,N)}{T(U,V,N)} = -\left(\frac{\partial S(U,V,N)}{\partial N}\right)_{U,V} \tag{3.8}$$

という関係式が得られる.

上で述べたように,孤立系の熱平衡状態を指定する自然な独立変数は U,V,N であり,その他の状態量 T,P,μ は U,V,N の従属関数として表される.その従属性がどのようなものであるかは,対象としている物体の「個性」によって決まる. T,P,μ を U,V,N の関数としてあらわに与えた方程式は,その物体の熱力学的個性を規定するものであり,**状態方程式**とよばれる.3.6 節において,理想気体に対して状態方程式を与えることにする.

§3.2 熱力学関数

上では孤立系を考えたので,独立変数は U,V,N であり,熱力学関数としてエントロピー $S = S(U,V,N)$ を用いることで熱平衡状態を特徴づけることができた.しかし,対象とする系が孤立系ではない場合には,独立変数や系の状態を特徴づける熱力学関数を別のものに替える必要がある.

例えば,対象とする系が温度 T の熱源に接した状況で熱平衡状態にある場合を考えてみることにする.熱力学の基礎方程式 (3.1) では内部エネルギー U を S,V,N の関数と考えたが,今の場合,系の温度 T を一定値に保つように系は熱源と熱のやり取り $\delta Q = TdS$ をしているため,エントロピー S を独立変数として採用することはできない.そこで,S の代わりに T を系の状態を指定する独立変数として採用し,T,V,N の関数をあらたに考えることにする.この熱力学関数は

$$F = U - TS \tag{3.9}$$

で与えられる.なぜならば,この関数の全微分は

$$dF = dU - d(TS) = dU - (TdS + SdT)$$

で与えられるが,ここで熱力学の基礎方程式 (3.1) を用いて書き換えると,

$-TdS$ の項は消去されて

$$dF = TdS - PdV + \mu dN - (TdS + SdT)$$
$$= -SdT - PdV + \mu dN \tag{3.10}$$

となるからである．この式は $F = F(T, V, N)$ であり，次の関係式が成り立つ．

$$S(T, V, N) = -\left(\frac{\partial F(T, V, N)}{\partial T}\right)_{V, N}$$
$$P(T, V, N) = -\left(\frac{\partial F(T, V, N)}{\partial V}\right)_{T, N}$$
$$\mu(T, V, N) = \left(\frac{\partial S(T, V, N)}{\partial N}\right)_{T, V} \tag{3.11}$$

$F = F(T, V, N)$ は**ヘルムホルツの自由エネルギー**とよばれる．(3.9) と (3.10) で与えられる独立変数の取り換え $(S, V, N) \to (T, V, N)$ とそれに伴う熱力学関数の移行操作 $U \to F$ は，**ルジャンドル変換**とよばれる[1]．

さらに，体積を固定するかわりに圧力 P を与えた状況を考え独立変数を $(T, V, N) \to (T, P, N)$ と変換したいときにはどうすればよいであろうか．その答は

$$d(U - TS + PV) = (TdS - PdV + \mu dN) - (TdS + SdT) + (PdV + VdP)$$
$$= -SdT + VdP + \mu dN \tag{3.12}$$

という計算をしてみればわかる．つまり,

$$G = U - TS + PV = F + PV \tag{3.13}$$

で与えられる熱力学関数は，

$$dG = -SdT + VdP + \mu dN \tag{3.14}$$

---

[1] 関数 $f(x)$ の変数 x の各点での接線の傾き，つまり微係数 $\partial f(x)/\partial x = a$, が x の一意的関数である場合に，関数を x ではなく a の変数として考え直す．微係数が a である場所の x の値を a の関数として x_a で表す．そして，$g(a) = f(x_a) - ax_a$ を考えると $df = adx$ が $dg(a) = d(f - ax) = adx - (adx + xda) = -xda$ であることから，a を変数とした関数 $g(a)$ が得られる．自由エネルギーは独立変数の凸関数であるので，微係数は変数の一意的関数である．

§3.2 【基本】 熱力学関数

の形の全微分をもつので，$G = G(T, P, N)$ であり，T, P, N で指定される熱平衡状態を特徴づけることができることになる．この熱力学関数を**ギブスの自由エネルギー**とよぶ．また，熱源とは接しないが体積だけが変化しうる系を考えると

$$d(U + PV) = TdS - PdV + \mu dN + (PdV + VdP)$$
$$= TdS + VdP + \mu dN$$

が熱力学関数は

$$H = U + PV \tag{3.15}$$

となり，その全微分

$$dH = TdS + VdP + \mu dN \tag{3.16}$$

となる．この熱力学関数を**エンタルピー**とよぶ．

　系を入れた容器が外部に対して開かれていて粒子の出入りがある場合，熱平衡状態において，当然，粒子数は一定ではない．そのような場合，系を記述する独立変数として N の代わりに別の状態量を用いるべきである．それが，μ と記される**化学ポテンシャル**であり，これは示強性の量である．このような**開放系**における熱平衡状態では，粒子数 N の増減に関しても釣り合いが成り立っており，これを**化学平衡状態**という．この**熱および化学平衡状態**を特徴づける熱力学関数は

$$\Phi = \Phi(T, V, \mu) = F - \mu N$$
$$= U - TS - \mu N \tag{3.17}$$

で与えられ，**グランドポテンシャル**とよばれる．

　その他，例えば，S, V, μ が独立変数となるような平衡状態も考えられるが，その場合の熱力学関数には特に名前は付いていない．

3.2.1　ギブス-デュエムの関係式

　変数 $(S, T), (V, P), (N, \mu)$ の 3 つの対に対して，それぞれどちらの変数を独立変数として採用するかを考えると，合計 $2^3 = 8$ 通りの組み合わせがあることになる．そのうちで，3 つともすべて示量性の量を採った場合，すなわち S, V, N を採用したときに得られる熱力学関数が内部エネルギー U で

第3章 熱力学関係式とその応用

あった．それでは，独立変数としてすべて示強性の量を採用したら，どのような熱力学関数が得られるであろうか．いずれも示強性の量である T と P に加えて，同じく示強性の量である μ を独立変数とした場合には，熱力学関数として $U - TS + PV - \mu N$ を考えればよいはずである．(3.12) の計算と $d(-\mu N) = -\mu dN - N d\mu$ より，

$$d(U - TS + PV - \mu N) = -SdT + VdP - Nd\mu \tag{3.18}$$

となるはずだからである．ところが，この関数は恒等的に 0 になってしまう，つまり

$$U - TS + PV - \mu N = 0 \tag{3.19}$$

なのである．この恒等式は**ギブス-デュエムの関係式**とよばれる．以下，この証明を与える．

ギブス-デュエムの関係式の証明

内部エネルギー $U = U(S, V, N)$ を考える．上述のように，この場合には独立変数 S, V, N はいずれも示量性をもつので，対象としている系の分量を n 倍すると，S, V, N はいずれも n 倍されることになる，$(S, V, N) \to (nS, nV, nN)$．他方，内部エネルギー $U(S, V, N)$ もまた示量性の量なので，このとき n 倍される，$U(S, V, N) \to nU(S, V, N)$．したがって，

$$nU(S, V, N) = U(nS, nV, nN)$$

という等式が成り立つことになる．この等式の両辺を n で微分すると

$$\begin{aligned} U(S, V, N) &= \left.\frac{\partial U(x, nV, nN)}{\partial x}\right|_{x=nS} \frac{d(nS)}{dn} \\ &+ \left.\frac{\partial U(nS, y, nN)}{\partial y}\right|_{y=nV} \frac{d(nV)}{dn} + \left.\frac{\partial U(nS, nV, z)}{\partial z}\right|_{z=nN} \frac{d(nN)}{dn} \end{aligned}$$

ここで，(3.6) を用いると

$$\begin{aligned} U &= T\frac{d(nS)}{dn} - P\frac{d(nV)}{dn} + \mu\frac{d(nN)}{dn} \\ &\iff U = TS - PV + \mu N \end{aligned}$$

という関係式が導かれる．これは，(3.19) に他ならない．

(3.19) の全微分は (3.18) であったので，(3.19) から

$$-SdT + VdP - Nd\mu = 0 \tag{3.20}$$

という微分形の関係式も得られる．この関係式もまた，(3.19) と同様にギブス-デュエムの関係式とよばれる．この式は T, P, μ の 3 変数は互いに独立ではないことを意味している．

ギブスの自由エネルギーの定義式 (3.13) は，ギブス-デュエムの関係式 (3.19) を用いると

$$G = \mu N \iff \mu = \frac{G}{N} \tag{3.21}$$

とも表される．つまり，化学ポテンシャル μ は 1 粒子あたりのギブスの自由エネルギーに等しいことになる．また，(3.17) で与えられるグランドポテンシャル Φ は，

$$\Phi = -PV \tag{3.22}$$

であることも導かれる．

§3.3 偏微分の公式

第 2 章の 2.3.5 項で偏微分を導入した．ここでは，熱力学量の計算をする際によく使う，一連の偏微分に関する公式を解説しておく[2]．

以下，X, Y, Z は互いに他に従属した変数とする．すなわち，$X = X(Y, Z), Y = Y(X, Z), Z = Z(X, Y)$ であるものとする．

公式 1

$$\left(\frac{\partial X}{\partial Y}\right)_Z = \frac{1}{\left(\frac{\partial Y}{\partial X}\right)_Z}$$

証明：1 変数関数 $y = y(x)$ が与えられたとき，通常の微分（常微分）に対して

$$\frac{dy}{dx}\frac{dx}{dy} = 1 \iff \frac{dy}{dx} = \frac{1}{\frac{dx}{dy}}$$

---

[2] ただし，微分が恒等的に 0 となったり，発散したりすることはなく，関数は独立変数を指定するごとに一意的に有限の値を与えるものと仮定することにする．系が 1 つの相にあるときには，熱力学関数はこの条件を満たしている．そうでない場合には，相転移とよばれる特異な現象を示すことになるが，それについては第 6 章で詳説する．

が成り立つ．固定する変数が両辺とも同じ Z であるので，上の常微分と同様に**公式1**が成立する． ∎

公式2
$$\left(\frac{\partial X}{\partial Y}\right)_Z \left(\frac{\partial Y}{\partial Z}\right)_X \left(\frac{\partial Z}{\partial X}\right)_Y = -1 \tag{3.23}$$

（右辺が 1 ではなく -1 であることに注意せよ．）

証明：$X = X(Y, Z)$ の全微分は

$$dX = \left(\frac{\partial X}{\partial Y}\right)_Z dY + \left(\frac{\partial X}{\partial Z}\right)_Y dZ$$

で与えられる．これを**公式1**を用いて変形すると

$$dY = \frac{dX - \left(\frac{\partial X}{\partial Z}\right)_Y dZ}{\left(\frac{\partial X}{\partial Y}\right)_Z} = \left(\frac{\partial Y}{\partial X}\right)_Z dX - \left(\frac{\partial X}{\partial Z}\right)_Y \left(\frac{\partial Y}{\partial X}\right)_Z dZ.$$

これを $Y = Y(X, Z)$ の全微分の式

$$dY = \left(\frac{\partial Y}{\partial X}\right)_Z dX + \left(\frac{\partial Y}{\partial Z}\right)_X dZ$$

と比べると，

$$\left(\frac{\partial Y}{\partial Z}\right)_X = -\left(\frac{\partial X}{\partial Z}\right)_Y \left(\frac{\partial Y}{\partial X}\right)_Z$$

が得られる．右辺の 2 つの偏微分に対して**公式1**を用いると，**公式2**が得られる． ∎

公式3 Y と Z の従属変数 $A = A(Y, Z)$ を考える．このとき，次の等式が成り立つ．

$$\left(\frac{\partial X}{\partial Y}\right)_Z = \left(\frac{\partial X}{\partial Y}\right)_A + \left(\frac{\partial X}{\partial A}\right)_Y \left(\frac{\partial A}{\partial Y}\right)_Z$$

（この公式は，偏微分を計算する際に，値を固定する変数を $A \leftrightarrow Z$ と換えたいときに有用となる．）

証明：$X = X(Y, Z)$ の全微分は

$$dX = \left(\frac{\partial X}{\partial Y}\right)_Z dY + \left(\frac{\partial X}{\partial Z}\right)_Y dZ \tag{3.24}$$

§3.3 【基本】 偏微分の公式

で与えられる．いま，$A = A(Y, Z)$ を Z について解いて $Z = Z(Y, A)$ が得られたとする．すると，$X = X(Y, Z) = X(Y, Z(Y, A))$ であるから，X を Y と A の関数と見なすことができる．このときの全微分は

$$dX = \left(\frac{\partial X}{\partial Y}\right)_A dY + \left(\frac{\partial X}{\partial A}\right)_Y dA$$

で与えられる．この式に $A = A(Y, Z)$ の全微分の式

$$dA = \left(\frac{\partial A}{\partial Y}\right)_Z dY + \left(\frac{\partial A}{\partial Z}\right)_Y dZ$$

を代入すると

$$\begin{aligned}dX &= \left(\frac{\partial X}{\partial Y}\right)_A dY + \left(\frac{\partial X}{\partial A}\right)_Y \left\{\left(\frac{\partial A}{\partial Y}\right)_Z dY + \left(\frac{\partial A}{\partial Z}\right)_Y dZ\right\} \\ &= \left\{\left(\frac{\partial X}{\partial Y}\right)_A + \left(\frac{\partial X}{\partial A}\right)_Y \left(\frac{\partial A}{\partial Y}\right)_Z\right\} dY + \left(\frac{\partial X}{\partial A}\right)_Y \left(\frac{\partial A}{\partial Z}\right)_Y dZ \\ &= \left\{\left(\frac{\partial X}{\partial Y}\right)_A + \left(\frac{\partial X}{\partial A}\right)_Y \left(\frac{\partial A}{\partial Y}\right)_Z\right\} dY + \left(\frac{\partial X}{\partial Z}\right)_Y dZ.\end{aligned}$$

この式を (3.24) と比べると**公式3**が得られる．　　　　　　　　　　　∎

変数 (X, Y) と変数 (u, v) の間の変数変換

$$dX = \left(\frac{\partial X}{\partial u}\right)_v du + \left(\frac{\partial X}{\partial v}\right)_u dv$$

$$dY = \left(\frac{\partial Y}{\partial u}\right)_v du + \left(\frac{\partial Y}{\partial v}\right)_u dv$$

を考える．ここでの変換の係数行列の行列式

$$\frac{\partial(X, Y)}{\partial(u, v)} \equiv \left|\begin{pmatrix}\left(\frac{\partial X}{\partial u}\right)_v & \left(\frac{\partial X}{\partial v}\right)_u \\ \left(\frac{\partial Y}{\partial u}\right)_v & \left(\frac{\partial Y}{\partial v}\right)_u\end{pmatrix}\right| = \left(\frac{\partial X}{\partial u}\right)_v \left(\frac{\partial Y}{\partial v}\right)_u - \left(\frac{\partial X}{\partial v}\right)_u \left(\frac{\partial Y}{\partial u}\right)_v \tag{3.25}$$

はヤコビアンとよばれる．3変数以上の場合も同様に定義される．

公式4　3つの変数の組 $(X, Y), (a, b), (u, v)$ に対して，関係式

$$\frac{\partial(X, Y)}{\partial(a, b)} \frac{\partial(a, b)}{\partial(u, v)} = \frac{\partial(X, Y)}{\partial(u, v)} \tag{3.26}$$

が成り立つ．

証明は章末問題とする．この関係を用いて，偏微分の間の関係を導く方法は**ヤコビアンの方法**とよばれる．

行列式の定義より

$$\frac{\partial(X,Y)}{\partial(u,v)} = -\frac{\partial(X,Y)}{\partial(v,u)} = \frac{\partial(Y,X)}{\partial(v,u)} = -\frac{\partial(Y,X)}{\partial(u,v)}$$

である．また，偏微分の定義より，$\left(\frac{\partial Y}{\partial u}\right)_Y = 0$, $\left(\frac{\partial Y}{\partial Y}\right)_u = 1$ なので，

$$\frac{\partial(X,Y)}{\partial(u,Y)} = \begin{vmatrix} \left(\frac{\partial X}{\partial u}\right)_Y & \left(\frac{\partial X}{\partial Y}\right)_u \\ \left(\frac{\partial Y}{\partial u}\right)_Y & \left(\frac{\partial Y}{\partial Y}\right)_u \end{vmatrix}$$

$$= \begin{vmatrix} \left(\frac{\partial X}{\partial u}\right)_Y & \left(\frac{\partial X}{\partial Y}\right)_u \\ 0 & 1 \end{vmatrix} = \left(\frac{\partial X}{\partial u}\right)_Y$$

であり，偏微分はヤコビアンの特別な場合であることがわかる．よって，**公式4**で $(a,b) = (X,Z), (u,v) = (Z,Y)$ としたときに得られる

$$\frac{\partial(X,Y)}{\partial(X,Z)}\frac{\partial(X,Z)}{\partial(Z,Y)} = \frac{\partial(X,Y)}{\partial(Z,Y)}$$

は，

$$\left(\frac{\partial Y}{\partial Z}\right)_X \left\{-\left(\frac{\partial X}{\partial Y}\right)_Z\right\} = \left(\frac{\partial X}{\partial Z}\right)_Y$$

に等しいことになる．右辺の偏微分に対して**公式1**を用いると**公式2**が得られる．つまり，**公式2**は**公式4**の特別な場合と見なせる．

§3.4 マクスウェルの関係

いま，独立変数 X と Y の関数として熱力学関数 $A = A(X,Y)$ が与えられているものとする．系が一つの相にある場合，A は X, Y の一意的で連続な関数であるので，2階の偏微分

$$\frac{\partial^2 A}{\partial X \partial Y} = \frac{\partial^2 A}{\partial Y \partial X} \quad (3.27)$$

が成り立つ[3]．すなわち，2階の偏微分を計算するときに，偏微分の順序を入れ替えても得られる結果は同じである．等式 (3.27) は一見自明に思われるが，

---

[3] 例えば，杉浦光夫著『解析入門 I』（東京大学出版会，1980年），定理 3.2 を見よ．

§3.4 【基本】 マクスウェルの関係

3.1 節と 3.2 節で述べた熱力学関係式と組み合わせると，そこから物理的な意味をもった関係式が導かれる．その一例として，A をヘルムホルツの自由エネルギー $F = F(T,V,N)$ とし，2 つの独立変数として $X = T, Y = V$ とした場合を考えてみる．このとき，(3.27) の左辺は

$$\frac{\partial^2 F}{\partial T \partial V} = \left(\frac{\partial}{\partial T} \left(\frac{\partial F}{\partial V} \right)_{T,N} \right)_{V,N}$$

であり，右辺は

$$\frac{\partial^2 F}{\partial V \partial T} = \left(\frac{\partial}{\partial V} \left(\frac{\partial F}{\partial T} \right)_{V,N} \right)_{T,N}$$

である．ここで，(3.11) で与えられた関係式のうちの 2 つ，すなわち

$$\left(\frac{\partial F}{\partial V} \right)_{T,N} = -P, \quad \left(\frac{\partial F}{\partial T} \right)_{V,N} = -S \tag{3.28}$$

を用いると，

$$\left(\frac{\partial P}{\partial T} \right)_{V,N} = \left(\frac{\partial S}{\partial V} \right)_{T,N} \tag{3.29}$$

という関係式が恒等的に成り立つことが導かれる．この関係が物理的に意味するところを説明すると，「粒子数が一定であるという条件の下，体積一定としたときの圧力の温度変化は，温度一定としたときの体積変化によるエントロピー（熱の移動量を温度で割った量）に等しい」ということになる．この関係は，準静的過程においてすべての系で必ず成り立つ．

同様に (3.27) において，A として U, F, G, H などを用い，X, Y として V, P, T, S, μ, N などを用いることにより，関数 A の 2 階偏微分の間に成り立つさまざまな関係式が導かれる．このうち，上の (3.28) のように，A の 1 階微分が圧力 P やエントロピー S といった重要な熱力学変数を表している場合，得られた関係式は，特に，**マクスウェルの関係**とよばれる．

一般的に，熱力学変数や熱力学関数を表す X, Y, x, y の間に，符号を $\text{sgn} = \pm 1$ と表記して，マクスウェルの関係

$$\left(\frac{\partial x}{\partial Y} \right)_{X,\cdots} = \text{sgn} \left(\frac{\partial y}{\partial X} \right)_{Y,\cdots} \tag{3.30}$$

が成り立つ場合，対 (X, x) と対 (Y, y) がともに**共役な量**となっている．この主張の意味を，以下，具体例を用いて説明することにする．いま，$X = T, Y = P$

とする．粒子数 $N = $ 一定のとき，T と P の関数として与えられる熱力学関数はギブスの自由エネルギー $G = G(T, P)$ であり，その全微分は (3.14) で見たように（$dN = 0$ の場合であるから），

$$dG = -SdT + VdP \tag{3.31}$$

で与えられる．熱力学関数の全微分は，一般にこのような形で与えられるが，このとき対 (T, S) が共役な対であり，同時に対 (P, V) も共役な対である．このような共役な対 2 組に対して，マクスウェルの関係 (3.30) が成り立つ．

符号 sgn に関しては注意が必要である．今の場合は，$(X, x) = (T, S), (Y, y) = (P, V)$ であるが，(3.31) で dT の項と dP の項の符号が異なっていることに対応して，(3.30) では sgn $= -1$ が選ばれる．そのため，この場合のマクスウェルの関係として

$$\left(\frac{\partial S}{\partial P}\right)_{T,N} = -\left(\frac{\partial V}{\partial T}\right)_{P,N} \tag{3.32}$$

が成り立つことになる．マクスウェルの関係を符号も含めて覚える暗記法がいくつかあるが，どれもややこしい．上で見たように，対応する熱力学関数を頭に浮かべてその全微分の式に現れる符号に注意し，そのたびに書き下すのが，手間はかかるが間違いがない．

§3.5 応答関数の間の関係

温度変化に伴う系の内部エネルギー変化の度合いを表す熱容量や，圧力変化に伴う系の体積変化の度合いを表す圧縮率などは，温度や圧力といった外部パラメータに対して系が示す応答を表す量であり，**応答関数**と総称される．この節では，いろいろな過程における応答関数に対して熱力学的表式を与え，さらにそれらの間の関係を議論する．

3.5.1 熱容量

熱容量は系の温度 T を 1 度上げるのに必要な熱量 δQ であり，エントロピーの定義式 $dS = \delta Q/T$ を用いると

$$C = T\frac{\partial S}{\partial T} \tag{3.33}$$

§3.5 【基本】 応答関数の間の関係

で与えられる[4]．この量は偏微分で与えられることから，どのような条件の下で系の温度変化をさせるかによって値が異なる．例えば，体積を一定に保ちながら温度を変化させる場合には，

$$C_V = T \left(\frac{\partial S}{\partial T}\right)_V \tag{3.34}$$

であり，この量は**定積熱容量**とよばれる．それに対し，圧力を一定に保ちながら温度を変化させる場合には，

$$C_P = T \left(\frac{\partial S}{\partial T}\right)_P \tag{3.35}$$

であり，これは**定圧熱容量**とよばれる．

ここで，3.3 節で述べた偏微分の**公式 3** と 3.4 節で説明したマクスウェルの関係を用いて，定積熱容量と定圧熱容量の間に成り立つ関係を導いてみよう．(3.34) において偏微分の**公式 3** を $X = S, Y = T, Z = V, A = P$ として用いると

$$\left(\frac{\partial S}{\partial T}\right)_V = \left(\frac{\partial S}{\partial T}\right)_P + \left(\frac{\partial S}{\partial P}\right)_T \left(\frac{\partial P}{\partial T}\right)_V$$

という関係式が得られる．この両辺に T をかけると，(3.34) (3.35) の定義より

$$C_V = C_P + T \left(\frac{\partial S}{\partial P}\right)_T \left(\frac{\partial P}{\partial T}\right)_V$$

が成り立つことが導かれる．ここでマクスウェルの関係 (3.32) を用いると，C_V と C_P の間の関係式

$$C_P = C_V + T \left(\frac{\partial V}{\partial T}\right)_P \left(\frac{\partial P}{\partial T}\right)_V \tag{3.36}$$

が得られる．

3.5.2 定積熱容量と定圧熱容量の比と等温圧縮率と断熱圧縮率の比

等温圧縮率 κ_T と断熱圧縮率 κ_S は，それぞれ

$$\kappa_T = -\frac{1}{V} \left(\frac{\partial V}{\partial P}\right)_T, \quad \kappa_S = -\frac{1}{V} \left(\frac{\partial V}{\partial P}\right)_S \tag{3.37}$$

---

[4] 比熱とはその物質の熱容量と，同量の水の熱容量との比であり，無次元量として定義された量である．cal（カロリー）の定義より，水の熱容量は 1g あたり 1cal であるから，g や cal を用いた単位系では，物質の熱容量の値は比熱の値と一致することになる．今日では，熱力学の単位として，物質量に対しては mol，熱量に対しては J（ジュール）を用いる．モル比熱の単位は J/mol·K である．

で定義される．偏微分の**公式4**において $(X,Y)=(S,V),(a,b)=(T,V),(u,v)=(S,P)$ とすると

$$\frac{\partial(S,V)}{\partial(T,V)}\frac{\partial(T,V)}{\partial(S,P)}=\frac{\partial(S,V)}{\partial(S,P)} \tag{3.38}$$

が得られ，$(X,Y)=(T,V),(a,b)=(S,P),(u,v)=(T,V)$ とすると

$$\frac{\partial(T,V)}{\partial(S,P)}\frac{\partial(S,P)}{\partial(T,P)}=\frac{\partial(T,V)}{\partial(T,P)} \tag{3.39}$$

が得られる．両者の比をとると

$$\frac{\dfrac{\partial(S,V)}{\partial(S,P)}}{\dfrac{\partial(T,V)}{\partial(T,P)}}=\frac{\dfrac{\partial(S,V)}{\partial(T,V)}\dfrac{\partial(T,V)}{\partial(S,P)}}{\dfrac{\partial(T,V)}{\partial(S,P)}\dfrac{\partial(S,P)}{\partial(T,P)}}=\frac{\dfrac{\partial(S,V)}{\partial(T,V)}}{\dfrac{\partial(S,P)}{\partial(T,P)}}$$

という等式が導かれる．この等式の最左辺，および最右辺の計 4 つのヤコビアンを，それぞれ計算する．例えば，

$$\frac{\partial(S,V)}{\partial(S,P)}=\left(\frac{\partial S}{\partial S}\right)_P\left(\frac{\partial V}{\partial P}\right)_S-\left(\frac{\partial S}{\partial P}\right)_S\left(\frac{\partial V}{\partial S}\right)_P=\left(\frac{\partial V}{\partial P}\right)_S$$

というようにである．（偏微分の記号の定義より，$\left(\dfrac{\partial S}{\partial S}\right)_P=1,\left(\dfrac{\partial S}{\partial P}\right)_S=0$ である．）その上で熱容量の定義 (3.34) (3.35) と圧縮率の定義 (3.37) を思い出すと，この等式は

$$\frac{\kappa_S}{\kappa_T}=\frac{C_V}{C_P} \tag{3.40}$$

という関係を意味していることがわかる．

§3.6 理想気体の状態方程式

3.5節で求めた (3.36) と (3.40) は応答関数の間に一般的に成り立つ熱力学的関係である．このような熱力学関係式を具体的な対象に適応し，より定量的な関係式を導く際には，その対象とする物質の「個性」を表現する状態方程式が必要となる．状態方程式は，原理的にはその物質のミクロな情報を表現する関数であるハミルトニアンから導くことができるものであるが，その導出方法は**統計力学**で与えられる．熱力学の範囲の中においては，状態方程式は理論的に導き出されるものではなく，その物質に関する実験データに基づいて現象論

§3.6 【基本】 理想気体の状態方程式

的に導出されるものとなる．つまり，熱力学の一般論とは別に，物質ごとに与えられるべきものなのである．

ここでは，理想気体の状態方程式を与え，それを熱力学的関係式に適用してみる．

理想気体の状態方程式の1つは

$$PV = nRT \tag{3.41}$$

である．ここで n は気体の物質量（モル数）である[5]．また，R は**気体定数**とよばれる物理定数であり，その値と単位は

$$R = 8.31 \, \mathrm{J/mol \cdot K} \tag{3.43}$$

で与えられる．粒子数 N をあらわに用いて，(3.41) を (3.8) の 2 番目の式の形に書き直すと

$$\frac{P}{T} = \frac{N k_\mathrm{B}}{V} \tag{3.44}$$

となる．ここで，k_B は 1 粒子あたりの気体定数の値

$$k_\mathrm{B} = \frac{R}{N_\mathrm{A}} = 1.38 \times 10^{-23} \, \mathrm{J/K} \tag{3.45}$$

であり，**ボルツマン定数**とよばれる．

理想気体のもう一つの状態方程式は

$$U = C_V T \quad \Longleftrightarrow \quad \frac{1}{T} = \frac{C_V}{U} \tag{3.46}$$

である．これが，理想気体に対して (3.8) の 1 番目の式を明示的に表示したものである．ここで，C_V は定積熱容量である．C_V は一般には温度に依存する．しかし，理想気体においては，C_V は温度には依らない．その値は気体を構成

---

[5] 物質の分量を**物質量**とよぶが，熱力学ではこれを，その物質を構成している粒子（分子や原子）の個数をアボガドロ定数 N_A

$$N_\mathrm{A} = 6.02 \times 10^{23} \, \mathrm{J/mol \cdot K} \tag{3.42}$$

を単位として測った値で表す．その値を**モル数**といい，mol という記号を付けて表す．例えば，窒素気体 1.2 mol とは，窒素分子 $N = 1.2 \times N_\mathrm{A} = 7.224 \times 10^{23}$ 個からなる気体を意味する．

している分子の構造によって変わる．気体の粒子が希ガス（ヘリウム，アルゴン，ネオンガスなど）のように単原子からなる場合は

$$C_V = \frac{3}{2}nR \tag{3.47}$$

である．また，酸素や窒素ガスのように2原子分子からなる場合には

$$C_V = \frac{5}{2}nR \tag{3.48}$$

であることが知られている．

§3.7 理想気体のいろいろな状態変化

理想気体の状態方程式を熱力学関係式に適用することによって，さまざまな状態変化において熱力学量の間に成り立つ関係を，系統的に導いてみることにする．

3.7.1 理想気体の等温過程

状態方程式 (3.41) を $T=$ 一定という条件の下で考えることにする．すると，圧力は

$$P = \frac{nRT}{V} \propto \frac{1}{V} \tag{3.49}$$

となり，ボイルの法則が得られる．

3.7.2 理想気体の等積過程と等圧過程での比熱の差

定積熱容量と定圧熱容量の間に成り立つ一般的な関係式 (3.36) に，理想気体の状態方程式 (3.41) を代入すると，$\left(\frac{\partial V}{\partial T}\right)_P = \frac{nR}{P}, \left(\frac{\partial P}{\partial T}\right)_V = \frac{nR}{V}$ であるので，

$$C_P = C_V + nR \tag{3.50}$$

という関係式が導かれる．これを**マイヤーの関係**という．

3.7.3 理想気体の準静的断熱過程

準静的断熱過程では，熱の流れがなくエントロピーは変化しない．エントロピー一定の条件下での，体積変化に伴う温度変化を詳しく調べてみることにす

§3.7 【基本】 理想気体のいろいろな状態変化

る．これは，偏微分 $\left(\frac{\partial T}{\partial V}\right)_S$ で与えられるが，偏微分の**公式 1** と**公式 2**を用いると

$$\left(\frac{\partial T}{\partial V}\right)_S = -\frac{1}{\left(\frac{\partial V}{\partial S}\right)_T \left(\frac{\partial S}{\partial T}\right)_V} = -\frac{\left(\frac{\partial S}{\partial V}\right)_T}{\left(\frac{\partial S}{\partial T}\right)_V}$$

と変形できる．さらにマクスウェルの関係 (3.29) と定積熱容量の定義式 (3.34) を用いると，

$$\left(\frac{\partial T}{\partial V}\right)_S = -\frac{T}{C_V}\left(\frac{\partial P}{\partial T}\right)_V$$

となる．ここで理想気体の状態方程式 (3.41) を適用すると，$\left(\frac{\partial P}{\partial T}\right)_V = \frac{nR}{V}$ であるから，

$$\left(\frac{\partial T}{\partial V}\right)_S = -\frac{nRT}{C_V V}$$

という微分方程式が導かれることになる．この方程式から

$$T \propto V^{-nR/C_V} \tag{3.51}$$

の関係があることがわかる．マイヤーの関係 (3.50) に従って nR を C_V と C_P を用いて表し，さらに

$$\gamma = \frac{C_P}{C_V} \tag{3.52}$$

で定義される**比熱比**を用いると，

$$T \propto V^{1-\gamma} \tag{3.53}$$

という関係が得られる．単原子分子気体では $\gamma = 5/3$ であり，2 原子分子気体では $\gamma = 7/5$ である．マイヤーの関係 (3.50) より，一般に $\gamma = 1 + nR/C_V > 1$ であるので断熱的に圧縮すると（つまり，V を小さくすると），理想気体の温度は上昇することがわかる．

また，圧力は

$$P = \frac{nRT}{V} \propto V^{-\gamma} \tag{3.54}$$

となる．$\gamma > 1$ であるから，理想気体の場合，(3.49) に従う等温圧縮のときよりも，断熱圧縮の方が圧力の増大率は大きいことがわかる．この事実はすでに，前章の 2.5 節で図 2.5 を用いてカルノー・サイクルを導入した際に用いた．

理想気体の断熱過程で成り立つ関係 (3.53), (3.54) を**ポアソンの法則**とよぶ．

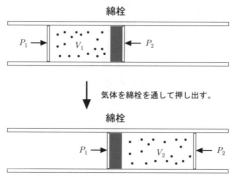

図3.1 ジュール–トムソン過程：気体を綿栓など多孔質の物質を通して，圧力が低い領域に押し出す．

3.7.4 理想気体のジュール–トムソン過程

高圧 P_1 の状態にあった気体を，綿栓などの多孔質の物体を通して押し出して低圧 P_2 の状態にする断熱過程（図 3.1）をジュール–トムソン過程とよぶ．ここで綿栓などを用いるのは，押し出された気体において，マクロな運動量や角運動量をもった流体力学的な流れや渦が発生することなく，速やかに圧力 P_2 をもつ熱平衡状態になるようにするための仕掛けである．この過程では，高圧部分では $P_1 V_1$ の仕事が気体に対してなされるのに対して，低圧部分では $P_2 V_2$ の仕事を気体が外部に対してすることになる．断熱過程であるので，熱力学第1法則より，過程の前後での内部エネルギーの変化は

$$U_2 - U_1 = P_1 V_1 - P_2 V_2 \tag{3.55}$$

である．このことから，この過程では，(3.15) で定義したエンタルピーの値が一定であることがわかる．

$$U_1 + P_1 V_1 = U_2 + P_2 V_2 \iff H_1 = H_2 \tag{3.56}$$

この断熱変化での圧力変化に伴う温度変化を計算してみよう．これは，エンタルピー $H=$ 一定の条件下での偏微分 $\left(\dfrac{\partial T}{\partial P}\right)_H$ で与えられる．この物理量は特に，ジュール–トムソン係数とよばれる．以下では，この係数に対して便利な表式を導くことにする．まず，偏微分の**公式 1** と**公式 2** より

§3.7 【基本】 理想気体のいろいろな状態変化

$$\left(\frac{\partial T}{\partial P}\right)_H = -\frac{\left(\frac{\partial H}{\partial P}\right)_T}{\left(\frac{\partial H}{\partial T}\right)_P} \tag{3.57}$$

が成り立つ．右辺の分子に現れた偏微分 $\left(\frac{\partial H}{\partial P}\right)_T$ に対して，$X=H,Y=P,A=S$ として偏微分の**公式 3** を適用する．さらに，エンタルピー H の全微分の式 (3.16) より，$\left(\frac{\partial H}{\partial S}\right)_P = T,\ \left(\frac{\partial H}{\partial P}\right)_S = V$ であることが導かれ，またマクスウェルの関係 (3.32) が成り立つので，

$$\left(\frac{\partial H}{\partial P}\right)_T = \left(\frac{\partial H}{\partial P}\right)_S + \left(\frac{\partial H}{\partial S}\right)_P \left(\frac{\partial S}{\partial P}\right)_T = V - T\left(\frac{\partial V}{\partial T}\right)_P$$

が得られる．また，定圧熱容量の定義式 (3.35) も用いると，(3.57) の分母に現れた偏微分は

$$\left(\frac{\partial H}{\partial T}\right)_P = \left(\frac{\partial H}{\partial S}\right)_P \left(\frac{\partial S}{\partial T}\right)_P = T\left(\frac{\partial S}{\partial T}\right)_P = C_P$$

であることがわかる．以上より，ジュール–トムソン係数 (3.57) に対して

$$\left(\frac{\partial T}{\partial P}\right)_H = \frac{1}{C_P}\left[T\left(\frac{\partial V}{\partial T}\right)_P - V\right] \tag{3.58}$$

という表式が導かれる．

　理想気体の状態方程式 (3.41) を用いて (3.58) の右辺を計算すると，ジュール–トムソン係数は 0 となる．つまり，理想気体ではジュール–トムソン過程において温度変化はないのである．しかし，実在気体ではこの値は一般には 0 ではない（第 6 章章末問題参照）．この値が正であれば，ジュール–トムソン過程に従って気体の圧力を下げることで，その気体の温度を下げることができることになる．実際，この原理を用いて，気体を冷却して液化することが可能であり，その装置はリンデの液化器とよばれている（章末コラム）．

3.7.5　理想気体の断熱自由膨張

　図 3.2 に示したように，気体を断熱的に真空の領域に拡散させる過程を考える．これを**断熱自由膨張**とよぶ．この過程の最中で気体が外部に仕事をすることはなく，また，熱の出入りもないので，気体の内部エネルギーの値は一定である．

第3章 熱力学関係式とその応用

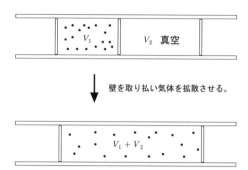

図3.2 断熱自由膨張：真空の領域との壁を取り払い，気体を自由膨張（拡散）させる．

　断熱自由膨張を準静的に行うことはできない．しかし，状態量の定義より，状態量の変化量は過程前後の状態量の差で与えられるので，この膨張過程の始状態と終状態の間を準静的につなげた別の過程に置き換えて考えることにより，状態量の変化を計算することができる．具体的には，内部エネルギーが一定値に維持された準静的過程で置き換えることにより，この計算が可能となる．

　例えば，自由膨張に伴う温度変化に対して，3.7.4項と同様な計算をすると

$$\left(\frac{\partial T}{\partial V}\right)_U = \frac{1}{C_V}\left[P - T\left(\frac{\partial P}{\partial T}\right)_V\right] \tag{3.59}$$

という表式が得られる（章末問題参照）．この式に理想気体の状態方程式(3.41)を適用すると

$$\left(\frac{\partial T}{\partial V}\right)_U = 0 \tag{3.60}$$

となる．つまり，理想気体では温度は体積に依存しないことが結論される．言い換えると，温度が一定であれば，体積が変わっても理想気体の内部エネルギー U の値は不変であるということになる．この性質はジュールの法則とよばれる．これは理想気体特有の性質であり，実在気体では一般には成り立たない．

　内部エネルギー $U =$ 一定である過程でのエントロピーの増加率は，(3.8)の第2式より

$$\left(\frac{\partial S}{\partial V}\right)_U = \frac{P}{T} \tag{3.61}$$

で与えられる．したがって，断熱自由膨張の前後でのエントロピー変化は

$$\Delta S = \int_{V_1}^{V_2}\left(\frac{\partial S}{\partial V}\right)_U dV = \int_{V_1}^{V_2}\frac{P}{T}dV$$

という積分で与えられることになる．ここで，理想気体の状態方程式 (3.41) を用いると，

$$\Delta S = \int_{V_1}^{V_2} \frac{nR}{V} dV = nR \ln\left(\frac{V_2}{V_1}\right) \tag{3.62}$$

と定まる．

§3.8　準静的過程

2.3.3項でサイクルを説明する際に，サイクルの上の各点で表される熱平衡状態を経由しながら状態を変化させていく準静的過程という概念が現れた．準静的過程はある極限過程として導入されたが，どのようにしたら実現できるのであろうか．ここで理想気体を用いて，もう少し考察してみることにする．

3.8.1　準静的な等温体積変化

少しずつ状態を変えていくことで，エネルギーの損失を少なくするプロセスを見ておこう．力学では，力を加えると物体は加速され，位置をかえるとともに運動エネルギーをもつ．系が熱平衡状態に達すると，運動エネルギーは熱として放出されエネルギーを失う．その損失を最小にする工夫をピストンのついたシリンダーの中に，一定量の希薄気体（理想気体）が閉じ込められている系で考えてみよう．

シリンダーの断面積は A であり，図 3.3 のようにシリンダーは鉛直に立てられているものとする．ピストンの質量は M_0 であり，ピストンの上に重りが載せられるようになっている．大気圧を $P_{大気圧}$ とすると，重りを載せないときに気体にかかる圧力は，重力加速度の大きさを g とすると，$P_0 = P_{大気圧} + M_0 g/A$ で与えられる．また，外部の温度は一定であり，以下で考える過程の各段階において，系の温度は外部の温度 T と同じ温度にすみやかに緩和し，熱平衡状態にあるものと仮定する．このときのピストンの高さを L_0 とする．気体の体積は $V_0 = AL_0$ で与えられる（図 (a)）．

まず，あらかじめ図 (a) のように，高さ L_0 の位置に質量 M の重りを用意しておく．これをピストンに載せるとピストンは下向きに動き始め，振動などの状態を経て最終的に定常な状態に落ち着く（図 (b)）．ピストンに載せた状態では気体にかかる圧力は $P_0 + Mg/A$ であるので，このときの体積 $V = AL_M$

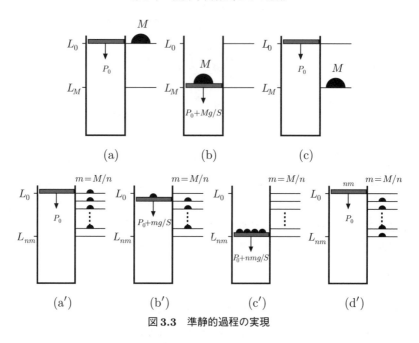

図 **3.3** 準静的過程の実現

は，温度 T のもとでのボイルの法則

$$V_0 P_0 = V\left(P_0 + \frac{Mg}{A}\right) \tag{3.63}$$

より

$$L_M = L_0 \frac{P_0}{P_0 + Mg/A} \tag{3.64}$$

と求められる．そこで重りを外して，図 (c) に示したように高さ L_M の位置に置くと，ピストンはまた元の位置に戻る．しかし，図 (a) から図 (c) に至る操作で，重りは $L_0 - L_M$ だけ下がった位置に下りているので，全系の重力ポテンシャルエネルギーは

$$\Delta E = Mg(L_0 - L_M) \tag{3.65}$$

だけ減っている．この減少分のエネルギーは，変化の過程で生じた運動エネルギーが熱に変わり外部（温度 T の熱源）に放出されたと考えるべきである．

次に，図 (a)–(c) の操作とは別の操作 (a′)-(d′) を考えることにする．ここでは，重りを n 個に等分割して，図 (a′) のように，それぞれ別の高さに用意しておく．まず，図 (a′) の系に対してピストンに質量 M/n の重りを載せる．そう

§3.8 【基本】準静的過程

すると, 図 (b′) に示したように, ピストンの位置は少し下がる. そこで, あらかじめその高さに用意しておいた質量 M/n の重りを追加する. この操作を n 回繰り返した後の状態を図 (c′) に示した. このときのピストンの高さは, 最初に考えた過程の図 (b) の状態でのピストンの高さと同じである ($L_{nm} = L_M$). 温度と圧力が決まったら熱平衡状態は一意的に決まるため, どのように重りを置いたか, つまり, 過程の履歴には依らない. つまり, 図 (c′) の状態と図 (b) の状態とは全く同じ熱平衡状態である.

この状態からピストンを上げる操作を行う. そのため, 重さ M/n の重りを 1 つずつ外していき, そのたびにピストンが上昇した高さに重りを 1 つずつ戻していく. すべての重りを戻し終わったら, ピストンは元に戻る (図 (d′)). この一連の過程で, 重さ M/n の重りの配置は, 過程の前 (a′) と後 (d′) とでわずかに違っている. 正味としては, 一番上の位置の質量 M/n の重りが, 一番下の位置に下がっているという違いがあるのである. したがって, この過程で失ったエネルギーは

$$\Delta E = \frac{Mg}{n}(L_0 - L_M) \tag{3.66}$$

である.

後者の (a′)–(d′) の過程において, $n \to \infty$ という極限を考えることにする. この極限では, (3.66) で与えられる重力ポテンシャルのエネルギー損失は 0 となる. この極限で得られるのが, 等温で体積変化する準静的過程なのである. $n \to \infty$ の極限は, 非常にゆっくりと状態変化をさせることに相当する. 常に状態を熱平衡に保ちながら状態をゆっくりと変化させるという意味で, 準静的過程というのである.

3.8.2 サイクルでの準静的過程

サイクルにおけるいろいろな過程を準静的に行う極限操作について, 状態方程式がわかっている理想気体からなる系で具体的に調べてみよう.

2.7.2 項で, すべての過程は微小なカルノーサイクルの和で表せることを示した. 図 2.7 で連続な線に沿っての仕事と, ジグザグ線に沿っての仕事の差は連続な線とジグザグ線によって囲まれた領域の面積であり, より細かく刻むとその差が小さくなるのは明らかである.

3.8.3 等温での準静的過程体積変化

第2章の説明では,カルノーサイクルで用いる等温での体積変化(膨張,あるいは圧縮)が実行できることを自明のこととして仮定した.これは熱力学で一般に認められている仮定であるが,系が勝手に熱を出し入れしてその分だけの仕事をして体積が変化する過程を自由に行うことができるかは直感的ではない.そこで,この節では,実際に系をコントロールする上で,直感的にも能動的にも行える操作として,力学的に圧力を変える操作で実現できる断熱体積変化と温度が異なる熱源に接触させることで実現できる等積加熱(あるいは冷却)に限定し,それらによって等温体積変化が準静的に実現できることを確認してみよう.

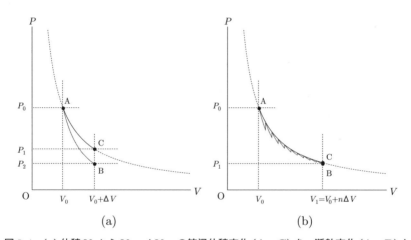

図3.4 (a) 体積 V_0 から $V_0 + \Delta V$ への等温体積変化 (A→C) を,断熱変化 (A→B) と等積加熱過程 (B→C) によって実現する. (b) 体積 V_0 から V_1 への等温体積変化 (A→C) を微小な体積変化 ΔV の断熱変化と等積加熱過程の繰り返しによって実現する.

等温膨張過程を断熱膨張過程と,等積加熱過程に分解する(図3.4).まず,体積を V_0 から $V_0 + \Delta V$ に断熱的に膨張させる.この過程で温度は T_0 から $T_0 - \Delta T$ に変化する(図3.4(a)).理想気体の場合,この温度変化は3.7.3項で述べたポアソンの法則に従い,

$$\left(\frac{T_0 - \Delta T}{T_0}\right) = \left(\frac{V_0 - \Delta V}{V_0}\right)^{1-\gamma} \tag{3.67}$$

で与えられる.等温変化した状態に戻すためにはこの温度差の加熱が必要で

§3.8 【基本】 準静的過程

ある．

等温膨張 (AC) を断熱膨張 (AC) と定積加熱 (BC) の合成として行った場合，仕事の差は

$$\Delta W_{\rm AC} - \Delta W_{\rm AB} = P_0 V_0 \frac{\Delta V}{V_0} \frac{\gamma - 1}{2} \left(\frac{\Delta V}{V_0}\right)^2 + \cdots \qquad (3.68)$$

で与えられる（章末問題参照）．この操作を図 3.4(b) のように，ある有限の区間 ($V_0 \sim V_1$) を n 個に分解してくりかえすと，その全区間での仕事の差は

$$\Delta W = P_0 V_0 \frac{\Delta V}{V_0} \frac{\gamma - 1}{2} \left(\frac{\Delta V}{V_0}\right)^2 \times \frac{V_1 - V_0}{\Delta V} \propto \Delta V \qquad (3.69)$$

であるので，刻みを小さくしていくと差はなくなる．このようにして等温膨張は準静的に実現できる．

□章末コラム　リンデ (Linde) の液化器

状態方程式 (3.41) に従う理想気体ではジュール–トムソン係数が 0 であるが，実在気体は異なる状態方程式に従い，ジュール–トムソン係数は一般には 0 ではない．その値は温度に依って変化するが，一般に低温では正となる．このとき，ジュール–トムソン過程によって低圧部に気体を押し出すと，気体の温度を下げることができる．この効果を利用すると気体を冷却し，液化させる装置を作ることができる．

気体の温度を下げることは，準静的断熱膨張でも可能である．実際，カイユテ (Louis Paul Cailletet, 1832–1913) は高圧にした気体を膨張させることで酸素や窒素の液化に成功している．

リンデ (Carl Paul Gottfried von Linde, 1842–1934) は，冷凍機を開発し，空気の成分を液化し蒸留することによりガス分離技術を確立したことで有名である．ただし，**リンデの液化器**には綿栓などはなく，噴出先の容器の圧力が低くしてあるだけであった．ジュール–トムソン過程という準静的過程を実現するのに比べて，圧力の低いところへ単に気体を噴出させる方が操作としては簡単に行えるからである．

実在気体は 6.3 節で導入するファンデルワールスの状態方程式に従う．これを用いれば，ジュール–トムソン係数の正負が変わる温度を計算することができる（第 6 章章末問題参照）．

第3章　章末問題

問題1　1気圧，0℃で体積 $1\,\mathrm{m}^3$ であった空気を，体積 $0.1\,\mathrm{m}^3$ に断熱的に圧縮した．このとき，温度変化は何℃になっているか．ただし，空気は理想気体の状態方程式に従い，比熱比は $\gamma = C_P/C_V = 1.4$ で与えられるものとする．

問題2　前問のように空気を圧縮するのに必要な仕事はいくらか．ただし，標準状態（1気圧，0℃）1 mol の理想気体の体積は 22.4 リットルである．また，気体定数 R は $8.31\,\mathrm{Jmol^{-1}\,K^{-1}}$ とする．

問題3　理想気体の化学ポテンシャルに関する状態方程式，すなわち，μ/T を U, V, N で表した方程式を求めよ．

問題4　定積圧力係数 α，定圧膨張係数 β，等温体積弾性率 k はそれぞれ，

$$\alpha = \frac{1}{P}\left(\frac{\partial P}{\partial T}\right)_V, \beta = \frac{1}{V}\left(\frac{\partial V}{\partial T}\right)_P, k = -V\left(\frac{\partial P}{\partial V}\right)_T \tag{3.70}$$

で定義される．これらの間に，

$$P\alpha = k\beta \tag{3.71}$$

という関係が成り立つことを証明せよ．

問題5　内部エネルギー U が一定である過程において，体積変化に対する温度変化率を表す偏微分 $\left(\frac{\partial T}{\partial V}\right)_U$ に対して，次の等式が成り立つことを証明せよ．

$$\left(\frac{\partial T}{\partial V}\right)_U = \frac{1}{C_V}\left[P - T\left(\frac{\partial P}{\partial T}\right)_V\right] \tag{3.72}$$

問題6　(3.68) を理想気体の状態方程式より求めよ．

第4章 熱力学的安定性

温度が異なる物体が接するとその間に熱の流れが生じる．物体が外部から孤立している場合，熱は必ず高温の物体から低温の物体へ流れる．これは熱力学第2法則が主張する熱力学の原理であり，不等式を用いて定式化することができる．本章ではこの定式化に従って，熱力学的安定性という熱平衡状態のもつ一般的な性質を議論する．

§4.1 エントロピー増大の原理

温度が異なる2つの物体を接して，両者の間に熱の流れが生じる場合を考える．ただし，2つの物体の体積と粒子数はいずれも一定であるとする．2つの物体の合成系全体は孤立系であるとする．つまり，この合成系の外部から熱が流入したり，外部に熱が流出することはなく，全体の体積は一定であるとする．2つの物体をそれぞれ部分系1，部分系2とよび，接する前の部分系1の温度を T_1，部分系2の温度を T_2 とし，$T_1 \neq T_2$ とする（図4.1）．

両系の間の熱の移動が許されない状況では，2つの系はそれぞれ温度が異なる熱平衡状態として存在するが，もし両系の間の熱の移動を許せば，熱力学の第二法則に従い，熱は高温部から低温部に流れ，系全体として新しい熱平衡状態に向かう．この過程を，系全体のエントロピーの変化として捉えておこう．

系1から系2へ移動する熱量を Q と書くことにすると，熱の移動に伴うエン

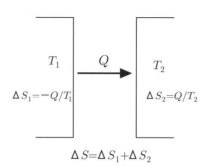

図4.1 温度差がある場合の熱の自発的流れとエントロピー変化

第4章 熱力学的安定性

トロピー変化は、系1では $-Q/T_1$ であり、系2では Q/T_2 である。したがって、この変化による全系のエントロピー変化は

$$\Delta S = \frac{Q}{T_2} - \frac{Q}{T_1} = \frac{Q}{T_1 T_2}(T_1 - T_2) \tag{4.1}$$

である。熱力学の第2法則によると、熱は高温の系から低温の系へ不可逆に流れるので、$T_1 > T_2$ ならば $Q > 0$ であり、$T_1 < T_2$ ならば $Q < 0$ である。いずれにせよ、$T_1 \neq T_2$ では (4.1) で与えられるエントロピー変化は正となる。つまり、自発的な熱の流れは、必ず系のエントロピーを増大させることがわかる。系が熱平衡状態に至ったときには、自発的変化はすべて終わっている。そのため、孤立系が熱平衡状態に達しているときには、エントロピーが自発的にさらに増大することはない。このことから、

「孤立系における熱平衡状態はエントロピー最大の状態である。」

ということができる。そのため、熱力学の第2法則は**エントロピー増大の原理**ともよばれる。

この状況では、いかなる仮想的な熱の移動を考えたとしても、それに伴うエントロピー変化の値は必ず負になるはずである。この性質は4.6節で詳しく調べる。

§4.2 クラウジウスの不等式

この節では2つの部分系は十分大きく、熱の出入りがあっても温度が変わらないとする。このような場合、2つの系は、それぞれ温度 T_1, T_2 の熱源とよぶ。ここでは $T_1 > T_2$ とする。

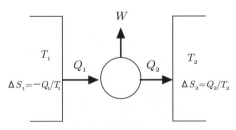

図4.2 2つの熱源 ($T_1 > T_2$) の間にサイクルを置いた状況

§4.2 【基本】 クラウジウスの不等式

ここで図 4.2 のようにこれら 2 つの熱源の間に，サイクルで仕事をする装置を設置する（○で示した部分）．1 サイクルの間に，装置が熱源 1 から吸収する熱量を $Q_1 > 0$ とし，熱源 2 へ放出する熱量を $|Q_2| = -Q_2 > 0$ とすると，1 サイクルの間にサイクルが外部に対してなすことができる仕事は，熱力学第 1 法則より $W = Q_1 - |Q_2| = Q_1 + Q_2$ であるので，この系の仕事効率は

$$\eta = \frac{\Delta W}{Q_1} = 1 + \frac{Q_2}{Q_1}$$

で与えられる．2.5 節で示したように，仕事効率には上限があり，その上限値は同じ状況下にあるカルノーの可逆サイクルの仕事効率 $1 - \dfrac{T_2}{T_1}$ で与えられる．

$$1 + \frac{Q_2}{Q_1} \leq 1 - \frac{T_2}{T_1} \tag{4.2}$$

この式を $Q_1 > 0$ に注意して整理すると

$$\frac{Q_1}{T_1} + \frac{Q_2}{T_2} \leq 0 \tag{4.3}$$

という不等式が導かれる．

この関係は，4.1 節の (4.1) で与えられたエントロピー変化が $\Delta S \geq 0$ であるという条件式と似ているが，(4.3) の関係はサイクルでの熱の出入に関する関係である．4.1 節ではサイクルはなくあえて関係づけると $Q_1 = |Q_2| = Q$ であった．

上の結果 (4.3) を，2 つではなく多数の熱源と熱のやりとりをする装置の場合に拡張する（図 4.3(a)）．装置は図 4.3(a) に示したように，n 個の熱源に順次接して熱のやりとりを行うものとする．$k = 1, 2, \ldots, n$ に対して，k 番目の熱源の温度を T_k とし，これと接することで系が得る熱量を Q_k とする．$Q_k > 0$ の場合は，1 サイクルの間に系は k 番目の熱源から Q_k の熱を吸収することを意味し，$Q_k < 0$ の場合は，k 番目の熱源に $|Q_k| = -Q_k$ の熱を放出することを意味する．このとき，一般に

$$\sum_{k=1}^{n} \frac{Q_k}{T_k} \leq 0 \tag{4.4}$$

が成立する．これを**クラウジウスの不等式**という．ここで，等号はサイクルが可逆なときに限り成り立つ．以下，これを証明する．

第4章 熱力学的安定性

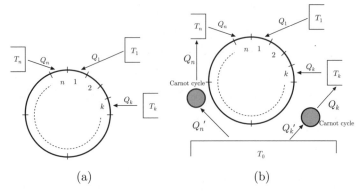

図4.3 (a) サイクルにおける各ステップでの熱のやり取りと (b) カルノー・サイクルによる状態復元過程

クラウジウスの不等式の証明

上述の n 個の熱源を用いたサイクル図 4.3(a) に対して，図 4.3(b) に示したように，温度 T_0 の熱源をもう一つ追加する．元来のサイクルを成す系は，$k = 1, 2, \ldots, n$ に対して，温度 T_k の熱源と熱量 Q_k のやり取りを行うのであったが，その各々の熱源と新たに追加した温度 T_0 の熱源との間に，それぞれカルノーの可逆サイクルを導入することにする．新たに追加するカルノー・サイクルは合計 n 個であり，そのうちの k 番目のものは，温度 T_0 の熱源から Q'_k の熱を吸収し温度 T_k の熱源に Q_k の熱を放出するようにするのである．このとき，追加したサイクルはカルノー・サイクルであるので

$$\frac{Q'_k}{T_0} + \frac{(-Q_k)}{T_k} = 0, \quad k = 1, 2, \ldots, n \tag{4.5}$$

が成り立つ．

(4.5) を k について足し合わせることにより，この合成サイクルを1周させたときに成り立つ等式

$$\frac{1}{T_0}\sum_{k=1}^{n} Q'_k - \sum_{k=1}^{n} \frac{Q_k}{T_k} = 0 \tag{4.6}$$

が得られる．

元来のサイクルにおいて k 番目の熱源は Q_k の熱を装置に出していたのであるが，拡張されたサイクルでは k 番目の熱源は新たに追加したカルノー・サイクルからその熱量 Q_k をそっくりそのまま温度 T_k の熱源に戻してもらうこと

§4.2 【基本】 クラウジウスの不等式

になる．そのため，この合成系では，元からあったn個のそれぞれの熱源の熱の出入りは正味0となるので，合成サイクルを1周させると，それらn個の熱源の状態も元に戻る．

もしも，
$$\sum_{k=1}^{n} \frac{Q_k}{T_k} = 0 \tag{4.7}$$
であれば，(4.6) より
$$\sum_{k=1}^{n} Q'_k = 0$$
となる．つまり，合成サイクルを1周させたときには，新しく追加した温度T_0の熱源の熱の出入りも全体で0である．これはこの場合には，合成サイクルを1周させると$n+1$個のすべての熱源が状態は完全に元に戻ることになる．つまり，2.5.2項の冒頭で与えた可逆サイクルの定義より，この合成サイクルは可逆であることが結論される．付加したn個のカルノー・サイクルはどれも可逆なので，結局，元来のサイクルも可逆でなくてはならないことになる．このことから，元来のサイクルも可逆であるための条件は(4.7)で与えられることになる．これを**クラウジウスの等式**とよぶ[1]．

次に，(4.7) が成り立たず
$$\sum_{k=1}^{n} \frac{Q_k}{T_k} < 0 \tag{4.8}$$
の場合を考える．この場合，(4.6) より
$$\sum_{k=1}^{n} Q'_k < 0 \tag{4.9}$$
であり，合成サイクルは1周の間に，温度T_0の熱源に$\left|\sum_{k=1}^{n} Q'_k\right|$だけの熱を放出することになる．熱力学第1法則より，この熱は，もとのサイクルにされた

---

[1] 第2章(2.56)で説明したクラウジウスの等式では，分母の温度はサイクル自身の温度であった．サイクルの温度変化に合わせて，常にそれと同じとなるように熱浴の温度を変化させるためには，無限個の熱浴を用意しなければならない．そのような仮想的な過程を準静的過程という．準静的過程は可逆過程であり，可逆なサイクルにおいてはクラウジウスの等式が成り立つ．他方，準静的過程ではないときには，サイクルの温度と熱浴の温度に差が生じ，一般に不可逆過程となる．その場合にはクラウジウスの等式は成り立たないが，(等号なしの) クラウジウスの不等式は成り立つのである．

仕事に等しい．つまり，(4.8)のときは，合成サイクルに外部から仕事をされて，それが熱として温度T_0の熱源へ放出したことになる．この過程は仕事を熱に変えて，その熱を外部に垂れ流しにするものであり，自発的な過程として許される．

それに対し，$\sum_{k=1}^{n}\frac{Q_k}{T_k} > 0$の場合には，系は温度$T_0$の熱源から吸収した熱を仕事に変えたことになる．これは熱力学第2法則（クラウジウスの原理）に反する．

以上から，熱力学的に許される過程では(4.8)でなくてはならない．つまり(4.4)のクラウジウスの不等式が成り立つことが証明された．等式が成り立つ必要十分条件はサイクルが可逆であることである．

熱源の温度がサイクルの進行とともに連続的に変化するような場合も，$n \to \infty$の極限として表すことができるだろう．いま，サイクルの進行を表すパラメータをsとする．パラメータの値がsのときの熱源の温度を$T_{熱源}(s)$とし，過程の微小区間$[s, s+ds]$での熱の出入りを$\delta Q(ds)$と書くことにする．すると，熱源の温度が連続的に変化する場合には，(4.4)のクラウジウスの不等式は

$$\oint \frac{\delta Q(ds)}{T_{熱源}(s)} \leq 0 \tag{4.10}$$

と表される．

上記の$T_{熱源}(s)$はパラメータ値sのときに系と接している熱源の温度を表したものである．このときに系自身の温度が定義できる場合を考えることにする．サイクルのパラメータ値sのときの，系の温度を$T(s)$と書くことにする．上の記法に従えば，サイクルの各微小区間$[s, s+ds]$において，温度$T_{熱源}(s)$の熱源から温度$T(s)$の系へ熱量$\delta Q(ds)$が移動することになるので，4.1節で見たように，$T(s)$と$T_{熱源}(s)$の大小関係には依らず，必ず

$$\frac{\delta Q(ds)}{T(s)} - \frac{\delta Q(ds)}{T_{熱源}(s)} \geq 0$$

が成り立つことになる．等号は$T_{熱源}(s) = T(s)$の場合にのみ成り立つ．これより，

$$\oint \frac{\delta Q(ds)}{T(s)} \geq \oint \frac{\delta Q(ds)}{T_{熱源}(s)}$$

§4.3 【基本】 自発的な変化に伴うエントロピー変化

が得られる．この左辺の $\delta Q(ds)/T(s)$ は，系のエントロピー変化 dS である．系のエントロピーは状態量であるので，(2.46) で示したように，これを 1 サイクルにわたって積分したら 0 である．よって，この考察からも，クラウジウスの不等式 (4.10) が導かれる．

等式が成り立つのは，

$$\text{すべての } s \text{ において} \quad \delta Q(ds) = 0 \quad \text{または} \quad T(s) = T_{\text{熱源}}(s)$$

が成り立つ場合である．これは熱源との接触過程がすべて，断熱過程，あるいは等温過程からなる場合である．サイクルが可逆であるのはこのような場合のみである．系と熱源との間に温度差がある場合には，いわゆる熱の垂れ流しが必ず起こることになり，サイクルは不可逆になる．

§4.3 自発的な変化に伴うエントロピー変化

温度 T の系が温度 $T_{\text{熱源}}$ の熱源と接触し，熱源と熱のやりとりがある場合を考える．この場合も，第 4.1 節で考察した 2 つの系が接触した場合の 1 つである．ここでは，片方の系が十分大きく熱の出入りで温度が変化しない，つまり熱源とみなせる．

熱源から系に熱量 Q が移動したとする．このとき，系のエントロピー変化は

$$\Delta S = \frac{Q}{T}$$

であり，系の外部である熱源のエントロピー変化は

$$\Delta S_{\text{熱源}} = -\frac{Q}{T_{\text{熱源}}}$$

である．この両者の和は

$$\Delta S + \Delta S_{\text{熱源}} = \frac{Q}{T} - \frac{Q}{T_{\text{熱源}}} = \frac{Q}{T T_{\text{熱源}}}(T_{\text{熱源}} - T) \tag{4.11}$$

である．自発的な熱の流れは必ず高温から低温へ向かうことから，$T_{\text{熱源}} > T$ ならば $Q > 0$（系は外部から吸熱する）であり，$T_{\text{熱源}} < T$ ならば $Q < 0$（系は外部に放熱する）である．いずれにせよ，(4.11) の値は正となるので，(4.11) より

$$\Delta S \geq -\Delta S_{\text{熱源}} = \frac{Q}{T_{\text{熱源}}} \tag{4.12}$$

という不等式が得られることになる．ただし，等式は $T = T_\text{熱源}$ のときに限って成立する．言い換えると，自発的な変化による系のエントロピー変化 ΔS は，それに伴う熱源のエントロピー変化の絶対値 $|\Delta S_\text{熱源}|$ を下回ることはないのである．

外部から系に仕事 W がなされる場合は，熱力学第 1 法則より，

$$\Delta U = W + Q$$

が成り立ち，不等式 (4.12) は

$$\Delta S \geq \frac{\Delta U - W}{T_\text{熱源}} \tag{4.13}$$

となる．等式は $T = T_\text{熱源}$ が成り立つときに限られる．

§4.4 熱平衡状態の条件

系が自発的に変化する場合には (4.13) の不等号が成り立つ．したがって，系が自発的な変化をしなくなった状態として定義された熱平衡状態では，この不等式が成り立たないことになる．つまり，熱平衡状態では自発的な状態変化は起こらないが，あえて仮想的に状態変化が起こったとすると，その変化による状態量の変化の間には

$$\Delta S < \frac{\Delta U - W}{T_\text{熱源}} \tag{4.14}$$

という不等式が必ず成立しなくてはならない．

この不等式を書き直すことで，いろいろな状況下での熱平衡状態の条件を導く．

孤立系（$Q = 0, \Delta W = 0$ の場合）

このとき，(4.14) は

$$\Delta S < 0 \tag{4.15}$$

となる．この不等式は，孤立系の熱平衡状態ではどのような仮想的な変化に対してもエントロピーが減少する，つまり孤立系の熱平衡状態でエントロピーは最大であることを意味する．

§4.4 【基本】 熱平衡状態の条件

断熱系 ($\Delta S = 0$ の場合)

　断熱過程という場合，壁などから熱の出入りがないことを意味することが多いが，今の場合系のエントロピー S が変化しない場合を意味しており，(4.14)の左辺を 0 とする場合である．この場合，条件 (4.14) は，

$$\Delta U - W > 0 \tag{4.16}$$

となる．つまり，エントロピーを一定にする条件での熱平衡状態は，任意の仮想的な外部からされた仕事よりその操作による内部エネルギーの増加が大きいことを意味する．いいかえると，エントロピーを一定にする条件での熱平衡状態で自発的に起きる変化では外部からされた仕事はそれによって生じる内部エネルギーの変化よりも小さいことはないことを意味する．

外部と熱をやり取りをする系 (外部の温度が一定の場合)

　(4.14) を

$$T_{熱源}\Delta S < \Delta U - W$$

と書き直し，これに

$$\Delta(T_{熱源}S) = T_{熱源}\Delta S + S\Delta T_{熱源}$$

を両辺から差し引くと

$$-S\Delta T_{熱源} < \Delta(U - T_{熱源}S - W)$$

が導かれる．これより，$\Delta T_{熱源} = 0$ のとき

$$\Delta(U - T_{熱源}S - W) > 0 \tag{4.17}$$

となる．これは，温度 $T_{熱源}$ の熱浴に接した系の熱平衡状態では，任意の仮想的な過程において，外部からされた仕事よりヘルムホルツの自由エネルギーの変化が大きくなければならないことを意味する．このことは，温度 $T_{熱源}$ の熱浴に接した系の熱平衡状態では，$F = U - T_{熱源}S$ で与えられるヘルムホルツの自由エネルギー から仕事を差し引いたものが，最小であるということを意味している．特に，仕事を考えない場合，ヘルムホルツの自由エネルギーが最小の状態が熱平衡状態となる．

第4章 熱力学的安定性

外部と熱をやり取りをする系（外部の温度と系の圧力がともに一定の場合）

系と外部はともに等しく一定の圧力 P であるとする．この条件 $\Delta P = 0$ より，$\Delta(PV) = P\Delta V = -\Delta W$ であるので，(4.17) は

$$\Delta(U - T_{熱源}S + PV) > 0 \tag{4.18}$$

と書き直せる．つまり，この場合，熱平衡状態は $G = U - T_{熱源}S + PV$ で与えられるギブスの自由エネルギーが最小の状態である．

体積一定で外部と熱も粒子もやり取りをする系（外部の温度と系の化学ポテンシャルがともに一定の場合）

同様にして，任意の変化に対して

$$\Delta(U - TS - \mu N) = -\Delta(PV) > 0 \tag{4.19}$$

である．この場合の熱平衡状態では，グランドポテンシャル $\Phi = -PV$ が最小の状態である．

§4.5 2つの系が接触しているときの相平衡条件

ここでも 4.1 節で考えたように 2 つの系 1 と 2 からなる合成系を考え，この合成系全体は孤立系であるとする．それぞれの部分系のエントロピーが $S_1(U_1, V_1, N_1)$ と $S_2(U_2, V_2, N_2)$ で与えられるものとする．また，系 1 と系 2 の温度，圧力，化学ポテンシャルの値をそれぞれ $(T_1, P_1, \mu_1), (T_2, P_2, \mu_2)$ と記す．

一般に，いくつかの系が接触していて全体として熱平衡状態にあるとき，それらの系は**相平衡**にあるという．相平衡の条件をエントロピーが最大であることから求めておく．

4.1 節の考察でこの合成系が熱平衡状態にあるとすると，全体のエントロピー $S = S_1 + S_2$ は最大値をとっている．

そのため，任意の仮想的な状態変化に対して，$S = S_1 + S_2$ の値は必ず減少する．そのため，系 A と B の間で，仮想的な変化：内部エネルギー ΔU，体積 ΔV，粒子数 ΔN のやり取りがあったとすると

$$\Delta S = \Delta S_1 + \Delta S_2$$

§4.5 【基本】 2つの系が接触しているときの相平衡条件

$$= S_1(U_1 + \Delta U, V_1 + \Delta V, N_1 + \Delta N)$$
$$+ S_2(U_2 - \Delta U, V_2 - \Delta V, N_2 - \Delta N) < 0$$

という不等式が成り立つことになる．この関係を $\Delta U, \Delta V, \Delta N$ の 2 次まで展開すると

$$\begin{aligned}
\Delta S &= \left(\frac{\partial S_1}{\partial U_1}\right)_{V_1,N_1} \Delta U + \left(\frac{\partial S_1}{\partial V_1}\right)_{U_1,N_1} \Delta V + \left(\frac{\partial S_1}{\partial N_1}\right)_{U_1,V_1} \Delta N \\
&- \left(\frac{\partial S_2}{\partial U_2}\right)_{V_2,N_2} \Delta U - \left(\frac{\partial S_2}{\partial V_2}\right)_{U_1,N_1} \Delta V - \left(\frac{\partial S_2}{\partial N_2}\right)_{U_1,V_2} \Delta N \\
&+ \frac{1}{2}\left(\frac{\partial^2 S_1}{\partial U^2}\right)_{V_1,N_1} \Delta U^2 + \frac{1}{2}\left(\frac{\partial^2 S_1}{\partial V^2}\right)_{U_1,N_1} \Delta V^2 + \frac{1}{2}\left(\frac{\partial^2 S_1}{\partial N^2}\right)_{U_1,V_1} d\Delta N^2 \\
&+ \left(\frac{\partial^2 S_1}{\partial U \partial V}\right)_{N_1} \Delta U \Delta V + \left(\frac{\partial^2 S_1}{\partial V \partial N}\right)_{U_1} \Delta V \Delta N + \left(\frac{\partial^2 S_1}{\partial U \partial N}\right)_{V_1} \Delta U \Delta N \\
&- \frac{1}{2}\left(\frac{\partial^2 S_2}{\partial U^2}\right)_{V_2,N_2} \Delta U^2 - \frac{1}{2}\left(\frac{\partial^2 S_2}{\partial V^2}\right)_{U_2,N_2} \Delta V^2 - \frac{1}{2}\left(\frac{\partial^2 S_2}{\partial N^2}\right)_{U_2,V_2} d\Delta N^2 \\
&- \left(\frac{\partial^2 S_2}{\partial U \partial V}\right)_{N_2} \Delta U \Delta V - \left(\frac{\partial^2 S_2}{\partial V \partial N}\right)_{U_2} \Delta V \Delta N - \left(\frac{\partial^2 S_2}{\partial U \partial N}\right)_{V_2} \Delta U \Delta N
\end{aligned}$$
(4.20)

となる．

熱平衡状態はエントロピー最大の状態であることから，熱平衡状態では，合成系全体のエントロピー S は極値を与え，$\Delta U, \Delta V, \Delta N$ のそれぞれ 1 次の係数は 0 でなければならない．

δU の係数から

$$\left(\frac{\partial S_1}{\partial U}\right)_{V,N} - \left(\frac{\partial S_2}{\partial U}\right)_{V,N} = 0 \tag{4.21}$$

の関係が導かれる．ここで，熱力学関係式 (3.8) の第 1 式を用いると，これは

$$\frac{1}{T_1} = \frac{1}{T_2} \tag{4.22}$$

を意味することがわかる．

同様にして，δV の係数から

$$\left(\frac{\partial S_1}{\partial V}\right)_{S,N} - \left(\frac{\partial S_2}{\partial V}\right)_{S,N} = 0 \tag{4.23}$$

の関係が導かれる．ここで，熱力学関係式 (3.8) の第 2 式を用いると

$$\frac{P_1}{T_1} = \frac{P_2}{T_2} \tag{4.24}$$

が得られる．

最後に，δN の係数から

$$\left(\frac{\partial S_1}{\partial N}\right)_{S,V} - \left(\frac{\partial S_2}{\partial N}\right)_{S,V} = 0 \tag{4.25}$$

の関係が導かれる．ここで，熱力学関係式 (3.8) の第 3 式を用いると

$$\frac{\mu_1}{T_1} = \frac{\mu_2}{T_2} \tag{4.26}$$

が得られる．

以上より，2 つの系の間の相平衡条件は

$$T_1 = T_2, \quad P_1 = P_2, \quad \mu_1 = \mu_2 \tag{4.27}$$

で与えられることが導かれた．

§4.6　熱力学的安定性を表す不等式

熱平衡状態はエントロピー S が最大の状態であることから，任意の仮想的変化 $\Delta U, \Delta V, \Delta N$ の 1 次の変化に関してエントロピーの変化は 0 であるという条件から相平衡の条件を導いた．

4.6 節では，このときエントロピー変化は負でなくてはならない．そのため $\Delta U, \Delta V, \Delta N$ の 2 次の変化に関してエントロピーの変化が負であることを用いて，熱平衡状態で満たされるべき不等式を導く．

(4.20) の S_1 に関する $\delta U, \Delta V, \Delta N$ の 2 次形式をベクトルと行列を用いて表すと

$$d^2 S = \frac{1}{2} (\Delta U, \Delta V, \Delta N) \begin{pmatrix} \left(\frac{\partial^2 S_1}{\partial U^2}\right)_{V,N} & \left(\frac{\partial^2 S_1}{\partial U \partial V}\right)_N & \left(\frac{\partial^2 S_1}{\partial U \partial N}\right)_V \\ \left(\frac{\partial^2 S_2}{\partial U \partial V}\right)_N & \left(\frac{\partial^2 S_2}{\partial V^2}\right)_{U,N} & \left(\frac{\partial^2 S_2}{\partial V \partial N}\right)_U \\ \left(\frac{\partial^2 S_1}{\partial N \partial U}\right)_V & \left(\frac{\partial^2 S_1}{\partial N \partial U}\right)_V & \left(\frac{\partial^2 S_1}{\partial N^2}\right)_{U,V} \end{pmatrix} \begin{pmatrix} \Delta U \\ \Delta V \\ \Delta N \end{pmatrix} < 0 \tag{4.28}$$

§4.6 【基本】 熱力学的安定性を表す不等式

となる．S_2 に関する部分も同様にかける．これが任意の状態変化 $(\Delta U, \Delta V, \Delta N)$ に対して成り立つための条件は，ここに現れた 3×3 の行列の 3 つの固有値がすべて負であることである．以下で解説するように，これは熱平衡状態が熱力学的に安定であるための条件（**熱平衡状態の安定条件**）を与える．

具体的な場合について調べておこう．例えば，(4.28) において，$dU \neq 0, dV = dN = 0$ の場合を考えると

$$\left(\frac{\partial^2 S}{\partial U^2}\right)_{V,N} < 0 \tag{4.29}$$

となる．ここで，熱力学関係式 (3.8) と定積熱容量の定義 (3.34) を用いると

$$\left(\frac{\partial^2 S}{\partial U^2}\right)_{V,N} = \left(\frac{\partial(1/T)}{\partial U}\right)_{V,N} = -\frac{1}{T^2}\left(\frac{\partial T}{\partial U}\right)_{V,N} = -\frac{1}{T^2}\frac{1}{C_V}$$

であるので，(4.29) は

$$C_V > 0 \tag{4.30}$$

つまり，熱平衡状態においては，定積熱容量は必ず正でなくてはならないことを意味する．

同様にして，$dV \neq 0, dU = dN = 0$ の場合を考えることにより，熱平衡状態においては

$$\left(\frac{\partial(P/T)}{\partial V}\right)_{U,N} \leq 0 \tag{4.31}$$

でなくてはならないことも導くことができる．これは，内部エネルギー U と粒子数 N を一定に保ちながら体積 V を変化させる準静的過程に対する条件式である．

(4.28) において，$dS = dN = 0$ の場合を考えると

$$\left(\frac{\partial(-P)}{\partial V}\right)_{S,N} > 0, \quad つまり \quad \left(\frac{\partial P}{\partial V}\right)_{S,N} < 0 \tag{4.32}$$

が結論される．ここで，断熱圧縮率が

$$\kappa_S = -\frac{1}{V}\left(\frac{\partial V}{\partial P}\right)_{S,N} \tag{4.33}$$

で定義されることを思い出すと，熱平衡状態では，

$$\kappa_S > 0 \tag{4.34}$$

でなければならないことになる．

さらに，独立変数を $(S, V, N \cdots)$ を $(T, V, N \cdots)$ に取り替え，同様な議論をすると，$dT = dN = 0$ の場合に

$$\left(\frac{\partial P}{\partial V}\right)_{T,N} < 0 \tag{4.35}$$

が得られる．これから等温圧縮率も正であること

$$\kappa_T > 0 \tag{4.36}$$

がわかる．

また，一般に，偏微分の**公式3**

$$\left(\frac{\partial a_j}{\partial A_j}\right)_{a_k} = \left(\frac{\partial a_j}{\partial A_j}\right)_{A_k} + \left(\frac{\partial a_j}{\partial A_k}\right)_{A_j}\left(\frac{\partial A_k}{\partial A_j}\right)_{a_k} \tag{4.37}$$

に，偏微分の**公式1** と **公式2**

$$\left(\frac{\partial A_k}{\partial A_j}\right)_{a_k}\left(\frac{\partial A_j}{\partial a_k}\right)_{A_k}\left(\frac{\partial a_k}{\partial A_k}\right)_{a_j} = -1 \tag{4.38}$$

および，マクスウェルの関係

$$\left(\frac{\partial A_j}{\partial a_k}\right)_{A_k} = \left(\frac{\partial A_k}{\partial a_j}\right)_{A_j} \tag{4.39}$$

を用いると，等式

$$\left(\frac{\partial a_j}{\partial A_j}\right)_{a_k} = \left(\frac{\partial a_j}{\partial A_j}\right)_{A_k} - \frac{\left(\frac{\partial a_j}{\partial A_k}\right)^2_{A_j}}{\left(\frac{\partial a_k}{\partial A_k}\right)_{a_j}} \tag{4.40}$$

が得られる．右辺第2項の分母は $\left(\frac{\partial a_k}{\partial A_k}\right)_{a_j} > 0$ であるので

$$\left(\frac{\partial a_j}{\partial A_j}\right)_{a_k} < \left(\frac{\partial a_j}{\partial A_j}\right)_{A_k} \tag{4.41}$$

でなければならないことがいえる．たとえば，$A_j = V, a_j = -P, A_k = S, a_k = T$ とすると

$$\kappa_T > \kappa_S \tag{4.42}$$

であることが導かれる．

§4.6 【基本】 熱力学的安定性を表す不等式

4.6.1 ルシャトリエの原理

いま，熱平衡にあった系に何らかの摂動が加わり系内に温度差が生じてしまったとしよう．すると，系内の高温の部分から低温部へ熱が流れることになる．このように，温度差に従って熱が流れた結果，熱が流出した（放熱した）高温部は温度が下がり，熱が流入した（吸熱した）低温部は温度が上がり，結果的に系の温度が一様な熱平衡状態に戻ることになる．もしも，吸熱することにより物質の温度が下がるようなことがあったら，あるいは，放熱することによりますます物体の温度が上がるようなことがあったら，高温から低温への熱の流れの結果，温度差はますます広がってしまうことになる．

圧力差が生じてしまったときも同様である．圧力の高い部分の体積は増え，圧力の低い部分を押す．その結果，体積が増えた部分の圧力は下がり，押されて圧縮された部分の圧力は上がり，系は平衡化される．もしも体積が増えたのに圧力が増えるようなことが起これば，系が平衡状態からどんどんと離れていってしまう．

したがって，(4.30), (4.34), (4.36) で示した不等式，すなわち，熱容量や圧縮率は正であるということは，熱平衡状態の安定性を保証するものなのである．この熱力学の安定性を述べた熱力学法則は，**ルシャトリエの原理**とよばれる．

| ルシャトリエの原理 | 「熱平衡状態からずれるような作用を系に施すと，系はその作用を打ち消す向きに変化する．」

第4章 熱力学的安定性

■章末コラム 熱力学的に異常な状態

　熱力学では対象を熱平衡状態に限定し，熱力学的安定性が成り立つ場合を主に考える．しかし，熱力学的安定性が成り立たない，その意味では異常な状態ではあるが，物理的に興味深い状態も存在する．その例として「負の温度」をもった状態がある．温度は，系に熱（エントロピー）が流入したときに，その系の内部エネルギーがどのように変化するかを表す

$$T = \left(\frac{\partial U}{\partial S}\right)_{V,N}$$

で定義される．この式に従うと，もしも系の温度が負であったなら，熱が流入すると内部エネルギーが減少するということになる．これはあまりにおかしいが，この「負の温度」状態を実現させることで，**レーザー発振**が可能になっているのである．ただし，この状態においては，「熱」とエントロピーとの関係が通常とは異なっている．つまり，外部と接することにより，熱力学第2法則で考えた自然なエネルギー移動の結果として系の内部エネルギーを放出したとき，系の温度が上がるような状況になっているのである．このような状況は第6章で説明する相転移の際にも現れる．この負の温度状態は，ある一定の温度の熱源と接すると，もはや安定な状態としては存在できない．いかなる温度の熱源と接しても，系は熱を放出し続けて，温度は下がり続け，ついには温度 $T = -\infty$ になる．このような異常なプロセスを経て最終的に通常の熱平衡状態に落ち着く．その意味では負の温度は正の温度より「高い」温度ということになる．多分に言葉の問題という側面もあるので，ここでは深入りしないが，物理的にはそのような興味深い状態が，熱平衡状態の範疇の外に存在するという事実は知っておくべきであろう．

　同様に，負の比熱や負の圧縮率をもった状態

$$C = \left(\frac{\partial U}{\partial T}\right) < 0, \quad \kappa = -\frac{1}{V}\left(\frac{\partial V}{\partial P}\right) < 0$$

も議論されることがある．系のエネルギーを固定した系や，体積を固定した系など，限定した条件のもとでは安定な巨視的状態として存在する状態が，熱平衡にある外部（熱源）と接すると，熱力学的安定性を示さないことがある．このように，外部と熱のやりとりがない場合の定常状態として存在しても，熱浴と接したとき熱のやりとりに関して熱力学的に不安定になっている場合はもはや熱平衡状態ではない．しかし，それらの系の限定した条件のもとでの性質が議論されることがある．このような系においては内部エネルギーの変化や体積の変化がないので，比熱や圧縮率を考えることは無意味であるが，系のエネルギーを固定した系や，体積を固定した系で，その特殊な性質を強調するため，負の比熱や負の圧縮率という言葉が使われることがある．

第4章 章末問題

問題1 共通の温度 T をもつ2つの系 A,B があり,それぞれの体積 V_1, V_1 の和が一定 ($V = V_1 + V_1 = $ 一定),粒子数 N_1, N_1 の和が一定 ($N = N_1 + N_1 = $ 一定) の場合に,この2つの系が熱平衡にある条件を求めよ.

問題2 等温可逆過程からなるサイクルでの仕事が0であることを示せ.

問題3 定積熱容量,定圧熱容量は負にならないこと,また定圧熱容量は定積熱容量より大きいことを示せ.

問題4 (4.34) と (4.36) を,それぞれ,「断熱過程 ($dS = 0$) での熱平衡状態は内部エネルギー U が最小の状態であること」,および,「等温過程 ($dT = 0$) において,外部から仕事をしない場合には,熱平衡状態はヘルムホルツの自由エネルギー F が最小の状態であること」から導け.

問題5 外部と熱も粒子もやり取りをする系を考える.ただし,外部の温度 T と系の化学ポテンシャル μ はともに一定であるものとする.このとき,熱平衡状態はグランドポテンシャル $\Phi = -PV$ が最小の状態として与えられることを示せ.

第5章 エントロピーが重要な役割をする現象

エントロピーという熱力学独特の量に関連する興味深い現象,特徴を紹介する.とくに,その効果が顕著に現れる混合系での熱力学現象を解析する.さらに,それらの現象で重要となるエントロピーの絶対値に関する熱力学第3法則の説明もする.

§5.1 エントロピーが重要な役割をする現象

第2章で熱の移動の度合いを定量化する物理量としてエントロピーという熱力学量を導入した.そのため,エントロピーはエネルギーの一種であるかのような印象を与えたかもしれない.実際,エントロピーに温度という物理量をかけるとエネルギーの次元をもつ量になる.

しかし,熱力学第2法則が記述する不可逆性は,ミクロなレベルの状態の変化に対して,マクロなレベルでは必ずその識別能力に限界があるという事実に起因するものであり,そのため,この不可逆性を伴う熱の流れは,可逆なエネルギー移動を引き起こす仕事とは区別して扱うべきものである.エントロピーはこの不可逆性を物理量として表現するものであり,熱力学独特の概念である.そのためエントロピーは,必ずしも熱の移動を伴わない現象においても,プロセスが不可逆である現象を理解する上で重要な役割をするのである.以下では,気体の混合過程や化学反応といったさまざまな現象が,エントロピーが変化するプロセスとして記述されることを説明する.混合過程は,直接的には熱の移動を伴わないものであるが,エントロピーという熱力学量で支配されるという意味で熱現象なのである.

また自然の重要な性質として,絶対零度ではエントロピーが0となることも知られており,これを**熱力学第3法則**という.この法則に起因して,低温で興味深い現象が現れる.

§5.2 混合系の熱力学

同じ温度，圧力をもつ2種類の異なる気体，例えば，酸素1リットルと窒素1リットルを一緒にしたとする．すると，両者は混合して2リットルの気体となる．粒子間の相互作用を無視すると，この混合過程の前後で系のエネルギーは変化しない．しかし，特別な操作をしない限り，いったん混ざってしまったら，その状態を元に戻すことができないことは明らかである．混合過程は，熱が高温から低温に流れる過程と同様に，不可逆過程なのである．そのため，この過程でエントロピーが増大していると考えられる．しかし，混合過程において特に熱の移動はないので，第2章で述べた $dS = \delta Q/T$ といった公式では，その増分を計算することはできない．

混合過程を理解するには，3.7.5項で考察した気体の自由膨張過程について詳しく考察することがヒントになる．これまで，熱力学はマクロな対象に対する物理であるという立場から，極力，原子論的な描像を避けてきた．1リットルの気体はあくまで気体という物質であって，気体分子の運動を直接考えることはなかった．気体の状態方程式に現れた N は気体の分量を表すための量であり，ミクロな粒子の個数を表したものと考える必要はないという立場であった．しかし，自由膨張過程を，このようなマクロな立場からだけで理解しようとするのは少し無理がある．

ここでは，自由膨張を考察するために，粒子の集合として気体をイメージすることにする．このようなミクロな描像に立つと，むしろ自然に，自由膨張過程は気体分子の**拡散過程**であると思うことができるだろう．拡散現象は不可逆な運動の代表例である．

5.2.1 理想気体の混合エントロピー

同じ温度 T と圧力 P をもつ2種類の理想気体 A と B を，それぞれ n_A モルと n_B モルずつ用意し，まず図5.1(a)のように壁で隔てた状態に置く．そのときのそれぞれの気体の体積は，V_A および V_B であったとする．その後，壁を取り除く．図5.1(b)に描いたような混合状態に移行する過程に伴うエントロピーの増加量を求めよう．

3.7.5項では自由膨張にともなうエントロピー増加を，エントロピーが状態量であることを利用して，自由膨張そのものではなく，対応する準静的過程に

§5.2 【応用】 混合系の熱力学

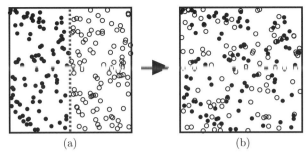

図 5.1 気体の混合

おけるエントロピー変化として求めた．図 5.1 で表した 2 種類の気体の混合過程は，2 種類の気体がそれぞれ体積 $V_A + V_B$ をもつ全系へ自由膨張する過程であると見なすことができる．よって，理想気体 A のエントロピー変化は

$$\Delta S_A = \int_{V_A}^{V_A+V_B} n_A \left(\frac{\partial S}{\partial V}\right)_T dV = \int_{V_A}^{V_A+V_B} n_A \left(\frac{\partial P}{\partial T}\right)_V dV$$
$$= \int_{V_A}^{V_A+V_B} n_A \frac{R}{V} dV = n_A R \ln \frac{V_A + V_B}{V_A}, \tag{5.1}$$

また，同様にして，理想気体 B のエントロピー変化は

$$\Delta S_B = n_B R \ln \frac{V_A + V_B}{V_B} \tag{5.2}$$

で与えられることになる．2 種類の理想気体 A と B の混合過程に伴うエントロピー変化は，この 2 つの和で与えられるはずである．混合後の 2 種類の気体の粒子密度を，それぞれ

$$x_A = \frac{n_A}{n_A + n_B}, \quad x_B = \frac{n_B}{n_A + n_B} \tag{5.3}$$

と表すことにすると，この 2 種類の理想気体の混合過程に伴うエントロピー増加は

$$\Delta S = \Delta S_A + \Delta S_B = -R(n_A \ln x_A + n_B \ln x_B) \tag{5.4}$$

で与えられることになる．

一般に M 種類の理想気体が混合する過程では，同様な議論により，エントロピーは

$$\Delta S = -R \sum_{j=1}^{M} n_j \ln x_j > 0 \tag{5.5}$$

だけ増加することが結論される．このエントロピー増加量は**混合エントロピー**とよばれる．

5.2.2 混合系のギブスの自由エネルギー

M 種類の気体が混合する過程を考える．混合後は，それぞれの種類の気体は，混合気体を構成する成分ということになる．各成分が単一系として存在するときの化学ポテンシャルを $\mu_j^0, (j=1,2,\cdots,M)$ とする．混合前のギブスの自由エネルギーは

$$G^0(T,P,\{\mu_j^0\}) = \sum_{j=1}^{M} n_i \mu_j^0(T,p) \tag{5.6}$$

である．混合後のギブスの自由エネルギーは，混合エントロピーの寄与 $-T\Delta S$ を加えた

$$G(T,P) = \sum_{j=1}^{M} n_j \mu_j^0(T,P) - T\Delta S = \sum_{j=1}^{M} \left(n_j \mu_j^0(T,P) + n_j RT \ln x_j \right) \tag{5.7}$$

で与えられる．この混合の効果によっていろいろな興味深い現象が起こることになる．

§5.3 ギブスのパラドックス

再び，最も簡単な2種類（$M=2$）の気体の混合過程を考えることにする．ただし，ここでは "2 種類" の気体分子として，ある瞬間に容器の右半分の領域にあった粒子を "右粒子"，左半分の領域にあった粒子を "左粒子" と名づけて区別するものとする．このような場合には，この "2 種類" の粒子が混合することで，はたして系のエントロピーは増えるのであろうか．もしそうであれば，系のエントロピーは無限に増大することになってしまう．上述のような "右粒子" と "左粒子" の区別は任意の時刻でできるからである．この問題は**ギブスのパラドックス**とよばれる．

この問題は熱平衡状態とは "巨視的" にそれ以上変化しない状態であると定義した点に深く関わる．もし，容器の右半分の領域にあった粒子と左半分の領域にあった粒子を識別できる能力があれば，混合は起こり，エントロピーは増大するだろう．ただし，ここで「粒子を識別できる能力」といったのは，ある

§5.3 【応用】 ギブスのパラドックス

瞬間に各粒子が容器の左右のどちら側にあったかを識別するだけではなく，その後の時間でも区別できるようにするために，すべての粒子に印を付けるといった操作を行うことができることも意味することに注意すべきである．そのような操作を行うためには，系に対して仕事をする必要がある．

これに対してマクロな描像では，容器の右側の領域にあるのも左側の領域にあるのも，共に気体というマクロな物体である．「1 リットルの気体と 1 リットルの気体を合わせると 2 リットルの気体になる」だけであり，混合という発想は物理的な実体を伴わないことになる．それぞれの粒子を識別する能力がない場合には，混合エントロピーは発生しないことになる．

この考察でわかるように，エントロピーという概念は，識別能力のレベルというものと直結しているのである．実際，熱力学の第一法則では内部エネルギーの変化を仕事と熱に分けたが，もしも，分子レベルの識別能力を持っていたらすべてのエネルギー移動を仕事として扱うことができるはずであり，熱という概念を持ち出す余地はなくなる．つまり，熱力学から「熱」がとれて，単なる力学になるはずである．マクロな状態のみを扱う物理学を考えた場合，必ず，ミクロな状態の違いに対して識別できない部分が生じるはずであり，その部分の効果を熱，あるいはエントロピーという概念で捉えたのが熱力学なのである．なにか，曖昧な感じがするかもしれないが，その曖昧さを物理学的精密さをもって記述することに成功した理論が熱力学なのである．

5.3.1 識別と分離に必要な仕事

識別できるということは，識別によって得た情報を用いて，混合後の状態を混合前の状態に戻すことが可能であることを意味している．このことを，もう少し具体的に考えてみることにする．いま，混合気体は A という粒子と B という粒子があったとする．また，A 粒子だけ通す膜と，B 粒子だけ通す膜が存在すると仮定しよう．そして，そのような膜を用いて混合した気体を分離する過程を，思考実験によって考えてみることにしよう．その様子を図 5.2 に示す．

最初，白丸で表した A 粒子だけを通す膜を右端，黒丸で表した B 粒子だけを通す膜を左端に起き，それぞれ中心部に進めていく．B 粒子（黒丸）だけを通す膜にかかる圧力は，その膜が通さない A 粒子（白丸）の分圧 P_A であり，逆に，A 粒子（白丸）だけを通す膜にかかる圧力は，B 粒子（黒丸）の分圧 P_B であるので，それぞれ

第5章 エントロピーが重要な役割をする現象

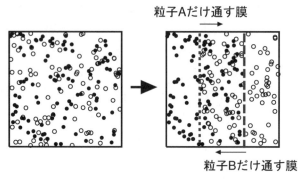

図 5.2 A 粒子だけ通す膜と B 粒子だけ通す膜による気体の分離

$$P_A = \frac{nRT}{V_A}, \quad P_B = \frac{nRT}{V_B} \tag{5.8}$$

で与えられる。ただし、A 粒子と B 粒子が存在する領域の体積をそれぞれ V_A, V_B とした。膜を中央まで移動し、気体を完全に分離するのに必要な仕事は

$$\Delta W = -\int_V^{V/2} P_A dV_A - \int_V^{V/2} P_B dV_B = -nRT \ln\frac{V/2}{V} = nRT \ln 2 \tag{5.9}$$

である。この量はまさに、混合のエントロピー ΔS の T 倍に等しい。つまり、識別し分離するためには、自由膨張の際のエントロピー増加に相当する仕事が必要となることになる。

ここでは、粒子 A と粒子 B の個数が同じ場合を考えた。そのため、分離した場合、それぞれの体積は $V/2$ とした。もし、粒子 A と粒子 B の物質量が異なった値 n_A と n_B で与えられた場合は、分離後の状態で両者の圧力が等しい値 P になるように体積が決まる。これより

$$P = \frac{n_A RT}{V_A} = \frac{n_B RT}{V_B} \rightarrow n_A : n_B = V_A : V_B \tag{5.10}$$

という関係が定まる。よって、識別して分離するために系にしなければならない仕事は

$$\Delta W = -\int_V^{V_A} \frac{n_A RT}{V'_A} dV_A - \int_V^{V_B} \frac{n_B RT}{V'_B} dV_B = -RT\left(n_A \ln\frac{V_A}{V} + n_B \ln\frac{V_B}{V}\right) \tag{5.11}$$

となるが、これもまた、ギブスの混合エントロピー ΔS の T 倍と一致する。

以上をまとめると次のように言える。マクロなレベルではその区別が識別できない粒子が混ざる場合には、混合エントロピーは変化しないものとみなして

よい．仮に識別できると考えて混合エントロピーの発生があるとしても，識別して分離するためには，この混合エントロピーの寄与 ΔS の T 倍と同じ量の仕事を系に対してしなければならない．よって，正味としては混合エントロピーの発生はないものとしてよいのである．

5.3.2 マクスウェルの悪魔

もし，分子レベルの識別能力があり，壁にあけた微小な窓を開け閉めして，A粒子とB粒子を選択的に通したり通さなかったりできたとすると，系に対して仕事をせずに[1]，気体は分離できることになる．このようなミクロな識別操作ができる存在として，**マクスウェルの悪魔**という考え方が提案され，エントロピーと認識，あるいは情報との関係を考察する際に，重要な役割をしている[2]．マクスウェルの悪魔とは，上で説明した「熱力学を詳しく見過ぎると，力学に帰着されてしまう」という事実を表現したものなのである．

§5.4 希薄溶液

上で考察したように，なんらかの方法でミクロな粒子の状態の違いを識別できれば，混合エントロピーには物理的な意味を持たせることができる．以下ではそのような現象を考察する．

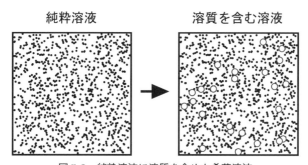

図 5.3 純粋溶液に溶質を含めた希薄溶液

---

[1] 窓の開け閉めに必要な仕事は無視している．これが妥当かどうかは微妙であるが，ここでは認めることにする．

[2] 著者は高校生の時，都筑 卓司著『マクスウェルの悪魔』（講談社ブルーバックス）を読んで大変興味をもった．

混合エントロピーは理想気体だけでなく，溶媒に溶質が少しだけ溶けた希薄溶液（図 5.3）でも重要な役割をする．希薄溶液において，溶質の分子は理想気体分子のように振る舞う．希薄溶液のギブス自由エネルギーも (5.7) で与えられる．希薄溶液における混合エントロピーの効果が引き起こす現象の代表的なものとして以下のものがある．

5.4.1 沸点上昇

希薄溶液の沸点を考える．溶質がない場合の沸点は，溶媒の気相と液相の化学ポテンシャルが等しく，2 相共存になっている状態として定まる．圧力 P は，例えば 1 気圧に固定されているとし，このときの沸点温度を T_0 とすると，

$$\mu^0_{気相}(T_0, P) = \mu^0_{液相}(T_0, P) \tag{5.12}$$

が成り立つ．次に，溶質が加わった場合を考える．溶質は気体中には出てこないものとすると，気相の化学ポテンシャルは影響を受けない．それに対し，液相の化学ポテンシャルは混合の効果を加えたものになる．溶質の濃度を x とする．すると，このときの溶媒物質の 2 相共存，つまり，沸騰が起こるための条件式は，沸点温度を $T_c(x)$ として，

$$\mu^0_{気相}(T_c(x)) = \mu^0_{液相}(T_c(x)) + (1-x)RT_c(x)\ln(1-x) \tag{5.13}$$

で与えられることになる．x の値は小さいものとして，(5.13) を x と $T_c(x) - T_0$ について 1 次まで展開したものから (5.12) を引いて差をとると

$$\left(\frac{\partial \mu^0_{気相}}{\partial T}\right)_P (T_c(x) - T_0) = \left(\frac{\partial \mu^0_{液相}}{\partial T}\right)_P (T_c(x) - T_0) - RT_0(x)x \tag{5.14}$$

が得られるので，

$$T_c(x) - T_0 = \frac{RT_0 x}{\left(\frac{\partial \mu^0_{液相}}{\partial T}\right)_P - \left(\frac{\partial \mu^0_{気相}}{\partial T}\right)_P} \tag{5.15}$$

となる．ここで，

$$\left(\frac{\partial \mu^0}{\partial T}\right)_P = -S \tag{5.16}$$

であるので，分母を溶媒の沸騰に伴う潜熱

§5.4 【応用】 希薄溶液

$$\Delta Q_{沸騰} = T\left(\left(\frac{\partial \mu^0_{液相}}{\partial T}\right)_P - \left(\frac{\partial \mu^0_{気相}}{\partial T}\right)_P\right) = T(S_{気相} - S_{液相}) \tag{5.17}$$

と表すと

$$T_c(x) - T_0 = \frac{RT_0^2}{\Delta Q_{沸騰}} x \tag{5.18}$$

となる．この式は，溶質を加えると，溶媒の沸点温度は溶質濃度に比例して上昇することを示している．

5.4.2 凝固点降下

次に凝固について考える．考え方は沸点上昇と全く同じである．5.4.1項の気体を固体に置き換えると溶媒の凝固に伴う潜熱 $\Delta Q_{凝固}$ を用いて

$$T_c(x) - T_0 = -\frac{RT_0^2}{\Delta Q_{凝固}} x, \quad \Delta Q_{凝固} = T_0(S_{液相} - S_{固相}) \tag{5.19}$$

となる．これから，溶媒を加えることで凝固点は溶質濃度に比例して降下することがわかる．

5.4.3 浸透圧

溶媒は通すが溶質を通さない半透膜で隔てられている溶液を考える．この場合，混合エントロピーの効果で，**浸透圧**という物理量を説明することができる．この壁は半透膜でできていて，それが置かれている位置は固定されているものとする．半透膜で隔てられた2つの領域が熱平衡状態である条件は，4.5節で説明したように温度と溶媒の化学ポテンシャルが両者で等しくなることである．片側だけに溶質が入ることによる効果により半透膜の両側で圧力の違いが生じる様子を調べてみることにする．

まず，溶質がない場合は両側の溶媒の化学ポテンシャルは等しい．

$$\mu^0_{左}(T, P_0) = \mu^0_{右}(T, P_0) \tag{5.20}$$

溶質が半透膜の右側にある溶媒にだけ加わった場合，平衡の条件は

$$\mu^0_{左}(T, T_c(x)) = \mu^0_{右}(T, P_c(x)) + RT\ln(1-x) \tag{5.21}$$

となる．$P_c(x) - P_0$ と x はともに微小量であると仮定して，(5.20) を x と

$P_c(x) - P_0$ の一次まで展開し，それから (5.21) を引くと

$$\left(\frac{\partial \mu_右}{\partial P}\right)_T (P_c(x) - P_0) = V(P_c(x) - P_0) = RTx \tag{5.22}$$

が得られる．これから

$$P_c(x) - P_0 = \frac{RT}{V}x \tag{5.23}$$

となる．この式から，溶媒を加えることで圧力は溶質濃度に比例して上昇することがわかる．

浸透圧力現象も身近に見られる．例えば，生け花や野菜などを水に入れると水を吸ってしゃんとする．この現象は，植物内の液体は単なる水ではなく溶質が含まれた混合液体であるため，浸透圧によって植物内の方が圧力が高くなるためと理解できる．逆に，野菜を濃い塩水にいれると，外の方が圧力が高くなるため水を奪われ，漬け物になる．

§5.5 化学反応と平衡定数

多成分 $A_1, A_2, \cdots, A_{M+1}, A_{M+2}, \cdots$ からなる物質系で化学反応

$$\nu_1 A_1 + \nu_2 A_2 + \cdots \leftrightarrow \nu_{M+1} A_{M+1} + \nu_{M+2} A_{M+2} + \cdots \tag{5.24}$$

が起こる状況を考える．この系の熱平衡状態における各成分 $\{A_j\}, j = 1, \cdots, M, M+1, \ldots$ の分圧や濃度の間に**質量作用の法則**とよばれる関係が成り立つことが知られている．これについて以下で説明する．

各成分のモル数が n_j であるとき，**モル分率**は

$$x_j = \frac{n_j}{\sum_k n_k} = \frac{n_j}{n} \tag{5.25}$$

で定義される．このとき，(5.7) より混合のエントロピーを含めたギブスの自由エネルギーは

$$G = \sum_j n_j (\mu_j^0(T, P) + RT \ln x_j) \tag{5.26}$$

で与えられる．熱平衡状態では，この G が最小値をとる．そのための必要条件は，各成分の粒子数 $n_j \to n_j + \delta n_j$ の仮想的な変化に対し，G が極小値になっており，仮想的な変化に伴うギブスの自由エネルギーの変化はより高次の微小

§5.5 【応用】 化学反応と平衡定数

変化でなくてはならないことから

$$\delta G = \sum_j (\mu_j^0(T,P) + RT \ln x_j)\delta n_j + RT \sum_j n_j \delta(\ln x_j) = 0 \quad (5.27)$$

が要請される．ここで，右辺第2項は (5.25) を用いると，

$$n_j \delta(\ln x_j) = n_j \sum_\ell \frac{\partial \ln x_j}{\partial n_\ell}\delta n_\ell = \frac{n_j}{x_j}\sum_\ell \frac{\partial x_j}{\partial x_\ell}\delta n_\ell = n \sum_\ell \frac{\partial x_j}{\partial n_\ell}\delta n_\ell$$

となるが，$\sum_j x_j = 1$ なので，

$$\sum_j n_j \delta(\ln x_j) = n \sum_\ell \frac{\partial}{\partial n_\ell}\left(\sum_j x_j\right)\delta n_\ell = 0$$

である．つまり，(5.27) の第2項は0であることがわかる．そこで，上の条件は

$$\delta G = \sum_j (\mu_j^0(T,P) + RT \ln x_j)\delta n_j = 0 \quad (5.28)$$

となる．

ここで，考えた個々の成分の濃度 $\{n_j\}$ は，化学反応式 (5.24) に従って変化するため，濃度変化 $\{\delta n_j\}$ は独立ではなく，化学反応式の係数に比例した変化を示す．

$$\delta n_1 : \delta n_2 : \cdots : \delta n_{M+1} : \delta n_{M+2} : \cdots = -\nu_1 : -\nu_2 : \cdots : \nu_{M+1} : \nu_{M+2} : \cdots \quad (5.29)$$

の関係がある．ここでは，反応式 (5.24) の左辺に現れる成分に対しては，反応により粒子数が減少するので負符号を付けた．

これを用いると (5.28) は

$$-(\mu_1^0(T,P) + RT \ln x_1)\nu_1 - (\mu_2^0(T,P) + RT \ln x_2)\nu_2 - \cdots$$
$$+ (\mu_{M+1}^0(T,P) + RT \ln x_{M+1})\nu_{M+1} + (\mu_{M+2}^0(T,P) + RT \ln x_{M+2})\nu_{M+2}$$
$$+ \cdots = 0 \quad (5.30)$$

と書くことができる．整理すると

$$-\sum_{j\in 左辺} \nu_j \ln x_j + \sum_{k\in 右辺} \nu_k \ln x_k = \frac{1}{RT}\sum_{j\in 左辺} \nu_j \mu_j^0(T,P)$$
$$-\frac{1}{RT}\sum_{k\in 右辺} \nu_k \mu_k^0(T,P) \quad (5.31)$$

となる．ここで，

$$-\frac{\Delta G(T,P)}{RT} = \frac{1}{RT}\sum_{j\in 左辺} \nu_j \mu_j^0(T,P) - \frac{1}{RT}\sum_{k\in 右辺} \nu_k \mu_k^0(T,P) \quad (5.32)$$

である．この等式(5.31)の各辺の指数関数を考えると，

$$e^{-\sum_{j\in 左辺}\nu_j \ln x_j + \sum_{k\in 右辺}\nu_k \ln x_k} = \frac{\prod_{k\in 右辺} x_k^{\nu_k}}{\prod_{j\in 左辺} x_j^{\nu_j}} = e^{-\Delta G(T,P)/RT} \quad (5.33)$$

という等式が得られる．この関係は，各成分の熱平衡状態でのモル分率 $\{x_j\}$ と，各成分の純粋系での1モルあたりのギブス自由エネルギー，すなわち，化学ポテンシャル $\mu^0(T,P)$ を関係づけるもので，化学反応系の重要な情報を与えるものである．

上で与えた関係 (5.33) では，与えられた圧力 P での化学ポテンシャル $\mu^0(T,P)$ をもちいているが，普通，質量作用の法則とよばれるものは，標準圧力 P_0 における化学ポテンシャル $\mu^0(T,P_0)$ を用いて表現される．そのため，(5.33) を少し書き直す．

理想気体では

$$G(T,P) - G(T,P_0) = \int_{P_0}^{P} \left(\frac{\partial G}{\partial P}\right)_T dP' = \int_{P_0}^{P} V(P')dP'$$
$$= \int_{P_0}^{P} \frac{nRT}{P'} dP' \quad (5.34)$$

であるので

$$G(T,P) = G(T,P_0) - nRT\ln P_0 + nRT\ln P \quad (5.35)$$

の関係がある．ここで，$\mu^0(T,P)$ の圧力依存性は

$$\mu^0(T,P) = \mu^0(T,P_0) + RT\ln(P/P_0) \quad (5.36)$$

で与えられる（章末問題参照）．

理想気体では，各成分の分圧は

$$P_j = \frac{n_j RT}{V} \quad (5.37)$$

であるので，$P = \sum_j P_j, n = \sum_j n_j$ より，

$$x_j = \frac{P_j}{P} \quad (5.38)$$

§5.5 【応用】 化学反応と平衡定数

が成り立つ．これを (5.33) に代入すると

$$\frac{\prod_{k\in 右辺}(P_k/P_0)^{\nu_k}}{\prod_{j\in 左辺}(P_j/P_0)^{\nu_j}} = e^{-\sum_{k\in 右辺}\nu_k\mu_k^0(T,P_0)/RT + \sum_{j\in 左辺}\nu_j\mu_j^0(T,P_0)/RT} \quad (5.39)$$

の関係が得られる（章末問題参照）．これが圧力を与えたときの質量作用の法則である．ここで

$$K_P(T,P) \equiv e^{-\sum_{k\in 右辺}\nu_k\mu_k^0(T,P_0)/RT + \sum_{j\in 左辺}\nu_j\mu_j^0(T,P_0)/RT} \quad (5.40)$$

と定義され，**平衡定数**とよばれる．

モル分率 (5.25) を用いると質量作用の法則は

$$K_P(T,P) = \frac{\prod_{k\in 右辺}x_k^{\nu_i}}{\prod_{j\in 左辺}x_j^{\nu_j}}(P/P_0)^{\sum_{k\in 右辺}\nu_k - \sum_{j\in 左辺}\nu_j} \quad (5.41)$$

と表される．

平衡定数 $K_P(T,P)$ の温度変化は，

$$\begin{aligned}\frac{d\ln K_P}{dT} &= -\frac{d}{dT}\frac{\Delta G}{RT} = \frac{\Delta G}{RT^2} - \frac{1}{RT}\left(\frac{\partial \Delta G}{\partial T}\right)_{P,N} \\ &= \frac{\Delta G}{RT^2} - \frac{\Delta S}{RT} = \frac{\Delta G - T\Delta S}{RT^2} = \frac{\Delta H}{RT^2}\end{aligned} \quad (5.42)$$

で与えられる．つまり，平衡定数 $K_P(T,P)$ の温度変化は標準エンタルピーの変化 ΔH で与えられる．

体積 V が与えられた状況での質量作用の法則も考察しておこう．体積 V が与えられたとき，各成分の濃度は

$$c_j = \frac{n_j}{V} \equiv [A_j] \quad (5.43)$$

で定義される．以下では，各成分の濃度 $\{c_j\}$ による質量作用の法則の表現を導くことにする．体積一定の場合にはギブスの自由エネルギーではなくヘルムホルツの自由エネルギーを最小にする必要がある．各成分ごとに

$$\left(\frac{\partial F^0}{\partial n_j}\right)_{T,V,\mu} = \mu_j^0(T,V) \quad (5.44)$$

であることを用いると，熱平衡状態では

$$\delta F = \sum_j (\mu_j^0(T,V) + RT\ln x_j)\delta n_j + RT\sum_j n_j\delta(\ln x_j) = 0 \quad (5.45)$$

が成り立つ．理想気体では

$$x_i = \frac{n_i}{n} = \frac{n_i}{V}\frac{RT}{P} \tag{5.46}$$

が成り立つのでこれを (5.33) に代入すると

$$e^{-\sum_{j\in 左辺}\nu_j \ln x_j + \sum_{k\in 右辺}\nu_k \ln x_k}$$
$$= e^{-\sum_{j\in 左辺}\nu_j(\ln(\frac{n_j}{V}RT)-\ln P)+\sum_{k\in 右辺}\nu_k(\ln(\frac{n_k}{V}RT)-\ln P)}$$
$$= e^{\sum_{i\in 左辺}\nu_i(\mu_i^{(0)}(T,P_0)+RT\ln P)/k_B T - \sum_{j\in 右辺}\nu_j(\mu_j^{(0)}(T,P_0)+RT\ln P)/k_B T}$$

より

$$\Delta\nu = \sum_{j\in 左辺}\nu_j - \sum_{k\in 右辺}\nu_k \tag{5.47}$$

として

$$\frac{\prod_{k\in 右辺}c_k^{\nu_k}}{\prod_{j\in 左辺}c_j^{\nu_j}} \times (RT)^{\Delta\nu} = e^{-\Delta G^0/RT} \tag{5.48}$$

が得られる．つまり，質量作用の法則に対して

$$\frac{\prod_{k\in 右辺}c_k^{\nu_k}}{\prod_{j\in 左辺}c_j^{\nu_j}} = e^{-\Delta G^0/RT}(RT)^{-\Delta\nu} \equiv K_c(T) \tag{5.49}$$

という表現が導かれたことになる．この表式で定義された $K_c(T)$ も**平衡定数**とよばれる．ただし，$K_c(T)$ は温度だけの関数である．平衡定数 $K_c(T)$ の温度変化を求めておこう．

$$\ln K_c = -\sum_{j\in 左辺}\nu_j\left(\frac{\mu_j^0(T,P_0)}{RT}+\ln RT\right)$$
$$+\sum_{j\in 右辺}\nu_j\left(\frac{\mu_j^{(0)}(T,P_0)}{RT}+\ln RT\right) \tag{5.50}$$

であるので

$$\frac{d\ln K_c}{dT} = \frac{\Delta H}{RT^2} - \sum_{j\in 左辺}\left(\nu_j\frac{\Delta H_j}{RT^2}-\frac{\nu_j}{T}\right)+\sum_{k\in 右辺}\left(\nu_k\frac{\Delta H_k}{RT^2}-\frac{\nu_k}{T}\right)$$

であり，$RT = p_j^{(0)}V_0^{(0)}$，$U = G - PV$ の関係を用いると，標準内部エネルギーの変化を ΔU と表すと，

$$\frac{d\ln K_c}{dT} = \frac{\Delta U}{RT^2} \tag{5.51}$$

§5.6 【発展】 ミクロ操作でのエントロピーと情報

であることが導かれる．つまり，平衡定数 $K_c(T)$ の温度変化は内部エネルギーの変化で与えられる．ΔU は**反応熱**とよばれる．

以上の議論では，気体として理想気体を用いたが，実在気体に対しては，モル分率 x_i の代わりに，実効的なモル分率にあたる**活動度**あるいは**活度 (activity)** とよばれる量 a_i を用いて

$$\mu_i(P,T) = \mu_i^{(0)}(T) + RT\ln x_i \to \mu_i(P,T) = \mu_i^{(0)}(T) + RT\ln a_i \quad (5.52)$$

と置き換えることにより，実在気体の理想気体からの差異を表現される．活動度とモル分率の比

$$\gamma_j = \frac{a_j}{x_j} \quad (5.53)$$

は**活量係数**とよばれ，理想気体からのずれを表す指標であり，$P \to 0$ で 1 に近づく．

5.5.1 PH: ペーハー

水溶液の酸度を表す指数に**ペーハー (pH)** がある．リトマス試験紙で計ったことがあるだろう．ペーハーは溶液中の水素イオン濃度 $[H^+]$ の対数で表される．

$$\mathrm{pH} = -\log_{10}[H^+] \quad (5.54)$$

水の解離

$$H_2O \leftrightarrow H^+ + OH^-, \quad (5.55)$$

の室温での平衡定数は約 10^{-14}，すなわち

$$\frac{[H^+][OH^-]}{[H_2O]} = 10^{-14} \quad (5.56)$$

であるので，中性の水のペーハーは

$$[H^+] = 10^{-7} \Rightarrow \mathrm{pH} = 7 \quad (5.57)$$

である．

§5.6 ミクロ操作でのエントロピーと情報

熱という概念がなくなるほどミクロに観測すると「熱」がなくなって，力学に戻ってしまうことは前にも触れたが，その様子を興味深い例えで説明した

のが「マクスウェルの悪魔」である．その観測力があれば速い粒子だけ選別して，1つの熱源からエネルギーを取り出すことができる．粒子の分離に関しても，右からの粒子に対してのみ窓を開けるマクスウェルの悪魔がいれば，左右全体に広がった粒子を分離できる．これはマクスウェルの悪魔が状態をミクロに識別すること，つまりミクロな情報によって，通常の熱力学では許されないプロセスが可能になることを示している[3]．しかし，ミクロとはいえとにかく観測するためには，そのためのエネルギーがいるので，熱力学の原理には反しない．

類似なプロセスとして情報量と仕事に関する操作をミクロに考えるシステムにシラード (Szilard) エンジンとよばれるものがあり，そこでの操作に関する考察からエントロピーと情報に関する興味深い関係が議論されている[4]．

§5.7 熱力学の第3法則：Nernst-Planckの定理

エントロピーは状態量であるので，状態が決まれば値は決まる．例えば，ある変数 x を一定とした温度変化を考えた場合，絶対温度 T のときの系のエントロピーは

$$S(T) = S(0) + \int_0^T \left(\frac{\partial S}{\partial T}\right)_x dT \tag{5.58}$$

で与えられる．内部エネルギーも同様で

$$U(T) = U(0) + \int_0^T \left(\frac{\partial U}{\partial T}\right)_x dT \tag{5.59}$$

と表される．ここで，内部エネルギーの基準点はどこにとってもよいので，$U(0)$ は任意である．エントロピーに関してもこれまでの議論の範囲では同様であり，絶対零度でのエントロピーの値 $S(0)$ も任意に選んでよいように思われる．

しかし，5.5節で説明したように，化学平衡の平衡定数を与える公式では，ギブスの自由エネルギー G の値自体が重要である．F や G など自由エネルギー

---

[3] 情報操作とエネルギー消費の関係は後藤英一やランダウアーの議論が昔からある．E. Goto, N. Yoshida, K. E. Loe and W. Hioe: "A Study of Irreversible Loss of Information without Heat Generation", Proc. 3rd Int. Symp. Foundation of Quantum Mechanics, Tokyo, (1989) pp. 412-418.

[4] T. Sagawa and M. Ueda: Phys. Rev. Lett. **100**, 080403 (2008).

§5.7 【発展】 熱力学の第3法則：Nernst-Planck の定理

を考える場合，それらに含まれる $-TS(T)$ という項に (5.58) を代入すると，当然，$-TS(0)$ という項が現れる．したがって，個々の物質で $S(0)$ を勝手に決めてはならないことになる．

物質の熱容量はエントロピーと

$$C_x = T\left(\frac{\partial S}{\partial T}\right)_x \tag{5.60}$$

で関係づけられている．よって，各温度での熱容量 C_x を温度 T で割った値を（だだし，潜熱はデルタ関数的な寄与を C_x に与えるものとして）

$$S(T) = S(0) + \int_0^T \frac{C_x(T)}{T} dT \tag{5.61}$$

のように絶対零度から積分することにより，個々の物質に対して絶対温度 T でのエントロピーの値 $S(T)$ を算出することができる．いろいろな物質に対して，熱容量の実測値 $C_x(T)$ に基づいてこのような計算をした結果，(5.61) で $S(0) = 0$ と仮定したときに得た値 $S(T)$ の物質間での差は，平衡定数の公式から求めたエントロピーの値の差とよく一致することが明らかになった．この事実は，すべての物質で $S(0) = 0$ とすることが妥当であることを示唆する．すべての物質で $S(0) = 0$ であるという主張は，**ネルンスト-プランクの定理**，あるいは**熱力学第3法則**とよばれる．この性質は自然がもつ性質と理解すべきもので，熱力学の理論構築には直接関係しない．その意味では状態方程式の1つと考えてもよい．この性質の帰結として絶対零度付近での熱力学量に，以下に述べるような制約が与えられることになる．

5.7.1 低温での熱力学量に対する制約

有限温度でのエントロピーが有限であるためには，(5.61) の温度に関する積分は収束しなくてはならず

$$\lim_{T\to 0} C = 0 \tag{5.62}$$

であることが要請される．

n モルの単原子理想気体の場合，

$$C_V = \frac{3}{2}nR \tag{5.63}$$

であり，温度に依存しないので，上の要請を満たしていない．実際，理想気体のエントロピーを (5.61) に従って計算すると

$$S(0) = S(T) - \frac{3}{2}nR \int_0^T \frac{1}{T}dT = S(T) - \frac{3}{2}nR\ln T + \frac{3}{2}nR\ln 0 = -\infty \quad (5.64)$$

となってしまう．しかし，実在気体は温度を下げると液化，さらには固化する．そのため，理想気体の熱容量に対する熱容量の式 (5.63) を絶対零度まで用いて行った (5.64) のような計算は正しいとは思われず，このことはあまり真剣に捉えられなかった．

しかし，この問題は，低温での自然法則をどう捉えるかという重要な課題を提起したものであった．20世紀に入り，低温では古典力学ではなく**量子力学**が正しく自然現象を記述することが明らかになった．その結果，理想気体であっても，量子力学を正しく適用すると，その熱容量は絶対零度では0となることが示された．固体の熱容量に対しても同様の問題があった．このような絶対零度付近での熱力学量に対する制約を解明するには，統計力学と量子力学が必要である．

たとえば，固体は，温度を下げても固体で，その運動は平衡点の周りの微小振動で表されるとする考え方には矛盾がない．しかし，統計力学によると，古典力学を考える限り固体の比熱は，構成粒子の数を N(あるいは n モル) としたとき

$$C = 3Nk_B = 3nR \quad (5.65)$$

となることが示される．この関係はデュロン-プチ (Dulong-Petit) の法則とよばれ，高温の固体ではよく成り立っている．しかし，実際の固体の比熱は熱力学の第3法則に従い低温で0に近づく．この問題は，電磁波のエーテル問題とともに「物理学の暗雲」とよばれた19世紀末の物理学上の重大問題であった．結局これは，低温での古典力学の適用性の問題であることがわかり，量子力学の誕生につながっている．

5.7.2 残留エントロピー

温度を下げたとき，系が準安定に留まる場合には，熱力学第3法則は成立しない．氷は水分子が空間的に規則正しく配置したものであるが，各水分子の中の水素原子の配置に関しては自由度が残り，$T \to 0$ としてもエントロピーが0とはならない現象が知られている．また，ガラスなども通常の時間内では結晶化しない．その場合もエントロピーは，$T \to 0$ の極限でも0には緩和しな

§5.7 【発展】 熱力学の第3法則：Nernst-Planck の定理

い．このように $T \to 0$ の極限でも残るエントロピーは**残留エントロピー**とよばれる．

5.7.3 絶対零度への到達不可能性

絶対零度に達することはできるのであろうか．温度を下げるためには，断熱膨張のような変化をさせる必要がある．

そのプロセスを定性的に見てみよう．あるパラメータ（例えば磁場 H）のもとでのエントロピーの温度変化を $S(H,T)$ とする．異なる磁場 H_1, H_2 でのエントロピーが図 5.4(a) のように表されたとする．温度は T_1，磁場 $H=5$ の熱平衡状態から，磁場を断熱的に $H=5$ から $H=0$ へ変化させたとする．その場合，状態は等エントロピーで変化し，温度は T_2 に変わる．実際このようにして温度を下げる方法は**断熱消磁**とよばれる．

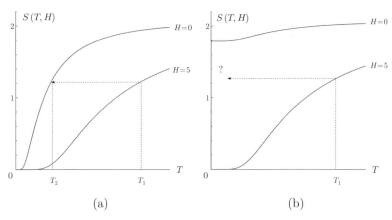

(a) (b)

図 **5.4** 断熱消磁：いろいろな磁場でのエントロピーの温度変化．断熱過程では磁場の変換に応じエントロピーを一定に保ちながら温度が変化する．**(a)** 熱力学第3法則が満たされている場合．**(b)** $H=0$ で $S(0)$ の場合．

ここで，$T=0$ の場合に，磁場によらず $T=0$ でのエントロピーが0である場合には，2つの関数が $T=0$ で一致するため，断熱的な磁場変化と，等温での磁場変化を組み合わせても，徐々に温度は下がるが，有限回の操作では絶対零度には到達できない．これを**絶対零度への到達不可能性**という．

もし，$T=0$ で有限のエントロピーが有限に残れば，図 5.4(b) のように絶対零度に到達できるように思える．しかし，この場合でも，絶対零度近くで，

第5章 エントロピーが重要な役割をする現象

準静的過程ができるかという問題があり，やはり実際には絶対零度には到達できないと考えられる．ただし，熱力学的な操作でなく，ミクロな操作を用いれば絶対零度は実現できる．例えばマクスウェルの悪魔を用いて力学的にエネルギー最小の状態（すべてのスピンをそろえられるなど）を作れば絶対零度は実現できるが，熱力学の考察外である．

□章末コラム　寒剤

　アイスクリームを作るとき氷に塩をかけてよくかき混ぜて低温を得るのは，凝固点降下の現象を利用したものである．氷に塩を混ぜると，食塩水の凝固点が下がるため氷が溶け，その際に融解熱を周囲から吸収する．そのため，温度が下がるのである．

　このような役割をする物質（今の場合，食塩）は**寒剤**とよばれる．この方法で $-21°C$ まで温度を下げることができる．また，雪が降ったときに，道路などにまく融雪剤（塩化カルシウム）も，雪の融点を下げ，雪が水として流れることを意図したものである．これも凝固点降下の効果を利用したものである．凝固点降下に加えて，塩化カルシウムは溶ける際に融解熱を発生するので，さらに融解を進める働きをする．

第 5 章　章末問題

問題 1　理想気体において，1 モルあたりのギブスの自由エネルギー，つまり化学ポテンシャル $\mu(T,p)$ の圧力変化は，標準状態 (T_0, P_0) での値 $\mu(T, P_0)$ を用いて

$$\mu(T,P) = \mu(T,P_0) - RT \ln P_0 + RT \ln P \tag{5.66}$$

と表されることを示せ．

問題 2　M 種類の理想気体が混合している系を考える．モル分率と分圧がそれぞれ，

$$P_j = x_j P, \quad x_j = \frac{n_j}{\sum_{k=1}^{M} n_k} \tag{5.67}$$

で与えられ，

$$\mu_j^0(T) \equiv \mu(T, P_0) - RT \ln P_0 \tag{5.68}$$

としたとき，この混合気体の化学ポテンシャルは

$$\mu(T, P, n_1, n_2, \cdots, n_M) = \sum_{j=1}^{M} n_j \left(\mu_j^0(T) + RT \ln(P_j x_j) \right) \tag{5.69}$$

と表されることを示せ．

問題 3　M 種類の実在気体がそれぞれ $(n_1, n_2, \cdots, n_M)$ モル混合している系において，各成分の逃散能 (fugacity) を

$$f_j = P_j e^{\beta(\mu_{実在} - \mu_{理想})} \tag{5.70}$$

と定義すると

$$\mu_{実在}(T, P, n_1, n_2, \cdots, n_M) = \sum_{j=1}^{M} n_j \left[\mu_j^0(T) + RT \ln(f_j x_j) \right],$$

$$P_j = x_j P, \quad x_j = \frac{n_j}{\sum_{k=1}^{M} n_k} \tag{5.71}$$

と表されることを示せ．

第5章 エントロピーが重要な役割をする現象

問題4 二原子分子 A_2 の解離反応

$$A_2 \leftrightarrow 2A \tag{5.72}$$

平衡定数 K_c が 18℃ で

$$K_c(18℃) = \frac{[A]^2}{[A_2]} = 1.70 \times 10^{-4} \, \text{mol/cm}^3 \tag{5.73}$$

と与えられているとき, 1気圧 $(1.013 \times 10^6 \, \text{hPa})$ における

$$\text{解離度} \quad \alpha = \frac{[A]}{[A] + 2[A_2]} \tag{5.74}$$

はいくらになるか. また, この反応の反応熱が

$$\Delta U = 5.0 \times 10^4 \, \text{cal/mol} \tag{5.75}$$

である場合, 解離度が温度とともにどう変わるかを示せ. ただし, $R = 8.3 \times 10^7 \, \text{erg/mol/K}$ である.

問題5 M 種類の理想気体がそれぞれ $(n_1, n_2, \cdots, n_M)$ モル混合している系において, T, P を一定に保ち, 各成分のモル数を $\{n_j \to n_j + \delta n_j\}$ と変化させた場合, 逃散能係数 $(\nu_i = f_i p_i)$ の変化 $d(\ln \nu_i)$ は

$$\sum_{j=1}^{M} n_j d(\ln \nu_i) = 0 \tag{5.76}$$

を満たすことを示せ.

問題6 純物質の場合に飽和蒸気圧 P_1^0 をもつ溶媒に, 溶質を入れた場合, 溶媒のモル比率が x_1 のとき溶媒の飽和蒸気圧は, $x_1 \sim 1$ の場合

$$P_1(x) = x_1 P_1^0(x) \tag{5.77}$$

が成り立つ. これを**ラウール (Raoult) の法則**という. このとき, 溶質の飽和蒸気圧 P_2 が

$$P_2(x) \propto x_2, \quad x_2 = 1 - x_1 \tag{5.78}$$

で与えられること (**Henry の法則**) を示せ.

問題7 関係 (5.39) を導け.

第6章 相転移

物質が熱力学的に一様である場合,すなわち,温度,圧力,密度といった状態量が空間的に一定であるとき,系は一つの相を成すという.

本章では,物質にはいくつもの異なる相があることを示し,相の共存条件や相転移現象について,ファンデルワールスの状態方程式やギンツブルグ–ランダウの現象論的自由エネルギーを用いて説明する.

§6.1 相図

2つ,もしくは3つ以上の状態量を軸として,いろいろな相の領域を示したものを**相図**という.水の3つの相(固相,液相,気相)を温度Tと圧力Pの平面上に表した相図を図6.1に示した.系の状態がある相から別の相に遷移することを**相転移**という.もっとも身近な相転移現象は,水の沸騰や凝固現象である.この図のように物質の,**固相**,**液相**,**気相**を示す相図は,特に物質の**三相図**とよばれる.液相から固相への相転移を**凝固(固化)**,その逆を**融解**とい

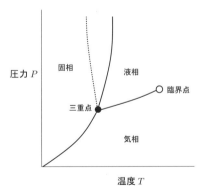

図6.1 物質の三相図:固相,液相,気相の領域を温度(T)-圧力(P)平面上に示した相図.固相・気相の境界(昇華曲線),液相・気相の境界(蒸発曲線)は必ず右上がりであるが,固相・液相の境界(融解曲線)は必ずしもそうではない.水の場合は点線のように右下がりになる.

い，相境界線は**融解曲線**とよばれる．液相から気相への相転移を**沸騰**（**気化**，**蒸発**），その逆を**凝縮**（**液化**）といい，相境界線は**蒸発曲線**とよばれる．また，気相と固相との間の相転移を**昇華**といい，相境界線は**昇華曲線**とよばれる．

融解曲線，蒸発曲線，昇華曲線の3つが交わった点を**三重点** (triple point) という．1成分からなる系では三重点は一意的に決まる．特に，水の三重点は温度の標準点として使われる[1]．三重点から高温高圧側に伸びる蒸発曲線の高温低圧側にある低密度状態を**気体**，低温高圧側にある高密度状態を**液体**とよぶ．蒸発曲線を交差して状態を変えると，流体の密度が不連続に変わる．蒸発曲線には端点が存在し，その点は**臨界点**とよばれる．臨界点より高温高圧では気体と液体の区別はなく，共に流体である．蒸発曲線を交差することなく状態を変化させると，流体の密度を連続的に変えることにより（相転移を経ることなく），気相と液相の間の状態変化をさせることができる．

多くの物質では凝固すると体積は減少する．その場合，圧力を上げると凝固しやすくなり，融解温度（融点）は上昇する．この場合，三相図において融解曲線は右上がりになる（図6.1の実線）．しかし，必ずしもそのような場合だけではない．実際，水では水分子の特殊性のため，分子が結晶状にきっちり配列した固体状態である氷よりも，ランダムに詰め込んだ液体状態の方が体積が小さくなる．1気圧の下での，1gの水の体積の温度依存性を図6.2に示した．0℃で氷（固相）から水（液相）に変わる際，体積は少し減少している．この場合は，圧力を上げると融点は下降する．この事情を反映して，水の三相図で

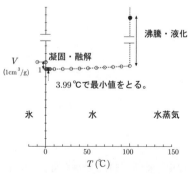

図**6.2** 水の相転移における体積変化

---

[1] 水の三重点は 273.16 K (= 0.01℃), 611 Pa (= 6.03×10^{-3} 気圧) である．

§6.1 【基本】 相図

は融解曲線は図 6.1 の破線で示したように左上がりである[2]．

単位質量あたりで比べると，固体より気体の方が必ず体積が大きいので，昇華曲線は，三相図において必ず右上がりである．同様に，液体より気体の方が必ず体積が大きくなるので，沸騰曲線も右上がりである．1 気圧，100℃で沸騰し，水（液体）から水蒸気（気体）になる際に，単位質量あたりの体積は約 1700 倍になる．

6.1.1 飽和蒸気圧

与えられた温度において，気相が他の相（液相あるいは固相）と 2 相共存状態にあるときの圧力を**飽和蒸気圧**とよぶ．2 相共存状態は 4.5 節で述べた相平衡状態であり，(4.27) の 3 つの等式が満たされる．すなわち，与えられた温度 T の下，両相は共通の飽和蒸気圧 P をもち，さらに両相の化学ポテンシャルの値も一致する．

水蒸気（気相）と水（液相）の 2 相共存状態を考えることにする．このとき，両者の化学ポテンシャルが一致する．

$$\mu_{水蒸気}(T, P) = \mu_{水}(T, P) \tag{6.1}$$

この関係は，沸点温度と圧力の関係を与える．つまり，上の関係を温度について解くと，沸点が圧力 P の関数として

$$T_{沸点} = f_{沸点}(P) \tag{6.2}$$

と求められる．これを相図上に描いたのが蒸発曲線に他ならない．水の場合，1 気圧での沸騰温度は 100℃であるので

$$T_{沸点} = f_{沸点}(1\,気圧) = 100℃ \tag{6.3}$$

となっている[3]．(6.1) 式を圧力に対して解くことができたとすると，温度の関

---

[2] スケートにおいて氷をスケート靴のエッジで押すとそこが液化し，滑りやすくなる．これは，加圧による氷の融点下降のためといわれている．

[3] 富士山頂では圧力は低く約 0.65 気圧である．そこでの沸騰温度は

$$T_{沸点} = f_{沸点}(0.65\,気圧) \simeq 90℃$$

と低い．そのため，富士山頂で飯盒炊飯してもうまくご飯が炊けない．逆に，圧力釜では 2 気圧ぐらいの圧力をかけるので，沸点は 120℃くらいまで上がる．そのため煮る効果が強くなり，玄米なども炊けるようになる．

数としての圧力が得られる．これは各温度に対して飽和蒸気圧を与える．

$$P_{飽和蒸気圧} = f_{飽和蒸気圧}(T) \tag{6.4}$$

沸点では水と水蒸気の圧力が一致すると述べたが，これは気相が水蒸気だけからなる場合である．この場合は，飽和蒸気圧は沸点での水と水蒸気の共通の圧力の値を与えることになる．しかし，日常のように水蒸気と共に空気がある場合には，水蒸気の分圧 $P_{水蒸気}$ と空気の分圧 $P_{空気}$ の和が，水の圧力 P と一致することになる．

$$P_{水蒸気} + P_{空気} = P \tag{6.5}$$

この状況において，水蒸気と水が相平衡であるためには，分圧 $P_{水蒸気}$ をもつ水蒸気の化学ポテンシャルが圧力 P の水の化学ポテンシャルと一致する必要がある．

$$\mu_{水蒸気}(T, P_{水蒸気}) = \mu_{水}(T, P) \tag{6.6}$$

沸点以下の温度 T において，与えられた圧力 P に対して (6.5) 式と (6.6) 式を満たす $P_{水蒸気}$ の値を，**空気中の水の飽和蒸気圧**という（図 6.3 参照）．

日常においては，空気中の水蒸気は水と相平衡にはない．このとき，与えられた (T, P) において，空気中の水蒸気の分圧 $P_{水蒸気}$ の空気中の水の飽和蒸気圧に対する比を**湿度**とよぶ．

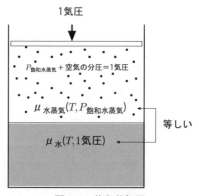

図 **6.3** 飽和蒸気圧

§6.2 ギブスの相律

図 6.1 で示したように，1 成分からなる系の物質の三相図において，2 つの相が共存する領域は線（境界線）で与えられ，3 つの相が共存する領域は点（三重点）で与えられた．

一般に，n 成分からなる系において，k 個の相が共存するための相平衡条件は，各相の間で T, P と化学ポテンシャル $\mu_1, \mu_2, \ldots, \mu_n$ の値が一致することである．このことから，パラメータ空間上の共存領域の次元 f は

$$f = n - k + 2 \tag{6.7}$$

で与えられることが導かれる．これを**ギブスの相律**という．

<u>ギブスの相律の証明</u>

状態を指定する変数として，j 番目の相において $(j = 1, 2, \ldots, k)$ m 番目の成分 $(m = 1, 2, \ldots, n)$ が占める割合を x_m^j と書くことにする．割合なので，当然，各相の中ですべての成分について足し合わせたら，それぞれ 1 になっていなければならない．

$$\sum_{m=1}^{n} x_m^j = 1, \quad j = 1, 2, \ldots, k \tag{6.8}$$

割合を表す変数 x_m^j $(j = 1, 2, \ldots, k, m = 1, 2, \ldots, n)$ は全部で kn 個あるが，条件式 (6.8) は k 個あるので，独立な変数の数は $k(n-1)$ 個である．これらとは独立に系の状態を指定する変数として T と P の 2 つがあるので，独立にとれる変数の数は合わせて $k(n-1) + 2$ 個である．各相の間で双方の化学ポテンシャルの値は等しいとする条件式は全部で $n(k-1)$ 個あるので，相境界で残る自由度の数は $f = k(n-1) + 2 - n(k-1) = n - k + 2$ となる． ∎

1 成分の場合，2 相が共存している相境界においては，(6.7) 式で $n=1, k=2$ とおくことで次元は $f=1$ と定まる．つまり，この場合の相境界は 1 次元であり，線になる．3 相共存の場合は，(6.7) 式で $n=1, k=3$ とおくことで，次元は $f=0$ となる．0 次元は点を意味し，1 成分系での 3 相共存状態は 3 重点で実現されるという事実と整合している[4]．

---

[4] 多成分の相図に対する考察は複雑である．詳しい議論が清水明 著『熱力学の基礎』東京大学出版会 (2007) でなされている．

第6章 相転移

§6.3 ファンデルワールスの状態方程式

6.3.1 実在気体の状態方程式

3.6 節で理想気体の状態方程式 (3.41)

$$PV = nRT = Nk_\mathrm{B}T \tag{6.9}$$

を導入した．この状態方程式はボイル–シャルルの法則がいつも成り立つことを意味する．そのため，理想気体の状態方程式 (6.9) に従う限り，どんなに温度を下げたり圧力を上げたりしても気相・液相相転移は起こらないことになる．それはボイル–シャルルの法則は希薄気体が高温低圧状態にあるときに見られる近似的な物理法則に過ぎないためである．

これに対して，実在の気体は低温高圧で液化する．理想気体に対して，気相・液相相転移を起こす気体を**実在気体**とよぶ．実在気体の状態方程式を得るには，理想気体の状態方程式 (6.9) を改良し，低温高圧で液相が現れる要素を組み入れる必要がある．

気体分子には大きさがあるはずなので，どんなに圧力を大きくしても，系の体積はある下限値より小さくできない．この効果は**排除体積効果**とよばれる．また，温度を沸点以下にすると凝縮（液化）が起こるということは，分子間に引力的な相互作用がはたらいており，低温ではその効果が顕著になることを示している．理想気体の状態方程式では，このような分子間の相互作用は無視されている．

一般に，2 つの分子がある距離まで近づくと衝突し，散乱する．いま，仮に分子が半径 $\sigma > 0$ の剛体球であるとすると，2 つの分子の重心間距離 r が 2σ となったときに完全弾性衝突することになる．したがって，r が 2σ より小さくなることはできない．このような距離 σ を分子の**衝突半径**という．

実在気体の分子間相互作用の様子をよく表すポテンシャルとして

$$U(r) = 4\epsilon \left\{ \left(\frac{\sigma}{r}\right)^{12} - \left(\frac{\sigma}{r}\right)^{6} \right\} \tag{6.10}$$

がある．ここで ϵ は正のパラメータである．これは，2 つの分子の重心間の距離 r だけに依存するものであり，2 体の中心力を与える．このポテンシャルは**レナード=ジョーンズポテンシャル**とよばれ[5]，分子間距離 r の関数として

---
[5] イギリスの物理学者レナード=ジョーンズ (John Edward Lennard-Jones, 1894–1954)

§6.3 【基本】 ファンデルワールスの状態方程式

描くと図 6.4 (a) のようになる.

分子間距離 r を小さくしていくと, (6.10) 式の第 1 項が効き $U(r)$ の値は急激に大きくなる. この項は近距離で分子間にはたらく強い斥力を表しており, 分子間距離 r が衝突半径 σ より小さくなることを防いでいる. このような近距離での強い斥力は排除体積効果を実現するので, レナード=ジョーンズポテンシャルに従う分子からなる系では高圧下で体積は下限値をもつことになる. 一方, 分子間距離 r を大きくすると, (6.10) 式の第 2 項が効く. この項は負の値をもち粒子間の弱い引力を表す. (6.10) 式より

$$\frac{\partial U(r)}{\partial r} = 0 \iff r = r_0 \equiv 2^{1/6}\sigma$$

であり, 図 6.4 (a) のように $r = r_0$ で最小値をもつ. よって, 十分低温では分子間距離が r_0 である状態が実現することになる. つまり, 低温で系は凝縮し, さらには固化（結晶化）することが可能となる.

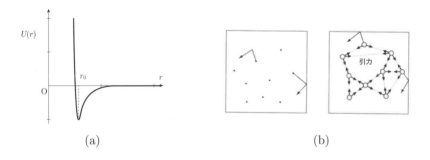

図 6.4 (a) レナード=ジョーンズポテンシャル (b) 理想気体（左：相互作用のない質点系）と, 実在気体（右：分子に大きさがあり, 分子間に引力がある.）

物質を原子や分子の集団と捉え, 分子間の相互作用ポテンシャルの形, すなわちハミルトニアンの関数形を与えて, そこからマクロな状態方程式を導出する計算は**統計力学**で行う. そのような計算の代わりに上述のレナード=ジョーンズポテンシャルの振舞いをヒントにして, 分子の排除体積効果と引力の効果を有効的に取り込んで, 理想気体の状態方程式を改良することを行う（図 6.4 (b) を参照）. そのような試みは多くの研究者によってなされた. そのうちで最

によって提唱された.

も有名なものに，ファンデルワールスの研究がある[6]．

ファンデルワールスは，理想気体の状態方程式 (6.9) に対して，a, b という2つの正値係数を導入し，

$$P \to P + a\left(\frac{N}{V}\right)^2, \quad V \to V - bN \tag{6.11}$$

という補正を行った．分子間に引力があると，系全体としては体積を減らす効果が生じることになるので，気体にはたらく実効的な圧力は外からかけている圧力 P よりも増加する．分子間の引力相互作用が上記のレナード=ジョーンズポテンシャルのような2体力で表されるとすると，この圧力の増加分は，気体の粒子数密度 N/V の二乗に比例すると考えられる．これが (6.11) 式の最初の補正であり，a は分子間引力の大きさを表す係数である．また，分子に大きさがあり排除体積効果があれば，気体の実効的な体積は減るはずである．1モルあたりの排除体積を b として，体積に対して行った補正が (6.11) の2番目のものである．結果として得られた状態方程式は

$$\left(P + a\left(\frac{N}{V}\right)^2\right)(V - bN) = nRT = Nk_BT \tag{6.12}$$

であり，**ファンデルワールスの状態方程式**とよばれる．

状態方程式に導入された2つの係数 a, b は，物質によって異なる値をとる．ファンデルワールス方程式は，以下で説明するように，気相・液相相転移を定性的に説明するのみならず，物質ごとに係数 a, b の値を正しく与えることができれば，その物質の気相・液相相転移の様子を定量的にもよく再現する．例えば，アルゴンと窒素に対しては，a, b として表 6.1 で与える値をとればよいことが知られている．

ファンデルワールス方程式 (6.12) で与えられる体積–圧力曲線 $P = P(V)$ を，いろいろな温度に対して図 6.5 に図示した．ただしこの図では，体積，圧力，温度に対して，次の 6.3.2 項で説明する臨界値 V_c, P_c, T_c で規格化した値 V/V_c, P/P_c, T/T_c を用いている．高温では，V も P も大きな値であり，(6.11) で行った補正の効果は小さい．そのため，V を大きくすると $P = P(V)$ の値は

---

[6] オランダ人物理学者ファンデルワールス (Johannes Diderik van der Waals, 1837–1923) は，6.3節で述べるような気体および液体の状態方程式に関する研究に対して 1910 年にノーベル物理学賞を受賞している．

§6.3 【基本】ファンデルワールスの状態方程式

表6.1 ファンデルワールス方程式の係数 a, b（**Handbook of Chemistry and Physics, 96th Edition(CRC Press 2015)**）

気体	$a[10^6 \text{atom cm}^6/\text{mol}^2]$	$b[\text{cm}^3/\text{mol}]$
アルゴン	1.355	32.01
窒素	1.346	38.52

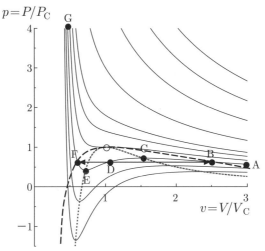

図6.5 ファンデルワールスの状態方程式．温度は下から，$T/T_c = 0.7, 0.8, 0.9, 1.0, 1.1, 1.2, 1.5, 2.0, 2.5, 3.0$ である．白丸が臨界点，点線の内側は熱力学的に不安定である．破線は2相共存状態となる一次相転移の場所を記している．

ほぼ V に反比例して単調に減少するだけである．つまり，ボイル–シャルルの関係 (6.9) が近似的に成り立つことになる．しかし温度を下げると，$P = P(V)$ が V に関して非単調に振舞う領域が現れる．V の値を上げていくと，P の値が一旦増加する領域が見られるのである．安定な熱平衡状態を実現するためには $dP/dV < 0$ でなくてはならないことを 4.6 節で説明した．このことから，ファンデルワールスの状態方程式の解のうち $dP/dV > 0$ となる部分は，熱平衡状態として実現しないことが結論される．以下で説明するように，この領域では不連続な変化が起こり，それが気相・液相相転移を表すことになるのである．

6.3.2 対応状態

$P = P(V)$ 曲線に非単調性が現れ始める温度を**臨界温度**とよび，以後 $T = T_c$ と書くことにする．臨界温度での PV 曲線で非単調が出現する点また，臨界温度で非単調が出現する点（$dP/dV = 0$ となる点，**臨界点**とよぶ（図 6.5 の白丸））での圧力と体積の値を，それぞれ**臨界圧力**，**臨界体積**とよび，P_c, V_c で表すことにする．この点は PV 曲線の変曲点になっている．そのためファンデルワールスの状態方程式 (6.12) において

$$\frac{dP}{dV} = 0, \quad \frac{d^2P}{dV^2} = 0 \tag{6.13}$$

を満たす点として (V_c, P_c, T_c) が定まる．計算の結果，3 つの臨界値は

$$V_c = 3bN, \quad P_c = \frac{a}{27b^2}, \quad T_c = \frac{8a}{27k_B b} \tag{6.14}$$

と求められる（章末問題参照）．これらの値で規格化した量

$$p = \frac{P}{P_c}, \quad v = \frac{V}{V_c}, \quad t = \frac{T}{T_c} \tag{6.15}$$

を用いてファンデルワールスの状態方程式 (6.12) を書き直すと

$$\left(p + \frac{3}{v^2}\right)(3v - 1) = 8t \tag{6.16}$$

となる．

(6.16) では，物質の個別性を表す係数 a, b は現れない．このことは，異なる a, b の値をもつさまざまな気体の状態方程式 (6.12) が，(6.15) 式で与えられる規格化された変数を用いると，一つの状態方程式にまとめられることを示している．

この規格化によって同一の (v, p, t) の値はそれぞれの物質においての異なる (V, P, T) の値を与える．これらの状態はそれぞれ互いに**対応状態**であるという．

§6.4 気相・液相相転移

上で述べたように，低温 $(T < T_c)$ では，$P = P(V)$ が非単調になっているときに気相・液相相転移が起こる．その状況を具体的に調べるため，温度

§6.4 【基本】 気相・液相相転移

が $T = 0.9T_c$ の場合の $P = P(V)$ 曲線に注目してみることにしよう．これを，図 6.5 において，7 つの点 A, B, C, D, E, F, G を連ねた曲線で表した．

この $P = P(V)$ 曲線上の体積が大きい部分 (A–C) は気相を表し，体積が小さい部分 (E–G) は液相を表している．しかし，その間で P が V の増加関数になってしまっている部分 (C–E) は，安定ではないので，熱平衡状態を表してはいない．そのため，A 点で表された気体状態から体積を減少していくと，系の状態は A → B → C → D → E → F → G というように，この $P = P(V)$ 曲線に沿って連続的に変化することはできない．それでは，途中の A → B → C まではこの $P = P(V)$ 曲線に沿って変化するかというと，それも熱平衡状態としては実現しない．

実際には，$dP/dV > 0$ となる不安定部分 (C–E) を避けるため，図の A–C 間に存在するある点 B から E–G 間の F 点に不連続に転移する．体積が大きな状態から小さな状態への変化である B → F は凝縮（気相から液相への相転移），その逆過程 F → B は沸騰（液相から気相への相転移）を表すのである．この B–F 線分上の不連続変化が気相・液相相転移を表している．B 点と F 点の圧力は等しく，したがって，この転移は V–P 平面では V 軸に平行な直線に沿って実現されることになる．この圧力が与えられた温度での蒸気圧であり，この温度と圧力の下で，気相（点 B）と液相（点 F）が 2 相共存状態となる．B 点と F 点の位置は，熱平衡状態はギブズの自由エネルギー最小の状態が実現されるという熱力学的要請から導かれる．そのため 2 相共存は 2 つの相の化学ポテンシャルが等しいという条件から決められる．これについてはすぐ後の 6.5 節および 6.6 節で説明することにする．

6.4.1 2 相共存の割合

B–F 線分上では，圧力を一定に保ちながら体積のみが変化する．端点 B の状態では系は純粋な気相にあり，**飽和気体**とよばれる．また，端点 F の状態では系は純粋な液相にあり，**飽和液体**とよばれる．B–F 線分の内点では，気相と液相が共存した状態であり，この 2 相は一般には分離して存在する．（液体状態の方が気体状態よりも密度が高いので，重力下においては，容器の下部に液体が溜まり上部は気体が占め，両者が界面で接して相平衡にある状態として実現される．）B 点，F 点の体積をそれぞれ V_B, V_F と書くことにする．

2 相共存状態での系全体の体積が V で与えられた場合，液相，気相それぞれ

の体積を決める．（ただし，$V_\mathrm{F} \leq V \leq V_\mathrm{B}$ である．）このときの気相と液相にある粒子数をそれぞれ N_B，N_F とし，分離の割合を

$$\text{気相にある粒子数：液相にある粒子数} = \frac{N_\mathrm{B}}{N} : \frac{N_\mathrm{F}}{N} \equiv x : 1-x \qquad (6.17)$$

と表すことにすると，体積は

$$xV_\mathrm{B} + (1-x)V_\mathrm{F} = V \qquad (6.18)$$

の関係を満たすはずである．これより，

$$x = \frac{V - V_\mathrm{F}}{V_\mathrm{B} - V_\mathrm{F}} \qquad (6.19)$$

となる．

　ここまでは，$T = 0.9T_\mathrm{c}$ の場合に着目して議論してきた．温度 T を上昇させると B–F 線に対応する気相と液相の共存区間は短くなり $T = T_\mathrm{c}$ で 1 点となる．これが臨界点 $(V_\mathrm{c}, P_\mathrm{c})$ である．気相と液相の共存区間の端点を T_c 以下の各温度で結ぶと，図 6.5 に破線で示した曲線が得られる．この曲線は**2 相共存線**とよばれる．

　この 2 相共存線の下側の部分では，上で説明したように，気相液相への相分離がおこるので，ファンデルワールス状態方程式で示される曲線のうち共存線の内側の部分は単一の相としての熱平衡状態としては実現されない．

　図 6.5 で示した相図を (V, P, T) の 3 変数空間で考える．図の紙面に垂直な方向に温度軸を取ったと考えればよい．図 6.5 はその 3 次元相図を (V, P) 面に射影（重ね書き）したものである．3 次元相図では，B–F 線分に対応する気相と液相の共存区間は，(V, P, T) の 3 変数空間においては一つの面を成すことになる．ただし，この面は $T \leq T_\mathrm{c}$ の領域にのみ存在する．この面と T–P 平面との交わりが，与えられた粒子密度 N/V での蒸発曲線を与える．

6.4.2　準安定状態

　再び，温度が $T = 0.9T_\mathrm{c}$ の場合の $P = P(V)$ 曲線（図 6.5 中の曲線 ABCDEF）を例にして説明をする．6.4.1 項で，2 相共存状態である熱平衡状態は B–F 線分に沿って不連続的に転移すると述べた．それでは，ファンデルワールスの状態方程式に従って描かれた $P = P(V)$ 曲線のうち，熱平衡状態を記述するのに

§6.4 【基本】 気相・液相相転移

は使われなかった B–C, C–E, E–F の曲線部分は，それぞれどのような状態を表しているのだろうか．

熱平衡の安定性の条件から圧力は体積の減少関数でなくてはならない．そのため，$dP/dV > 0$ となってしまっている C-E 曲線部分は不安定な状態であり，熱平衡状態としては実現しない．つまり，$P = P(V)$ が V の増加関数になっていると，何らかの原因で系の体積 V が増えた場合，系の圧力 P も増すことになるので周囲を押し拡げ，さらに体積が増加することになってしまう．そのため，一旦始まった膨張が止まることはなく，定常的な状態に収束することがないのである．

それに対し，その外側の B–C 曲線部分と E–F 曲線部分では，$dP/dV < 0$ であり，熱力学的安定性の条件は満たされている．これらの領域では，与えられた圧力に対して2つの体積が解として存在する．このように，熱力学的に安定な異なる解が複数存在する場合，自由エネルギーの値が最も低い解が真の熱平衡状態を与えることになる．それ以外の解は**準安定状態**とよばれる状態を記述する．例えば，B–C 曲線上の状態の自由エネルギーの値は，同じ圧力で体積がより小さい液体状態を表す F–G 曲線上の状態の自由エネルギーの値より高い．同様に，E–F 曲線上の状態の自由エネルギーの値は，A–B 曲線上の状態の自由エネルギーの値より高い．B–C 曲線上と E–F 曲線上の状態はいずれも準安定状態なのである．

熱力学的に安定な解として，自由エネルギーの値が最小となる真の熱平衡状態と準安定状態とが入れ替わる点が**相転移点**であり，ここで熱力学的には相転移が起こることになる．しかし，実際には，相転移点を通り越しても系の状態は元の状態にしばらく留まることがある．そのような場合には，準安定状態がマクロな状態として実現されることになる．例えば，沸点以下でも気相のまま存在している状態は**過飽和気体**とよばれる．この準安定状態にある系は，わずかなショックを与えることで液化する[7]．また，沸点以上に過熱された液体も準安定状態であり，やはりわずかなショックを与えただけで沸騰する．この場合，**突沸**とよばれる爆発的な変化を起こすので，たいへん危険である[8]．

---

[7] この現象は，放射線検出のための装置であるウィルソンの霧箱において利用されている．

6.4.3 スピノーダル点

規格化されたファンデルワールスの状態方程式 (6.16) において，p の v 依存性は

$$p = \frac{8t}{3v-1} - \frac{3}{v^2} \tag{6.20}$$

と表される．これより，準安定状態が存在する限界は

$$\frac{dp}{dv} = 0 \iff p = \frac{3v-2}{v^3} \tag{6.21}$$

で与えられる[9]．

(6.21) 式で与えられる曲線を図 6.5 に点線で示した．図において，この曲線の右下にある状態は熱力学的に不安定である．準安定状態の限界を与えるこの曲線は**スピノーダル線**とよばれる．温度 $t = 0.9$ の等温線との交点は点 C と点 E であり，これらをこの温度での**スピノーダル点**という．

§6.5 ギブスの自由エネルギーを用いた気相・液相相転移の決定

温度 T，圧力 P，および粒子数 N を独立変数とする系では，ギブスの自由エネルギー $G = G(T, P, N)$ を最小とする状態が熱平衡状態として実現される．以下では，粒子数 $N = $ 一定の場合を考え，数式において N 依存性は書かないことにする．図 6.5 では，温度 $T = 0.95 T_c$ の等温線 ($P = P(V)$) を，規格化

---

[8] 理科実験で加熱中の試験管やビーカーを覗いてはいけないといわれるのはそのためである．試験管やビーカーで溶液を加熱する場合，突沸を防ぐために，沸騰石（多孔質の石）を入れて泡の発生を促すようにする．これにより，真の平衡状態への転移が速やかに起こるようになるのである．

[9] ここでは，液相あるいは気相の準安定性が消失し，状態が不安定化する点をスピノーダル点とよんだ．このスピノーダルという言葉は，複数の種類の液体の混合液体や複数種類の原子（あるいは分子）の混合固体が，均一に混ざっている状態から，分離が急激に進む現象であるスピノーダル分解から来ている．
　たとえば，2 種類の液体 A と B の混合液体は，ある気圧，ある温度以上では完全に混ざり，透明であるが，温度をある温度以下に下げると急激な分離が起こる．このとき，最初は A 分子の小さい液滴が出現するため，突然白濁現象（エマルジョン状態）が見られる．このような現象をスピノーダル分解とよぶ．白濁は，分離したそれぞれの液体の微小要素が光を散乱するためである．液体にレーザーを当てると，分離過程において現れる液体の液滴サイズに応じた散乱が起こり，散乱光は輪状になる．輪状のパターンの半径は時間と共に小さくなる．合金など2種類の固体の混合物質でも同様な変化が起こる．

§6.5 【応用】 ギブスの自由エネルギーを用いた気相・液相相転移の決定

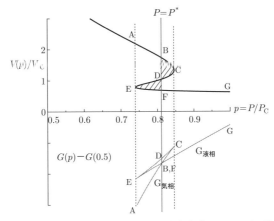

図 6.6　$t = 0.95$ での，ファンデルワールスの状態方程式の $V(P)$ とギブスの自由エネルギー $G(P)$．$G(P)$ の交点は 2 相共存を表す．交点の上の部分の下に凸な部分は熱力学的に不安定な状態．

した圧力，体積 $(p = P/P_c, v = V/V_c)$ (6.15) を用いて曲線 ABCDEFG で与えた $(p = p(v))$．ここでも，この曲線を例にして説明をすることにする[10]．この等温曲線に沿ってギブスの自由エネルギーの値の変化を調べることにより，気相・液相相転移を起こす B 点と F 点（気相と液相の共存区間 B-C の 2 つの端点）の位置がどのように決まるかを明らかにする．

独立変数が T, P であるので，図 6.5 の縦軸と横軸を入れ替えて，温度 $T = 0.95T_c$ での等温曲線を $v = v(p)$ として，図 6.6 の上図に描いた．以下しばらくの間，この一つの等温線に沿って考えることにするので，ギブスの自由エネルギーを P だけの関数と見なして，$G = G(P)$ と書くことにする．気相にある A 点を基点とし，そこでの圧力を P_A とすると，圧力 P の状態でのギブスの自由エネルギーは

$$G(P) = G(P_A) + \int_{P_A}^{P} V(P')dP' \tag{6.22}$$

で与えられる．

ただし，図 6.6 の上図にあるように，$v = v(p)$ は p の多価関数であることに注意が必要である．(6.22) 式にある積分は p-v 平面上の経路 A → B → C →

---

[10] より正確には単位粒子あたりのギブスの自由エネルギー $G(T, P, N)/N$，つまり化学ポテンシャルを考えている．以下の議論でも同様である．

D → E → F → G に沿った線積分と解釈すべきである．経路 A → B → C の部分では積分は普通に実行できて，曲線 ABC と $V = 0$ の直線で上下から挟まれた部分の面積を与える．それに対し，経路 C → D → E の部分では，圧力の値は経路に沿って減少する（$dp' < 0$）ので，この区間での積分は負の値を与える．この部分の積分への寄与は曲線 CDE と $V = 0$ の直線で上下から挟まれた部分の面積 $\times (-1)$ である．そのため，経路 A → B → C → D → E の部分の積分の値は曲線 ABCDE で囲まれたものとなる．さらに，経路 E → F → G の部分の寄与は曲線 EFG と $V = 0$ の線で囲まれる部分の面積で与えられる．このような向きと符号を考慮した積分を実行することによって得られた経路の任意の点におけるギブスの自由エネルギー $G(P)$ を，規格化した変数 (p, v) の関数として図 6.6 の下図に示す．たとえば，点 A と点 E では同じ p であるが積分値は曲線 ABCDE に囲まれた面積分だけ値が異なる．

　この図では経路 A → B → C の部分は傾きが正で急な曲線で表される．傾きの大きさは，$\left(\frac{\partial G}{\partial P}\right)_{T,N} = V$ より，体積を表し，急な傾きはこの部分が体積が大きい気相であることを表している．また，この部分ではギブスの自由エネルギーが上に凸な関数になっており，熱力学的に安定であることも示している．

$$\frac{\partial^2 G}{\partial P^2} = \left(\frac{\partial G}{\partial P}\right)_{T,N} < 0 \tag{6.23}$$

経路 C → D → E の部分では P は負の向きに進む．この部分ではギブスの自由エネルギーが下に凸な関数になっており，熱力学的に不安定であることも示している．そして，点 E に達した後は再び正の方向に進む．この部分は液相における系のギブスの自由エネルギーの変化の様子を表している．

　各 P に対して，$G(P)$ が最小値をとる状態が熱平衡状態である．図 6.6 を見ると，例えば $P = 0.8 P_\mathrm{c}$ に対しては，$G(P)$ は 3 つの異なる値をとり得るが，一番小さな値をとるのは AB 曲線上の点である．このことから，AB 曲線上の状態が熱平衡状態であることが結論される．よって，$T = 0.95 T_\mathrm{c}$ かつ $P = 0.8 P_\mathrm{c}$ のとき，この系は気相にあることになる．逆に，$P = 0.85 P_\mathrm{c}$ のときには FG 上の点の方が小さな値をとるので，液相の方が熱平衡状態になる．

　図 6.6 の下図を見ると，$G(P)$ の最小値を与える部分が，上図の B, D, F の 3 点を通って垂直に下した直線を境にして，AB 曲線から FG 曲線に入れ替わることがわかり，この交点で気相・液相の相転移が起こる．つまり，相転移点は

§6.6 【応用】 ヘルムホルツの自由エネルギーを用いた気相・液相相転移の記述

気相と液相のギブスの自由エネルギーが等しくなる点で与えられる．図 6.6 の下図では，$P = P^*$ での交点が相転移点であり，P^* がそのときの圧力となる．

マクスウェルの面積則

相転移点では，上述のようにその定義より，気相を表す $G = G(P)$ 曲線 (A–C) と液相を表す $G = G(P)$ 曲線 (E–G) とが交差する．つまり，この点で両者が一致する．そのためには (6.22) において，図 6.6 の上図における曲線 BCDEF に沿った積分の寄与は相殺されることになる．このことから，

$$\int_{B \to C \to D} V(P) dP + \int_{D \to E \to F} V(P) dP = 0$$
$$\iff \int_{P_B}^{P_C} V(P) dP - \int_{P_D}^{P_C} V(P) dP = \int_{P_E}^{P_D} V(P) dP - \int_{P_E}^{P_F} V(P) dP$$

でなくてはならない．この等式は，図 6.6 の上図に示したように，垂直線 BF の左右の2つの斜線部分の面積が，互いに等しいことを意味している[11]．つまり，$T < T_c$ の等温曲線の上の転移点 B, F の位置は，この図のように，「垂直線 BF と等温曲線 $V = V(P)$ とで囲まれた左右の2つの領域の面積は互いに等しい」という条件によって定めることができることになる．これを**マクスウェルの面積則**とよぶ．

§6.6 ヘルムホルツの自由エネルギーを用いた気相・液相相転移の記述

6.5 節では，ギブスの自由エネルギーを用いて気相・液相相転移の様子を議論したが，ここでは，ヘルムホルツの自由エネルギーを用いて議論することにする．ヘルムホルツの自由エネルギーは，一般には T, V, N の関数であるが，6.5 節と同様に，ここでも粒子数 $N =$ 一定の場合を考え，数式において N 依存性は書かないことにする．また，ファンデルワールスの状態方程式 (6.12) が与える等温曲線に沿ってヘルムホルツの自由エネルギー F の値の変化を議論するので，変数は V だけと思ってもよい．そこで，$F = F(V)$ と記すことにする．

等温での圧力 P は，体積 V の関数として

---

[11] 図 6.6 では，規格化された変数 p, v を用いて図示している．

第6章 相転移

$$P(V) = -\left(\frac{\partial F}{\partial V}\right)_{T,N} \tag{6.24}$$

で与えられるので，ある状態 (T, V_0, N) でのヘルムホルツの自由エネルギーの値を $F(V_0)$ とすると，ヘルムホルツの自由エネルギーの体積依存性は

$$F(V, T, V) = F(V_0, T, N) + \int_{V_0}^{V} \left(\frac{\partial F}{\partial V}\right)_{T,N} dV \tag{6.25}$$
$$= F(V_0, T, N) - \int_{V_0}^{V} P(V') dV'$$

で与えられる．ファンデルワールスの状態方程式 (6.12) で与えられる

$$P(V) = \frac{Nk_\mathrm{B} T}{V - bN} - a\left(\frac{N}{V}\right)^2 \tag{6.26}$$

を用いると

$$F(V, T, N) = F(V_0, T, N) - Nk_\mathrm{B} T \ln\left(\frac{V - bN}{V_0 - bN}\right) + a\left(\frac{N^2}{V} - \frac{N^2}{V_0}\right) \tag{6.27}$$

となる．規格化された変数 (p, v) を用いると

$$f(t, v, N) = P_\mathrm{c} V_\mathrm{c} \times F(V, T, N)$$
$$= f(t, v, N) - \left(\frac{8t}{3} \ln \frac{3v - 1}{3v_0 - 1} + 3a\left(\frac{1}{v} - \frac{1}{v_0}\right)\right) \tag{6.28}$$

となる．温度 $T = 0.95 T_\mathrm{c}$ での等温曲線 $p = p(V)$ および，それに対応する $f(t, v, N)$ を図 6.7 に示す．

式 (6.24) より，$F = F(V)$ の接線の傾きは $-P$ に等しい．$F(V)$ が下に凸である領域は

$$\left(\frac{\partial P}{\partial V}\right)_T = -\left(\frac{\partial^2 F}{\partial V^2}\right)_T < 0 \tag{6.29}$$

である．このときは，例えば外圧を上げて系の体積を減少させると，系の圧力が増して体積減少に抗するので，系は熱力学的に安定である．

しかし，低温 $T < T_\mathrm{c}$ では，熱力学的に不安定な $\left(\frac{\partial^2 F}{\partial V^2}\right)_T < 0$，つまりヘルムホルツの自由エネルギーが上に凸の部分が現れる．そのため，図のように関数にへこんだ部分が現れ，共通接線が引ける．

§6.6 【応用】 ヘルムホルツの自由エネルギーを用いた気相・液相相転移の記述

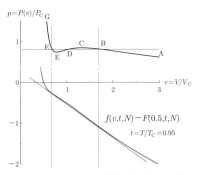

図 6.7 $t=0.95$ でのファンデルワールスの状態方程式から得られる等温線 $p=p(v)$ とヘルムホルツの自由エネルギー $f(t,v,N)$. $f(t,v,N)$ での共通接線は 2 相共存状態を表す. 両接点は上図の B 点と F 点に対応する位置にある(垂直な 2 つの破線と $f(t,v,N)$ 曲線との交点). この内側の区間 B–F は熱力学的に不安定な状態である.

この共通接線の接点は以下に説明するように B 点, F 点に一致する. この図の B 点, F 点の左右両外側では, 曲線は下に凸であり (6.29) の不等式が成り立つので, 熱力学的に安定であり, 熱平衡状態となる.

それに対し, 接点の間の等温線部分 BCDEF には下に凸の部分と上に凸な部分がある. 上に凸な部分は熱力学的に不安定であり熱平衡状態ではないことは明らかであるが, 下に凸な部分も, 真の熱平衡状態ではない. この部分では, 以下に示すように系が単一の状態をとるよりも, 気相と液相の部分にマクロに分離した状態 (2 相共存状態) の方が小さな自由エネルギーをとることができるからである.

2 相共存状態では両相は相平衡状態であるので, 4.5 節の (4.27) で与えたように, 両相の温度, 圧力, 化学ポテンシャルがいずれも互いに等しい. いまの場合, 等温曲線上で議論しているので, 温度の一致は常に成り立っている. また, (3.21) にあるように化学ポテンシャルは 1 粒子あたりのギブスの自由エネルギーに等しいので, 粒子数 N が一定であるとした場合には, 化学ポテンシャルの値が一致するという条件を, ギブスの自由エネルギーが一致するという条件に置き換えてもかまわない. 以上より, 気相・液相相転移は, 両相の圧力

$$P = -\left(\frac{\partial F}{\partial V}\right)_T \tag{6.30}$$

が等しく, かつ, ギブスの自由エネルギー

第6章 相転移

$$G = F + PV = F - \left(\frac{\partial F}{\partial V}\right)_T V \tag{6.31}$$

が等しい点で起こることが結論される.

すなわち,それぞれの点での体積の値 V_B,および,V_F は,2つの条件式

$$F(V_\mathrm{B}) - \left(\frac{\partial F}{\partial V}\right)_T\bigg|_{V=V_\mathrm{B}} V_\mathrm{B} = F(V_\mathrm{F}) - \left(\frac{\partial F}{\partial V}\right)_T\bigg|_{V=V_\mathrm{F}} V_\mathrm{F},$$

$$\left(\frac{\partial F}{\partial V}\right)_T\bigg|_{V=V_\mathrm{B}} = \left(\frac{\partial F}{\partial V}\right)_T\bigg|_{V=V_\mathrm{F}} \tag{6.32}$$

から定まることになる.これは,$F = F(V)$ を表す曲線に対して,共通接線を引くことに他ならない.その2つの接点の V の値がそれぞれ V_B と V_F を与える.圧力を接点での値 P^* をまたいで変化させると,体積は $P = P^*$ で V_B と V_F の間を不連続に変化する.つまり,相転移に伴う体積の不連続な変化の大きさは $V_\mathrm{B} - V_\mathrm{F}$ である.6.5節で説明した飽和気体状態は,B点,飽和液体状態はF点である.

系の体積が $V_\mathrm{F} \leq V \leq V_\mathrm{B}$ の領域に与えられたとしよう.この範囲では系は液相と気相に分離する.気体状態と液体状態との分離の割合を $x : 1-x$ とすると,x は(6.19)を満たす.このときのヘルムホルツの自由エネルギーは,共通接線上で2つの接点での値を $x : 1-x$ の比で按分した値

$$\begin{aligned}F_{\text{分離}}(V) &= xF(V_\mathrm{B}) + (1-x)F(V_\mathrm{F}) \\ &= \frac{1}{V_\mathrm{B} - V_\mathrm{F}}\left\{(V - V_\mathrm{B})F(V_\mathrm{B}) - (V + V_\mathrm{F})F(V_\mathrm{F})\right\}\end{aligned} \tag{6.33}$$

で与えられる.図6.7の下図にあるように,$F = F(V)$ はF点とB点に挟まれた区間の中で上に凸になるので,明らかに

$$F_{\text{分離}}(V) < F(V), \quad V_\mathrm{F} < V < V_\mathrm{B} \tag{6.34}$$

が成り立つ.このことから2相が分離し共存することで,均一な相にある状態よりも自由エネルギーが低くなり,これが熱平衡状態として実現されることがわかる.

真の熱平衡状態ではない場合でも,下に凸な部分は準安定状態となっているその限界が,C点,E点である.

上述の相転移も相分離は,熱力学的な安定性が破れた結果生じることを強調しておく.熱力学的な安定性

$$\left(\frac{\partial^2 F}{\partial V^2}\right)_T < 0 \tag{6.35}$$

が満たされているかぎり，$F = F(V)$ に対して共通接線は存在せず，相転移も相分離も起こらない．

§6.7　1次相転移と2次相転移

　気相・液相相転移で見られたように，相転移に伴い，自由エネルギーを示強性の変数で一回微分した量，たとえば体積や内部エネルギーなどが不連続に変化する場合，その相転移は **1次相転移** であるという．通常の気相液相相転移はこの場合にあたる．実際，図6.5で説明したように，温度を臨界点以下（$(T < T_c)$）に固定して，圧力を変化させると，P が2相共存線（図6.5の破線）のところで体積が不連続に（$T = 0.95 T_c$ の場合，点Fから点Bに）変化した．

　しかし，温度を臨界温度に固定した上で（$T = T_c$），圧力を変化させると，V 自身は連続であるが，その P による微分は $P = P_c$ で発散する（章末問題参照）．

$$\left(\frac{\partial V}{\partial P}\right)_{T=T_c} = \infty \tag{6.36}$$

このように，自由エネルギーを示強性の変数である P で一回微分した量 V は連続であるが，その量をさらにもう一回 P で微分した量に発散や飛びなどの特異性が現れる場合，その相転移は **2次相転移** であるという[12]．2次相転移の例としては，上で説明した臨界点での気相液相相転移の他，磁石（磁性体）が示す **磁気相転移** がある．強磁性体である鉄などは高温では磁性をもたないが，温度を下げるとある温度以下で磁化が発生して磁石になる．磁化は自由エネルギーを磁場で一回微分した量である[13]．

---

[12] 温度が臨界温度 T_c より高ければ，$V = V(P)$ は何回でも微分できる解析関数であり，特異的な振舞いを示すことはない．

[13] 磁場 H と磁化 M も熱力学的な変数とすると，内部エネルギーの変化は

$$dU(S, V, N, M) = TdS - PdV + \mu dN + HdM \tag{6.37}$$

で与えられる．これより，ヘルムホルツの自由エネルギーに対して

$$dF(T, V, N, H) = d(U - TS - MH)$$
$$= -SdT - PdV + \mu dN - MdH \tag{6.38}$$

第6章 相転移

$$M = -\left(\frac{\partial F}{\partial H}\right)_T \tag{6.39}$$

磁化の発生の様子は多くの場合連続的であり，その場合，相転移は2次相転移である[14]．

6.7.1 クラウジウス–クラペイロンの関係

図 6.2 に示したように，液相の水が凝固して氷（固相）になるときにも，沸騰して水蒸気（気相）になるときにも，単位質量あたりの体積が不連続的に変化する．また，これら凝固と沸騰とよばれる1次相転移は，系の内部エネルギーの値にも不連続性を伴う．そのため，1次相転移の結果，別の相に移るためには，この内部エネルギーの不連続分に相当する熱を系に与えるか，もしくは系から奪わなければならないことになる．この熱の出入りは，系の温度上昇には寄与しないことから，**潜熱**とよばれる．水が沸騰するときには系に熱を加えなければならないが，この潜熱を特に**沸騰熱**という．また氷が融解するときにも系に熱を加えなければならないが，この潜熱を特に**融解熱**という．（水が凝固して氷になるときには，逆に，この分の熱を外に放出することになる．）[15]

このように，1次相転移ではいろいろな熱力学量に不連続性が現れる．これらの不連続性と，相図での境界線との間には**クラウジウス–クラペイロンの関係**とよばれる興味深い関係がある．ここでは，潜熱 ΔQ と体積の不連続な飛びの大きさ ΔV を例にして説明することにする．

いま，ある物質がA相とB相という2つの相をもち，図6.8に示したような P-T 平面上の相図を考える．そこでの2相の境界線が $P = P_\mathrm{c}(T)$ で与えられたとする．

境界線上のある1点に着目する．この点は相転移点であり，$(T_\mathrm{c}, P_\mathrm{c})$ と記す

が導かれる．

[14] 磁性体でも不連続に磁化が発生する例はある．

[15] 鍋に水を入れて沸騰させている間は，外から熱を加えているのにもかかわらず温度は（1気圧の下）100℃に保たれる．これは，加えた熱が液相から気相への1次相転移を起こすための潜熱（沸騰熱）として使われてしまい，温度上昇には寄与しないためである．このおかげで，肉や野菜を調理することができるのである．また，清涼飲料を氷を入れたグラスに注いでおけば，氷がすべて融けてしまうまでは，グラスの中は0℃に保たれる．外気から流れ込んだ熱は，氷の融解熱として使われてしまい，温度上昇に寄与しないからである．我々は日常で，このように1次相転移の性質を上手に利用しているのである．

§6.7 【基本】1次相転移と2次相転移

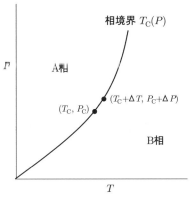

図 6.8 A, B 相の TP 相図

ことにする．この点では，A相とB相の間に相平衡が成り立っているので，2相A，Bの化学ポテンシャルが等しい．

$$\mu_A(T_c, P_c) = \mu_B(T_c, P_c) \tag{6.40}$$

次に，点 (T_c, P_c) から少し離れた相境界線上の別の点 $(T_c + dT_c, P_c + dP_c)$ を考える．ここで，(dT_c, dP_c) は相境界線に沿っての変位である．この点においても，A相とB相は相平衡にあるので，両相の化学ポテンシャルが等しい．つまり，

$$\mu_A(T_c + dT_c, P_c + dP_c) = \mu_B(T_c + dT_c, P_c + dP_c) \tag{6.41}$$

である．これを，微小変位 dT_c, dP_c について1次まで展開すれば，左辺は

$$\mu_A(T_c, P_c) + \left(\frac{\partial \mu_A}{\partial T}\right)_P dT_c + \left(\frac{\partial \mu_A}{\partial P}\right)_T dP_c \tag{6.42}$$

となる．同様にして，右辺は

$$\mu_B(T_c, P_c) + \left(\frac{\partial \mu_B}{\partial T}\right)_P dT_c + \left(\frac{\partial \mu_B}{\partial P}\right)_T dP_c \tag{6.43}$$

となる．これらを用いると (6.40) 式から，相境界の傾きに関して

$$\frac{dP_c}{dT_c} = \frac{\left(\frac{\partial \mu_A}{\partial T}\right)_P - \left(\frac{\partial \mu_B}{\partial T}\right)_P}{\left(\frac{\partial \mu_A}{\partial P}\right)_T - \left(\frac{\partial \mu_B}{\partial P}\right)_T} \tag{6.44}$$

の関係が得られる．ここで，3.2.1項で述べたギブス–デュエムの関係式

$$-SdT + VdP - Nd\mu = 0$$

より，A 相において

$$\left(\frac{\partial \mu_A}{\partial T}\right)_P = -\frac{S_A}{N_A} \quad \left(\frac{\partial \mu_A}{\partial P}\right)_T = \frac{V_A}{N_A}, \tag{6.45}$$

また B 相において同様の関係式が成り立つことから，

$$\left(\frac{\partial \mu_A}{\partial T}\right)_P - \left(\frac{\partial \mu_B}{\partial T}\right)_P = -\frac{S_A}{N_A} + \frac{S_B}{N_B},$$

$$\left(\frac{\partial \mu_A}{\partial P}\right)_T - \left(\frac{\partial \mu_B}{\partial P}\right)_T = \frac{V_A}{N_A} - \frac{V_B}{N_A} \tag{6.46}$$

という等式が導かれる．ここで，相境界線上の相転移点 (T_c, P_c) を横切って B 相から A 相への相転移に伴う 1 粒子あたりの体積の不連続な飛び ΔV と潜熱 ΔQ の値は，それぞれ，

$$\Delta V = \frac{V_A}{N_A} - \frac{V_B}{N_B}, \quad \Delta Q = T_c\left(\frac{S_A}{N_A} - \frac{S_B}{N_B}\right) \tag{6.47}$$

で与えられる．よって，相転移が一次転移であり $\Delta Q \neq 0$ であるときには，

$$\frac{dP_c}{dT_c} = \frac{\Delta Q}{T_c \Delta V} \tag{6.48}$$

という関係式が成り立つことになる．

　この関係式は，相図上の相境界の傾きの様子と相転移に伴う物理量の不連続変化の様子とを関係づけるものである．例えば，(6.48) 式において，$\Delta V > 0$ かつ $\Delta Q > 0$ であるならば，$dT_c/dP_c > 0$ であるので，P–T 相図において，相境界は右上がりであるが，もしも，$\Delta V < 0$ かつ $\Delta Q > 0$ であるならば，相境界は左上がりであることになる．いま，A 相として液相を考え，B 相として固相を考えることにする．このときは一般に，$\Delta Q > 0$ である．6.1 節で述べたように，多くの物質では，融解すると体積が増えるので $\Delta V > 0$ である．この場合，相境界は P–T 平面上の相図で右上がりになる．このとき，当然ながら，T–P 平面上の相図でも境界線は右上がりである．しかし，水の場合は図 6.2 に示したように融解すると体積が減るので $\Delta V < 0$ であり，相境界は P–T 平面上の相図でも，T–P 平面上の相図でも，左上がりになることになる．この事実は，以前に図 6.1 を用いて述べた通りである．

　(6.48) 式で，仮に $\Delta V = 0$ であるならば，P–T 相図で相境界の傾きは 0（P 軸に平行）であり，また，仮に $\Delta Q = 0$ であるならば，相境界の傾きは無限大（P 軸に垂直）であることになる．逆に言うと，もしも相境界の傾きが 0 でも無限大でもないならば，この式に現れるそれぞれの量の不連続性が必ずある．

6.7.2 応答関数

自由エネルギーを示強性変数 a で一回微分すると,a に共役な量 A が得られる.

$$A = -\frac{\partial F}{\partial a} \tag{6.49}$$

2 次相転移では,それをさらに示強性変数 b で微分した量

$$\chi_{ab} = -\frac{\partial^2 F}{\partial a \partial b} = \frac{\partial A}{\partial b} \tag{6.50}$$

に特異性が現れる.χ_{ab} は,変数 b を変化させたときの,物理量 A の応答を表すと見なすことができるため,**応答関数**とよばれる.例えば,等温圧縮率 κ_T は,温度一定の下での,圧力変化に対する体積の応答であり,

$$\kappa_T = -\frac{1}{V}\frac{\partial^2 G}{\partial P^2} = -\frac{1}{V}\left(\frac{\partial V}{\partial P}\right)_T, \tag{6.51}$$

熱膨張率 β は圧力一定の下での,温度変化に対する体積の応答である.

$$\beta = -\frac{1}{V}\frac{\partial^2 G}{\partial T \partial P} = -\frac{1}{V}\left(\frac{\partial V}{\partial T}\right)_P \tag{6.52}$$

また,定圧熱容量 C_P は圧力一定の下での,温度変化に対する内部エネルギーの応答であるといえる.

$$C_P = -\frac{1}{T}\frac{\partial^2 G}{\partial T^2} = \frac{1}{T}\left(\frac{\partial S}{\partial T}\right)_P \tag{6.53}$$

これらの応答関数が相転移に伴って不連続性を示したり発散したりする.

6.7.3　エーレンフェストの関係

6.7 節の冒頭で説明したように,2 次相転移の場合には,体積や内部エネルギーは連続的に変化するが,それらを示強性変数で微分した量である応答関数に発散や飛びの異常性が現れる.2 次相転移に伴う応答関数の相境界での特異性の関係を,クラウジウス–クラペイロンの関係を模して考えてみよう.

2 次相転移では ΔV も ΔQ も 0 であり,(6.48) はそのままでは使えない.しかし,関係式 (6.44) に対して**ロピタルの定理**[16] を適用することにより,計算

---

[16] ある開区間で微分可能な関数 $f(x)$ と $g(x)$ が,開区間内の点 c に対して

を進めることができる.まず,関係式 (6.44) で $P=P_\mathrm{c}$ としておいて,$T\to T_\mathrm{c}$ の極限を考える.すると,

$$\frac{dP_\mathrm{c}}{dT_\mathrm{c}}=\frac{\left(\frac{\partial S_\mathrm{A}}{\partial T}\right)_P-\left(\frac{\partial S_\mathrm{B}}{\partial T}\right)_P}{\left(\frac{\partial V_\mathrm{A}}{\partial T}\right)_P-\left(\frac{\partial V_\mathrm{B}}{\partial T}\right)_P}=\frac{\Delta C_P}{T_\mathrm{c}V\Delta\beta} \tag{6.55}$$

の関係が得られる(章末問題参照).次に,関係式 (6.44) で $T=T_\mathrm{c}$ としておいて,$P\to P_\mathrm{c}$ の極限をとる.すると,

$$\frac{dP_\mathrm{c}}{dT_\mathrm{c}}=\frac{\left(\frac{\partial S_\mathrm{A}}{\partial P}\right)_T-\left(\frac{\partial S_\mathrm{B}}{\partial P}\right)_T}{\left(\frac{\partial V_\mathrm{A}}{\partial P}\right)_T-\left(\frac{\partial V_\mathrm{B}}{\partial P}\right)_T}=\frac{\left(\frac{\partial V_\mathrm{A}}{\partial T}\right)_P-\left(\frac{\partial V_\mathrm{B}}{\partial T}\right)_P}{\left(\frac{\partial V_\mathrm{A}}{\partial P}\right)_T-\left(\frac{\partial V_\mathrm{B}}{\partial P}\right)_T}=\frac{\Delta\beta}{\Delta\kappa_T} \tag{6.56}$$

が得られる(章末問題参照).これら2つの関係から

$$\frac{\Delta C_P}{T}=\frac{V(\Delta\beta)^2}{\Delta\kappa_T} \tag{6.57}$$

という関係式が得られる.このような関係式は,一般に,エーレンフェストの関係とよばれる.

§6.8 現象論的自由エネルギー

ギブスの自由エネルギー $G(T,P,N)$ を用いて系を記述する場合,体積 V は従属変数であり,独立変数である P に関する $G(T,P,N)$ の1次の導関数

$$V=\left(\frac{\partial G}{\partial P}\right)_{T,N} \tag{6.58}$$

として与えられる.これに対して,ヘルムホルツの自由エネルギー $F=F(T,V,N)$ では V が独立変数であり,圧力 P は

$$P=-\left(\frac{\partial F}{\partial V}\right)_{T,N} \tag{6.59}$$

$\lim_{x\to c}f(x)=0,\lim_{x\to c}g(x)=0$ となる場合

$$\lim_{x\to c}\frac{f(x)}{g(x)}=\lim_{x\to c}\frac{f'(x)}{g'(x)} \tag{6.54}$$

が成り立つ.ここで,$f'(x)=\frac{df}{dx},g'(x)=\frac{dg}{dx}$ である.

§6.8 【発展】 現象論的自由エネルギー

で与えられる．つまり，T と N を指定し，F を V のみの関数と見たとき，その接線の傾きが $-P$ となっている．

このように，ヘルムホルツの自由エネルギーを用いて系の熱平衡状態を議論する際には，P は従属変数になっているのであるが，ここでは，熱平衡状態において成り立つ熱力学関係式 (6.59) とは関係なく，圧力 P はある値に指定されているものと仮定することにする．さらに，T と N の値も指定されているものとして，V の関数

$$\mathcal{G}(V|T, P, N) = F(T, V, N) + PV \tag{6.60}$$

を考えることにする．

元来のギブスの自由エネルギーの独立変数である T, P, N の値をいずれも指定した上で，(6.60) を最小にする V の値を V_min と書くことにする．この値が元来のギブスの自由エネルギーの値となる．

$$\min_V \mathcal{G}(V|T, P, N) = \mathcal{G}(V_\mathrm{min}|T, P, N) = G(T, P, N) \tag{6.61}$$

ここで，定義 (6.60) で，

$$P = -\left(\frac{\partial F}{\partial V}\right)_{T,N}\bigg|_{V=V_\mathrm{min}}, \quad \left(\frac{\partial P}{\partial V}\right)_{T,N}\bigg|_{V=V_\mathrm{min}} < 0$$

であることに注意すると，

$$\frac{d\mathcal{G}(V|T, P, N)}{dV}\bigg|_{V=V_\mathrm{min}} = 0, \quad \frac{d^2\mathcal{G}(V|T, P, N)}{dV^2}\bigg|_{V=V_\mathrm{min}} > 0$$

が成り立つことになる．前者は熱力学関係式 (6.59) が $V = V_\mathrm{min}$ としたときに成り立つことを意味しており，後者は $V = V_\mathrm{min}$ とした状態が熱力学的に安定であることを示している．

このことから，(6.60) 式で $V = V_\mathrm{min}$ とおいたものは，熱平衡状態において，T, V, N を変数とするヘルムホルツの自由エネルギーから T, P, N を変数とするギブスの自由エネルギーに，ルジャンドル変換を行った結果と等しい，つまり，

$$\mathcal{G}(V_\mathrm{min}|T, P, N) = G(T, P, N) \tag{6.62}$$

であることが結論される．つまり，(6.60) 式によって定義した関数は，$V = V_\mathrm{min}$ としたときにだけ，熱平衡状態を指定する変数 T, P, N の関数である状態量（具体的にはギブスの自由エネルギー）になることになる．

しかしながら，以下では，熱平衡状態を指定する独立変数 T, P, N とは別のパラメータとして V という変数を考え，その関数として (6.60) という量を**現象論的自由エネルギー**として考えてみる．

ファンデルワールスの状態方程式に対して，この関数 $\mathcal{G}(V|T, P, N)$ を求めてみよう．$F(T, V, N)$ は (6.28) で与えられ，温度 $T = 0.95 T_c$ での値を V/V_c の関数として図 6.7 に示してある．いくつかの P の値に対して，$F(T, V, N) + PV$ で与えられる $\mathcal{G}(V|T, P, N)$ を図 6.9 にプロットした．

6.6 節で見たように，相転移点では $F = F(V)$ の共通接線をもつ安定な状態が共存する．この共通接線の傾きが P_c であるので $\mathcal{G}(V|T, P_c, N)$ は図 6.9 に示したように，2 つの最小値をもつ．このことは，熱力学的に安定な状態が 2 つあり，2 相共存状態が実現することを表している．また，相転移点近傍（点 C から点 E の間）では $\mathcal{G}(T, P, N|V)$ は最小値の他に，もう一つ極小値をもつ．極小値を与える状態は準安定状態を表しているものと解釈できる．十分高い圧力 $P = 1$（点 G 付近）では $\mathcal{G}(T, P, N|V)$ は液相を表す極小点を一つだけもち，十分低い圧力 $P = 0.7$（点 A 付近）では，$\mathcal{G}(T, P, N|V)$ は気相を表す極小点を一つだけもつ．

このように，$\mathcal{G}(V|T, P, N)$ はマクロな状態に対するポテンシャルのように振舞うので，相転移を変分原理に基づいて議論するうえで大変便利である．ただし，上述のように，変数 V は元来の熱平衡状態を表す独立変数である T, P, N に対して付加的に考えられたものであるので，その関数である $\mathcal{G}(V|T, P, N)$ を自由エネルギーとよぶことは正しくない．そこで我々は，この関数を現象論的自由エネルギーとよぶことにする．

§6.9　ギンツブルグ–ランダウの自由エネルギー

6.8 節で見たように，現象論的自由エネルギーの形がパラメータと共にどのように変化するかを調べることによって，相転移現象の仕組みを理解することができる．図 6.9 は，ファンデルワールスの状態方程式から現象論的自由エネルギーを算出したものを示したのであるが，具体的な状態方程式に依存することなく，現象論的自由エネルギーとして簡単な関数系を仮定することにより，より一般的に相転移現象を議論することが可能である．

§6.9 【発展】 ギンツブルグ–ランダウの自由エネルギー

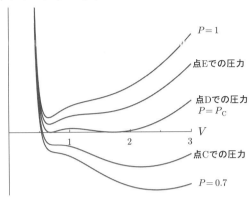

$$G(P, T, N \mid V) = F(V) + PV$$

図 6.9 ファンデルワールスの状態方程式に対する現象論的自由エネルギーの様子 $\mathcal{G}(V|T,P,N)$, $t = T/T_c = 0.95$. 図 6.7 に PV を加えたもの.

ランダウ[17]は低次の多項式からなる現象論的自由エネルギーを用いて相転移の仕組みを一般的に論じている. そのため, 本節で説明するような形の現象論的自由エネルギーは, **ギンツブルグ–ランダウの自由エネルギー**とよばれる[18].

6.8 節で見た圧力 P の変化に伴う気相・液相相転移の様子を, 多項式で表されるギンツブルグ–ランダウの自由エネルギーを用いて再現してみよう. ある温度 T での気相と液相の 2 相共存状態の圧力を P_c, 体積の中心値を V_0 として, その周りで $\mathcal{G}(V|T,P,N)$ を P と V に関してテイラー展開したとする. その上で, 次式の 3 つの項だけを考えることにする.

$$\mathcal{G}_{\mathrm{GL}}(V|T,P,N) = a(V - V_0)^2 + b(V - V_0)^4 + (P - P_c)(V - V_0) \quad (6.63)$$

ここで, a, b は T と N に依存するが V と P には依存しないので, ここでは定数係数として扱うことにする. 6.8 節で詳しく調べたファンデルワールスの状態方程式から導いた現象論的自由エネルギー $\mathcal{G}(V|T,P,N)$ の圧力 P に依存

---

[17] ロシアの物理学者ランダウ (Lev Davidovich Landau, 1908–1968) は, 凝縮系（特に液体ヘリウム）に関する彼の先駆的な理論に対して 1962 年にノーベル物理学賞を受賞している.

[18] ロシアの物理学者ギンツブルグ (Vitaly Lazarevich Ginzburg, 1916–2009) は, 6.9 節で説明するランダウの相転移の理論を発展させ, 超伝導に対する基礎理論（ギンツブルグ–ランダウ理論）を提唱した. その業績により, 2003 年にノーベル物理学賞を受賞している.

た変化の本質は，$a < 0$ かつ $b > 0$ とすれば捉えることができる．例として，$a = -1, b = 1$ としたときのギンツブルグ–ランダウのポテンシャルの形の P 依存性を図 6.10 に示した．

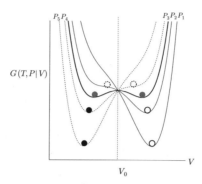

図 6.10 $\mathcal{G}_{GL}(V|T, P, N) = a(V - V_0)^2 + b(V - V_0)^4 + (P - P_c)(V - V_0)$ の P 依存性

圧力が十分に小さい場合（図の曲線 P_1）では，$\mathcal{G}_{GL}(V|T, P_1, N)$ は中心値 V_0 よりもずっと大きな体積 V に対して，単独の最小値をもつ．これは系が気相にあることを表し，$\mathcal{G}_{GL}$ の最小値を与える V の値は気相の体積を表す．圧力を大きくしていくと，最小値を与える体積（気相の体積）は小さくなっていき（図の曲線 P_2），圧力が P_c（図の曲線 P_3）に達すると，$\mathcal{G}_{GL}(V|T, P, N)$ は最小点を 2 つもつ左右対称な形になる．最小値を与える 2 つの V の値のうち，中心値 V_0 よりも大きな値は飽和気体の体積を表し，V_0 よりも小さな値は飽和液体の体積を表す．このとき，系は気相と液相の 2 相共存状態にある．さらに圧力をあげると，$\mathcal{G}_{GL}$ は V_0 よりも小さな体積 V の値に対して単独の最小値をもつようになり，このことは系が液相にあることを表す．しかし，$P_4 < P < P_c$ では V_0 よりも大きい V の値において極小点が見られ，これは，気相状態が準安定状態にあることを意味している．圧力が $P = P_4$ に達すると，この極小点はなくなる（準安定状態が不安定化する）．この点が気相から液相への相転移のスピノーダル点である．$P > P_4$ では，V_0 よりもずっと小さな体積（これが液相の体積を与える）で，単独の最小値をもつ．また逆に，臨界値 P_c から圧力を上げていくと，$P_c < P < P_2$ の間は V_0 よりも小さな V の値において極小点があり，液相が準安定状態にあることがわかる．$P = P_2$ が液相から気相への転移のスピノーダル点である．

§6.11 【発展】 2次相転移の現象論的自由エネルギーと臨界指数

ファンデルワールスの状態方程式から導いた現象論的な自由エネルギーに比べて，多項式 (6.63) はずっと簡単な関数であるが，その本質的な変化の様子は，ギンツブルグ–ランダウの多項式による自由エネルギーで十分に表現することができる．

§6.10 磁性体の相転移

これまで気相液相相転移を例にあげて相転移を説明してきたが，相転移の仕組みを見通しよく調べられる系として磁石（磁性体）の磁気相転移がある．磁石とは物質の名称ではなく，実は**スピン**とよばれる素粒子レベルでの磁気モーメント[19]が，互いにその向きを揃えようとする相互作用によって，系全体としてある向きに正味の磁気モーメントをもった**秩序状態（強磁性状態）**にあることを意味する．この状態はある温度 T_c 以下の低温でしか存在できない．$T > T_c$ になると，熱ゆらぎのためにスピンの向きがばらばらになった**無秩序状態（常磁性状態）**になり，このときは磁力は失われてしまう．例えば，金属の鉄は室温では磁石の状態である．普通の鉄は磁石ではないようにみえるが，実はスピンの向きが揃った小さな磁石（**磁区**）がいろいろな方向を向いた構造をしているのである．だからこそ，鉄は磁石に引き付けられるのである．それに対し，銅は常に常磁性状態にあり，磁石に引き付けられることはない．しかし，鉄も温度を $T_c = 800$ K 以上にすると常磁性状態となる．この**強磁性・常磁性相転移**は多くの場合 2 次相転移である．これに関して詳細な研究が進められているが，ここではギンツブルグ–ランダウの自由エネルギーを用いてその性質を説明する．

§6.11 2 次相転移の現象論的自由エネルギーと臨界指数

磁性体の磁気相転移では，磁石になっている度合い，つまり，どれだけのスピンの向きが揃っているかを表す物理量として，単位体積あたりの磁化 M を考える．このように，秩序の度合いを表す量を**秩序変数**という．一般に 2 次相

---

[19] 電子 1 個あたりの磁気モーメントの大きさは，$1\mu_B = 9.274 \times 10^{28}$ J T^{-1} で与えられる．これを**ボーア磁子**という．

転移を起こす系のギンツブルグ–ランダウの自由エネルギーは以下の形をとる.

相転移を起こす臨界温度を T_c とし, a_0, b, c を正の定数として,

$$\mathcal{G}_{\mathrm{GL}}(M|T,H) = a_0(T-T_c)M^2 + bM^4 - HM \qquad (6.64)$$

とする. ここで, H は秩序変数に共役な示強性変数であり, 磁石の場合は磁場である. 強磁性相転移は $H=0$ のとき起こるので, まずは, $H=0$ として考えることにする. $\mathcal{G}_{\mathrm{GL}}(M|T,H)$ は温度 T によって以下の3つの特徴的な形をとる.

(i) $T > T_c$ の場合, $\mathcal{G}_{\mathrm{GL}}(M|T,0)$ は図 6.11 に示したように $M=0$ で最小値をとる. つまり, 熱平衡状態において磁化は0である. このとき系は, **常磁性相**にあるという.

(ii) $T < T_c$ の場合, $\mathcal{G}_{\mathrm{GL}}(M|T,0)$ は図 6.11 に示したように, $M = \pm M_s \neq 0$ で最小値をとる. $H=0$ の場合, $M = M_s$ の状態と $M = -M_s$ の状態はどちらも同じ程度に秩序化している状態であり, 自由エネルギーは全く同じ値をとる. これは磁性体が磁化の正負に関して対称であることの帰結である. しかし, 実際に磁化 (秩序化) が起こった際には, どちらかの符号が選ばれることになる. この選択は**自発的対称性の破れ**とよばれる. また, このように, 磁場 H が0であるにもかかわらず磁化が現れる現象は, **自発磁化の出現**といわれる. マクロな系が $\pm M_s$ のいずれかの値である自発磁化をもった状態にあるとき, 系は強磁性相にあるという.

(iii) $T = T_c$ の場合, $\mathcal{G}_{\mathrm{GL}}(M|T,0)$ は図 6.11 に示したように, $M=0$ の付近で平らな形となる. この点が相転移点である. このときも, $\mathcal{G}_{\mathrm{GL}}(M|T,0)$ は $M=0$ のとき最小値をとるので, 磁化は0である.

次に, 数式を用いて, より詳しく調べてみることにする. $\mathcal{G}_{\mathrm{GL}}(M|T,H)$ の値を最小とする M の値を $M_{\min}$ と書くことにすると, $M_{\min}$ は

$$\left(\frac{\partial \mathcal{G}_{\mathrm{GL}}(M|T,H)}{\partial M}\right)_{T,H} = 2a_0(T-T_c)M + 4bM^3 - H = 0 \qquad (6.65)$$

$$\left(\frac{\partial^2 \mathcal{G}_{\mathrm{GL}}(M|T,H)}{\partial M^2}\right)_{T,H} = 2a_0(T-T_c) + 12bM^2 > 0 \qquad (6.66)$$

§6.11 【発展】 2次相転移の現象論的自由エネルギーと臨界指数

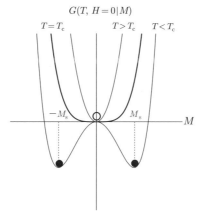

図 **6.11** 強磁性相転移の現象論的自由エネルギー

を満たすものとして定まる.

(i') $H=0$ かつ $T>T_c$ の場合, (6.65) 式と (6.66) 式を満たすのは $M=0$ だけである.

(ii') $H=0$ かつ $T<T_c$ の場合, (6.65) 式は M の 3 次方程式であり, 3 つの実数解

$$M = 0, \quad M_s, \quad -M_s$$

をもつ. このうち, $M=0$ の解は (6.66) の不等式を満たさない. M_s の温度依存性は

$$M_s(T) = \sqrt{\frac{a_0(T_c - T)}{2b}} \propto (T_c - T)^\beta, \quad \beta = \frac{1}{2} \tag{6.67}$$

で与えられる. このように熱力学的に安定な M は連続ではあるが, $T=T_c$ で特異な変化をする.

(iii') $H=0$ かつ $T=T_c$ の場合, 等式 (6.65) を満たすのは $M=0$ だけである. ただし, この解は不等式 (6.66) を満たさず,

$$\left(\frac{\partial^2 \mathcal{G}_{\mathrm{GL}}(M|T_c, 0)}{\partial M^2}\right)_{T,H} = 0$$

が成り立つ.

第6章 相転移

以上をまとめると，$H=0$ のとき

$$M_{\min} = M_{\min}(T) = \begin{cases} 0, & T \geq T_{\mathrm{c}} \\ \pm M_{\mathrm{s}}(T), & T < T_{\mathrm{c}} \end{cases} \quad (6.68)$$

となる．

自発磁化の出現

(6.67) より，低温側 $T < T_{\mathrm{c}}$ から $T \to T_{\mathrm{c}}$ の極限をとると $M_s \to 0$ となることから，$M_{\min}(T)$ は臨界温度 $T = T_{\mathrm{c}}$ においても連続であることがわかる．よって，この相転移は2次相転移である．しかし，$M_{\min}(T)$ を T の関数として見たとき，(6.68) 式より，$T \geq T_{\mathrm{c}}$ では恒等的に定数 $(= 0)$ であったのに，$T < T_{\mathrm{c}}$ では T に依存して値を変えることから，$M_{\min}$ は $T > 0$ の関数として**解析的**ではないことが結論される．一般に，温度 $T > 0$ の関数 $f = f(T)$ が解析的であるときには，任意の温度 $T_0 > 0$ の周りでテイラー展開できる．つまり，T_0 の値に近い T に対しては，$f(T)$ を $T - T_0$ のべき級数

$$f(T) = f(T_0) + \sum_{n=1}^{\infty} c_n (T - T_0)^n \quad (6.69)$$

で表すことができ，べき級数の係数は，$f(T)$ の $T = T_0$ での微分係数を用いて

$$c_n = \frac{1}{n!} \left. \frac{d^n f(T)}{dT^n} \right|_{T=T_0}, \quad n = 1, 2, 3 \ldots, \quad (6.70)$$

で与えられる．ところが，(6.67) で与えられた $M_{\mathrm{s}}(T)$ は $T \leq T_{\mathrm{c}}$ では $T_{\mathrm{c}} - T$ の $\beta(=1/2)$ 乗で与えられている．したがって，$M(T)$ は $T_0 = T_{\mathrm{c}}$ の周りでテイラー展開できないのである[20]．このような場合，$M_{\mathrm{s}}(T)$ は $T = T_{\mathrm{c}}$ に**特異点**をもつという．このように，2次相転移点（臨界温度）は関数の特異点として表現されるのである．また，この特異性を表す指数 β は**自発磁化の臨界指数**とよばれる．

帯磁率の発散

磁化 M の H に対する導関数の $H = 0$ における値

---

[20] 実際，$f(T) = M_{\mathrm{s}}(T)$, $T_0 = T_{\mathrm{c}}$ として (6.70) に従ってテイラー展開の係数を計算すると，すべての $n = 1, 2, 3, \ldots$ に対して $c_n = \infty$ となってしまう．

§6.11 【発展】2次相転移の現象論的自由エネルギーと臨界指数

$$\chi = \left(\frac{\partial M}{\partial H}\right)_{T,H}\bigg|_{H=0} \tag{6.71}$$

は，微小な磁場を印加することで，磁化がどれだけ誘起されるかを表す物理量であり，**零磁場帯磁率**（あるいは単に**帯磁率**）とよばれる．(6.65) 式より，$T > T_{\rm c}$ では

$$\chi = \frac{1}{2a_0(T - T_{\rm c})} \tag{6.72}$$

で与えられる．$T < T_{\rm c}$ では $H = 0$ としても自発磁化があることに注意して計算すると，

$$\chi = \frac{1}{4a_0(T_{\rm c} - T)} \tag{6.73}$$

となる．つまり，帯磁率は臨界温度で発散することがわかる（章末問題参照）．このことは，磁化 M を磁場 H の関数として見たときには，$T \neq T_{\rm c}$ のときには解析的であるが，$T = T_{\rm c}$ では $H = 0$ が特異点になっていることを意味する．

$$\chi \propto |T - T_{\rm c}|^{-\gamma} \tag{6.74}$$

としたときの指数 γ もまた，熱力学関数の臨界温度 $T = T_{\rm c}$ での特異性を表す指数であるが，これは**帯磁率の臨界指数**とよばれる．今の場合 $\gamma = 1$ である．$M_{\rm s}$ と χ の $T = T_{\rm c}$ 付近での振る舞いを図 6.12 に示した．

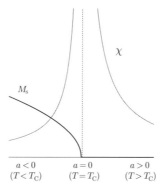

図 **6.12** 強磁性の自発磁化の出現と帯磁率の発散

熱容量の異常

ギンツブルグ–ランダウの自由エネルギー (6.64) の変数 M に，(6.68) 式で与えられる $M_{\rm min}$ を代入すると，(6.62) 式と同様に，ギブスの自由エネルギー

が与えられることになる．

$$\mathcal{G}(M_{\min}|T,H) = G(T,H) \tag{6.75}$$

実際に代入して計算すると，

$$G(T,H) = \begin{cases} 0, & T \geq T_{\rm c} \\ -\dfrac{a_0^2(T-T_{\rm c})^2}{4b} \pm H\sqrt{\dfrac{a_0(T_{\rm c}-T)}{2b}}, & T < T_{\rm c} \end{cases} \tag{6.76}$$

と求まる．これから，**零磁場比熱**を

$$C = T\left(\frac{\partial S}{\partial T}\right)_{H=0} = -T\left(\frac{\partial^2 G}{\partial T^2}\right)_{H=0}$$

に従って計算すると，

$$C = \begin{cases} 0, & T \geq T_{\rm c} \\ \dfrac{a_0^2 T}{2b}, & T < T_{\rm c} \end{cases} \tag{6.77}$$

と求められる．つまり，$T = T_{\rm c}$ で不連続である．一般に臨界点での熱容量の特異性は

$$C \propto |T-T_{\rm c}|^{-\alpha} \tag{6.78}$$

というように，**比熱の臨界指数**とよばれる指数 α を用いて表される．発散はないが不連続性があるという上の結果 (6.77) は，$\alpha = 0$ として表すことにする．

磁化過程

ここまで $H=0$ の場合を考えてきたが，H と共に磁化 M がどのように振る舞うかを調べておこう．$H \neq 0$ の時の磁化過程は

$$\left(\frac{\partial \mathcal{G}(M_{\min}|T,H)}{\partial M}\right) = 0 \rightarrow H = 2a_0(T-T_{\rm c})M + 4bM^3 + 6cM^5 \tag{6.79}$$

で与えられる．これを $T > T_{\rm c}$, $T = T_{\rm c}$, $T < T_{\rm c}$ の場合に図示したものを図 6.13 に示す．この様子をギンツブルグ–ランダウの自由エネルギー (6.64) を用いて理解することができる．常磁性相 ($T > T_{\rm c}$) ではギンツブルグ–ランダウの自由エネルギー (6.64) は，$H > 0$ の場合でも一つだけ最小点をもつ．$H = 0$ のときは，この最小点は $M = 0$ であったが，$H > 0$ のときにはその値は 0 から移動して正値となる．H が小さいとき，この移動は $M = \chi H$ で与えられ

§6.11 【発展】 2次相転移の現象論的自由エネルギーと臨界指数

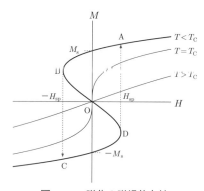

図6.13　磁化の磁場依存性

る．それに対し，強磁性相 ($T < T_c$) では二つの最低点をもち，$H > 0$ の場合には正の磁化を与える極小点が最小点となり，負の磁化を与える点は，極小ではあるが最小ではない状態（準安定状態）となる．磁場が $-H_{sp} < H < H_{sp}$ の範囲で与えられた H に対して3つの M が現れるが，dM/dH が正となる状態が熱力学的に安定な状態であり，それぞれ正，負の極小点を与える磁化を表している．中間の dM/dH が負となる状態は熱力学的に不安定な状態，つまり極大点を与える磁化を表している．準安定状態がなくなる点（スピノーダル点）$H = \pm H_{sp}$ で磁化は不連続に安定状態へ移行する．そのため，$T < T_c$ で磁場を $H > H_{sp}$ から $H < -H_{sp}$ に掃引し，さらに $H > H_{sp}$ へ戻すと磁化は図6.13のABCDで示されたループを描く．この現象は**ヒステリシス現象**とよばれる．また，H_{sp} の値は磁石の**保磁力**とよばれる．強い磁石とは大きな H_{sp} の値をもつ磁石のことなのである[21]．

ちなみに $T = T_c$ では $a_0(T - T_c) = 0$ であり，$H \simeq 4bM^3$ となる．そのため $H = 0$ で $M \propto H^{1/\delta}(\delta = 3)$ となる．この δ も臨界指数の1つである．

ここで考察した M と H の関係は，気相・液相相転移に関して (6.64) 式で与えたギンツブルグ–ランダウの自由エネルギー (6.63) 式で $M = V - V_0$，$H = -(P - P_c)$ とおいたものと本質的に等しい．

---

[21] このヒステリシスを表すループの面積は磁場の掃引によってなされた仕事に等しく，それによって増加した内部エネルギーは実際には熱の発生として外部に放出される．そのため，変圧器などに用いられる鉄心はなるべく小さな H_{sp} をもつものを選び，エネルギー損失を避けるように工夫されている．

6.11.1 対称性がある場合の一次相転移

前節では外場の変化による一次相転移を調べたが，ここでは，$M \to -M$ の変換に対する不変をもつ系が，零磁場において，温度変化に伴って起こす1次相転移の様子を調べておこう．そのためには，ギンツブルグ–ランダウの自由エネルギーを M の6次まで考える．

$$\mathcal{G}_{\rm GL}(M|T,0) = aM^2 + bM^4 + cM^6 \tag{6.80}$$

ここで，a,b,c は一般には T の関数であるが，M には依存しない．以下では，$b = b(T)$ の温度変化に伴った自由エネルギーの振る舞いの変化を調べることにする．係数 a と c は正の定数として固定する．

温度が高い場合，$b \geq 0$ あるいは $b < 0$ ではあるが $|b|$ は小さいものとする．このとき，図 6.14 に曲線 b_1 として示したように，関数 (6.80) は $M = 0$ に単独の最小点をもつ．それに対し，温度が低い場合には，b は負でその絶対値が大きくなるものとする．b がある負の値 $b = b_3 = -2\sqrt{ac} < 0$ をとるとき，図 6.14 において曲線 b_3 として示したように，$\mathcal{G}_{\rm GL}(M|T,0)$ は $M = 0$ と $\pm M_{\rm s}$ において，同じ値をとる3つの極小点をもつ（章末問題参照）．つまり，このとき $M = 0$ と $\pm M_{\rm s} = \pm 2a/|b|$ の3つの状態が，全く同じ自由エネルギーの値をもち共存する．このときの温度が1次相転移の臨界温度である．

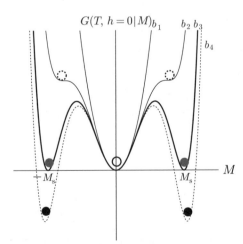

図 6.14　$\mathcal{G}(M|T,0) = aM^2 + bM^4 + cM^6$ の b 依存性．

これよりも温度を下げると，$b < 0$ の絶対値 $|b|$ はさらに大きくなり，図 6.14

§6.11 【発展】 2次相転移の現象論的自由エネルギーと臨界指数

に曲線 b_4 として示したように $\pm M_\mathrm{s}$ が熱平衡状態となる.ただし,図の曲線 b_4 においては $M=0$ の位置に極小点が残っており,この状態が準安定であることを示している.この状態から温度を上げると,図 6.14 の曲線 b_2 で $M \neq 0$ の点が不安定化する.$b = b_2 = \sqrt{3ac}$(章末問題参照)となる温度が $M \neq 0 \to M = 0$ の転移のスピノーダル点である.

(6.80) 式の係数 a を正に固定した場合は,この準安定状態は必ず存在することになる.しかし,さらに系の温度を下げると,この係数 a の値が減少し,ある温度で負に転ずるとすると,そのときには $M = 0$ での極小点はなくなる.つまり,この温度で $M = 0$ の状態は不安定化することになり,これが $M = 0 \to M \neq 0$ の転移のスピノーダル点であることになる.(図 6.14 には示していない.)

第6章 相転移

■章末コラム　3重臨界点

　本文で見たように，ギンツブルグ-ランダウの自由エネルギー (6.80) は，パラメータ a, b によって（c は正に固定），秩序変数に関するいろいろなポテンシャルを与え，秩序状態の間の1次相転移，2次相転移を記述した．6.11節でみたように，2次相転移は b が正の範囲で，a の符号が変わる点であった．そのとき，ポテンシャルは図6.11に示すように，下に凸な1つの最小点をもつ形から2つの極小点をもつ形に変化した．1次相転移は6.11.1項でみたように，a が正の範囲で b の値によってポテンシャルの形が図6.14に示すように形を変えた．この様子を図6.15に示す．

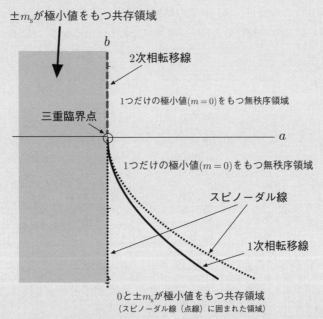

図 **6.15** ギンツブルグ-ランダウの自由エネルギーの係数 $a, b, (c = 1)$ での相図

　ちょうど1次相転移，2次相転移の境目は **3重臨界点** とよばれる．この点は，秩序変数として M だけではなく，ある他の秩序変数を考えたとき，3つの相が共存している点になっていると見なすことができるので，そのようによばれる．そのような点はちょうど1次相転移，2次相転移の境目の点になっている．

―――――――――――― 第 6 章　章末問題 ――――――――――――

問題 1　ファンデルワールスの状態方程式における 3 つの臨界値 (6.14) を導出せよ.

問題 2　次の関係式を導くことにより, (6.36) となることを証明せよ.
$$V - V_c \propto (P - P_c)^{1/3} \tag{6.81}$$

問題 3　転移点の下での帯磁率 (6.73) を求めよ.

問題 4　標準状態（1 気圧, 298.15K）でのアルゴン気体におけるファンデルワールス状態方程式による補正を調べよ.

問題 5　ファンデルワールスの状態方程式で与えられる気体のジュール・トムソン係数 (3.58) を求めよ. ただし, 定圧熱容量を C_P とする.

問題 6　ファンデルワールスの状態方程式で与えられる気体の定圧熱容量と定積熱容量の差 $C_P - C_V$ を求めよ.

問題 7　ファンデルワールスの状態方程式で与えられる気体の定積熱容量の C_V が温度だけの関数 (体積によらない) であることを示せ.

問題 8　関係式 (6.44) で $P = P_c$ として, $T \to T_c$ の極限を考えよ. ロピタルの定理を用いることにより, (6.55) を導け.

問題 9　関係式 (6.44) で $T = T_c$ として, $P \to P_c$ の極限を考えよ. ロピタルの定理を用いることにより, (6.56) を導け.

問題 10　ギンツブルグ–ランダウの自由エネルギーが
$$\mathcal{G}_{\mathrm{GL}}(M|T,0) = aM^2 + bM^4 + cM^6$$
で与えられる磁性体を考える. 1 次相転移点において係数 a, b, c の間で成り立つ条件式を求めよ. また, このときの磁化 M の値を求めよ.

第6章 相転移

問題 11 ギンツブルグ–ランダウの自由エネルギーが

$$\mathcal{G}_{\mathrm{GL}}(M|T,0) = aM^2 + bM^4 + cM^6$$

で与えられる磁性体を考える．スピノーダル点において係数 a, b, c の間で成り立つ条件式を求めよ．また，スピノーダル点での磁化 M の値を求めよ．

第7章 いろいろな熱現象

本章では，まず，現在も使われているいくつかの熱機関の原理をサイクル図を用いて紹介する．次に，エアコンの原理やフェーン現象とよばれる気象現象のからくりなど，我々が日常生活において遭遇する熱現象，さらに，物体の色に関する黒体輻射について説明する．

§7.1 熱機関

熱機関の草分けは，ニューコメンが鉱山の排水を行うために考案した蒸気機関であり，1712年に建造された．それは，図7.1に示したような装置で，おもりと，ボイラー A で発生させた高温の蒸気の液化による圧力変化を利用してピストンを上下させ，水を汲み上げる仕組みであった．

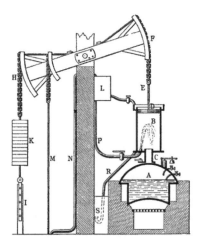

図7.1　ニューコメンの蒸気機関（出典：Meyers Konversationslexikon 1890）

この熱機関の実用化は，鉱山の作業に画期的な進展をもたらした．しかし，ニューコメンの蒸気機関のエネルギー効率は決して良いものではなかった．その後，ワットが復水蒸気機関などを開発し，次第に効率が良いものが開発され

ていった．この効率向上のための作業と考察の中から，第 2 章で説明したカルノー・サイクルによる最大仕事効率という概念が生まれたのである．

7.1.1 いろいろな熱機関

以下では，現在も用いられているいくつかの熱機関を紹介することにする．身近な熱機関であるエンジンのように，燃料をシリンダー内で燃焼させ，そこで発生した気体を作業物質とする機関を**内燃機関**という．この場合，燃焼により発生した熱そのものが，高熱源から得た熱と見なされる．代表的なものに，ガソリン・エンジン，ディーゼル・エンジン，ガスタービン（ジェットエンジン）などがある．それに対し，熱源が水などの**作業物質**を入れたシリンダーの外にあり，作業物質の温度を外部から制御して仕事をさせる機関を**外燃機関**という．代表的なものに，蒸気機関，蒸気タービン，スターリング・エンジンなどがある．

ガソリン・エンジン

ガソリン・エンジンは典型的な内燃機関である．ガソリン・エンジンの原理となっているサイクルは**オットー・サイクル**とよばれる．図 7.2(a) にサイクル図を示した．ガソリン・エンジンでは，ガソリン蒸気を吸い込んでから，(1) 断熱圧縮し (A → B)，そこでプラグ点火によってガソリンを爆発させる．(2) その結果，体積は変わらず圧力が上がる．その過程はサイクル図では等積加熱 B → C にあたる．(3) この高圧気体がピストンを押して仕事をする．これは，サイクル図の断熱膨張 C → D にあたる．(4) 最後に排気により，サイクル図の等積冷却 D → A で表したように，減圧が行われる．図 7.2(a) に示したサイクル図には，(0) ガソリン蒸気の吸入過程と，(5) 排気過程も付け加えてある．

オットー・サイクルの仕事効率を求めておこう．1 サイクルの間に，高熱源から吸収した熱量 ΔQ_1 と低熱源に放出した熱量 ΔQ_2 は，それぞれ

$$\Delta Q_1 = C_V (T_C - T_B), \quad \Delta Q_2 = C_V (T_D - T_A) \tag{7.1}$$

であるので，仕事効率は

$$\eta = 1 - \frac{T_D - T_A}{T_B - T_C} \tag{7.2}$$

で与えられる．作業物質を理想気体で近似して，比熱比を $\gamma = C_P/C_V$ とおくと，3.7.3 項で述べた断熱変化におけるポアソンの法則 (3.53) より

§7.1 【応用】 熱機関

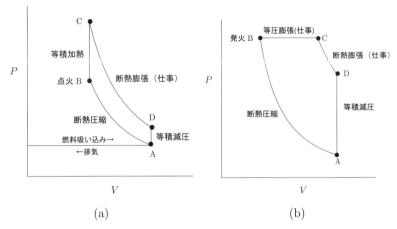

(a) (b)

図 7.2 (a) オットー・サイクル（ガソリン・エンジン）と，(b) ディーゼル・サイクル（ディーゼル・エンジン）

$$\frac{T_A}{T_B} = \left(\frac{V_A}{V_B}\right)^{1-\gamma}, \quad \frac{T_C}{T_D} = \left(\frac{V_C}{V_D}\right)^{1-\gamma} \tag{7.3}$$

が成り立ち，また，$V_A = V_D, V_B = V_C$ であるので，(7.2) 式は

$$\eta = 1 - \left(\frac{V_B}{V_A}\right)^{\gamma-1} \tag{7.4}$$

とも表せる．過程 (1) で，温度上昇のためガソリンがプラグ点火の前に自発的に燃え始めてしまう現象はノッキングとよばれる．これは仕事効率を下げてしまう．オクタン価とはこのノッキングの起こりにくさを示す数値であり，仕事効率を上げ車の性能を向上させるため，ハイオクタン・ガソリンが用いられる．

ディーゼル・エンジン

ガソリン・エンジンでは，ガソリン蒸気を吸い込んだ後に断熱圧縮させてから，プラグ点火をするのに対し，ディーゼル・エンジンでは，燃料を吸い込んだ後に，断熱圧縮させる過程で点火なしで燃料が自然発火することを利用する．そのため，プラグが不要となる．

ディーゼル・サイクルを図 7.2(b) に示した．(1) 断熱圧縮 A → B の結果，(2) ある圧力に達すると 燃料が自然に燃え出す．その間圧力は一定であり，サイクル図では等圧加熱膨張 B → C として表されている．(3) その高圧気体がピストンを押して仕事をする．これがサイクル図の断熱膨張 C → D である．

(4) 最後の排気による減圧過程が，サイクル図の等積冷却 D → A に対応する．

このサイクルの仕事効率は

$$\eta = 1 - \frac{1}{\gamma} \frac{\left(\frac{V_B}{V_A}\right)^\gamma - \left(\frac{V_C}{V_A}\right)^\gamma}{\left(\frac{V_B}{V_A}\right) - \left(\frac{V_C}{V_A}\right)} \qquad (7.5)$$

で与えられる（章末問題参照）．

ブレイトン・サイクル（ジュール・サイクル）

等圧燃焼の熱機関でディーゼル機関と似ているが，冷却過程（排気＋吸気）が等圧になっている点が異なる．ガスタービン機関とよばれる熱機関やジェットエンジンのしくみを与える．このタイプのサイクルは**ジュール・サイクル**ともよばれる．

このサイクルを，以下のように，図 7.3 に示した．(1) ガスタービン機関における燃料の圧縮過程は D → A で表されている．(2) 燃料の燃焼過程は 等圧加熱 A → B に相当する．(3) 断熱膨張 B → C は，燃料の燃焼で発生したガスがタービンに広がって仕事をする過程を表している．(4) 等圧冷却 C → D が大気中へのガスの排気とタービンの冷却，および吸気にあたる．

理想気体を用いて，このブレイトン・サイクルの効率を計算してみる．サイクル図の A, B, C, D 点での温度をそれぞれ，T_A, T_B, T_C, T_D とする．定圧

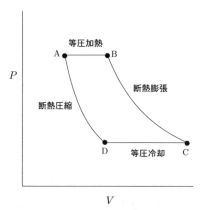

図 **7.3** ジュール（ブレイトン）・サイクル：**(1)** 断熱圧縮，**(2)** 等圧加熱，**(3)** 断熱膨張，**(4)** 等圧冷却

§7.1 【応用】 熱機関

比熱 C_P を用いると,A $\to$ B の間に系が得る熱量は

$$\Delta Q_1 = C_P(T_\mathrm{B} - T_\mathrm{A}) \tag{7.6}$$

C $\to$ D の間に系が放出する熱量は

$$\Delta Q_2 = C_P(T_\mathrm{C} - T_\mathrm{D}) \tag{7.7}$$

と表せる.B $\to$ C と D $\to$ A は断熱過程であり,熱の出入りはない.熱力学第1法則より,1サイクルの間に系がする仕事は,

$$\Delta W = \Delta Q_1 - \Delta Q_2 = C_P(T_\mathrm{B} - T_\mathrm{A} - T_\mathrm{C} + T_\mathrm{D}) \tag{7.8}$$

であり,仕事効率は

$$\eta = \frac{\Delta W}{\Delta Q_1} = 1 - \frac{T_\mathrm{C} - T_\mathrm{D}}{T_\mathrm{B} - T_\mathrm{A}} \tag{7.9}$$

と求められる.作業物質を理想気体で近似して,3.7.3 項で述べた断熱変化におけるポアソンの法則 (3.53), (3.54) を用いると,等式

$$\frac{T_\mathrm{B}}{T_\mathrm{C}} = \left(\frac{P_\mathrm{B}}{P_\mathrm{C}}\right)^{(\gamma-1)/\gamma} = \frac{T_\mathrm{A}}{T_\mathrm{D}} \tag{7.10}$$

が成り立つので,(7.9) 式は

$$\eta = 1 - \frac{T_\mathrm{B}}{T_\mathrm{C}} = 1 - \left(\frac{P_\mathrm{C}}{P_\mathrm{B}}\right)^{(\gamma-1)/\gamma} \tag{7.11}$$

と書くこともできる.

ランキン・サイクル

　ランキン・サイクルはブレイトン・サイクルと同様に,(1) 断熱圧縮,(2) 等圧加熱,(3) 断熱膨張,(4) 等圧冷却からなるサイクルである.特に,サイクルの中で作業物質が気相・液相相転移を伴うものを**ランキン・サイクル**という.

　典型的なランキン・サイクルである蒸気機関では作業物質である水が,サイクルの途中で水蒸気となる.蒸気機関には蒸気機関車のようにピストンに往復運動をさせることで動力を得るレシプロ型とよばれるものと,水蒸気をプロペラに吹き付けてまわす蒸気タービン型のものがある.火力発電所や原子力発電所では蒸気タービンの回転により発電を行っている.

ランキン・サイクルとブレイトン・サイクルとの違いを詳しく見ておこう．

断熱圧縮 (1) の過程は，圧力 P_D の低圧水が給水ポンプで圧縮され圧力 P_A の高圧水になる過程である．そのため，この過程での体積変化はほとんどない．

等圧加熱 (2) の過程はボイラーによる加熱過程で，温度が沸点に達すると沸騰を始める．沸騰が終わり，気体になったものもさらに加熱され，高温の水蒸気となる．この間圧力は一定である．

断熱膨張 (3) の過程は，高温の水蒸気が仕事をする過程である．レシプロ型蒸気機関においては高温の水蒸気はピストンを押し，蒸気タービン型ではプロペラを回す．仕事をすることで水蒸気の温度が下がり，一部は液化する．圧力は P_D になる．

等圧冷却 (4) の過程は，仕事が終わった作業物質（水蒸気）を冷却し，液体の水に戻す．このとき水は圧力 P_D の飽和水（2 相共存状態の端点である飽和液体状態）になっている．

このサイクルの仕事効率は，ブレイトン・サイクルに対して上で行ったように理想気体の状態方程式を用いて計算することはできない．理想気体では気相・液相相転移が起こらないからである．

このように気相・液相相転移を含む過程を表すには，気相，液相の共存状態を表す飽和蒸気線が重要な役割をはたす．飽和曲線をエンタルピー H とエントロピー S の関数で表した H–S 図の上でランキン・サイクルを表したものを図 7.4 に示す．

蒸気がした仕事から給水ポンプでの仕事を引いたものがサイクルがした仕事であり，これと加熱で受け取った熱との比が仕事効率を与える．

$$\eta = \frac{(H_\mathrm{B} - H_\mathrm{C}) - (H_\mathrm{A} - H_\mathrm{D})}{(H_\mathrm{B} - H_\mathrm{A})}. \tag{7.12}$$

一般に給水ポンプのする仕事は小さいので

$$\eta \simeq \frac{H_\mathrm{B} - H_\mathrm{C}}{H_\mathrm{B} - H_\mathrm{A}} \tag{7.13}$$

が成り立つ．

7.1.2 スターリング・エンジン

スターリング・エンジンはスターリング (Robert Stirling, 1790–1878) によって 1816 年に考案された外燃機関である．このエンジンでは，機関内に封入さ

§7.1 【応用】 熱機関

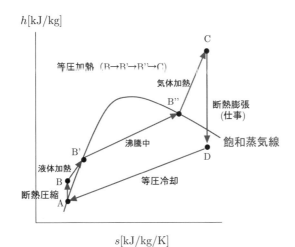

図 7.4　$h-s$ 線図における飽和蒸気線とランキン・サイクル

れた作業物質である高温の気体と低温の気体を，蓄熱器とよばれる装置を配置した移動経路部分を境界にして，共存させる．この点が，サイクルに従って気体（作業物質）の状態を順次変化させるガソリン・エンジンとは大きく異なる．図 7.5 に示したサイクル図にあるように，スターリング・エンジンは (1) 等温圧縮 A → B, (2) 等積加熱 B → C, (3) 等温膨張 C → D, および, (4) 等積冷却 D → A からなる．サイクル図の形はオットー・サイクルと似ているが，体積変化は断熱過程ではなく，等温過程である．また，等積圧力変化の過程で高温側と低温側での気体の移動を行い，その際，熱を蓄熱器とよばれる装置に溜める仕組みを持っている．そのため，このエンジンでは，外に仕事をするパワー・ピストンの他に，高温領域の気体と低温領域の気体の割合を変化させるためのディスプレーサ・ピストンとよばれる可動部が必要となる．

　(1) と (3) の過程では，等温体積変化によって，外部と熱のやり取りをしながら，パワー・ピストンによって外部へ仕事をする．これらの過程は可逆過程である．2 つの熱源の間で動かす熱機関の場合は，(2) の過程で低温の作業物質を高熱源に接するため，不可逆な熱の流れが起こる．(4) の過程でも同様である．4 つの過程での熱の移動の大きさを，それぞれ理想気体を用いて計算すると，

$$\Delta Q_{A \to B} = \left| -nRT_A \int_{V_A}^{V_B} \frac{dV}{V} \right| = nRT_A \ln\left(\frac{V_A}{V_B}\right),$$
$$\Delta Q_{B \to C} = C_V(T_C - T_B) = C_V(T_D - T_A),$$

第7章 いろいろな熱現象

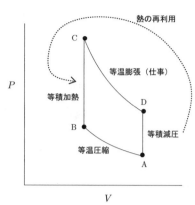

図 **7.5** スターリング・サイクル

$$\Delta Q_{\mathrm{C}\to\mathrm{D}} = nRT_{\mathrm{C}} \int_{V_{\mathrm{C}}}^{V_{\mathrm{D}}} \frac{dV}{V} = nRT_{\mathrm{C}} \ln\left(\frac{V_{\mathrm{D}}}{V_{\mathrm{C}}}\right) = nRT_{\mathrm{C}} \ln\left(\frac{V_{\mathrm{A}}}{V_{\mathrm{B}}}\right),$$
$$\Delta Q_{\mathrm{D}\to\mathrm{A}} = |C_{\mathrm{V}}(T_{\mathrm{A}} - T_{\mathrm{D}})| = C_{\mathrm{V}}(T_{\mathrm{C}} - T_{\mathrm{B}})$$

であり,

$$\Delta W = \Delta Q_{\mathrm{B}\to\mathrm{C}} + \Delta Q_{\mathrm{C}\to\mathrm{D}} - \Delta Q_{\mathrm{D}\to\mathrm{A}} - \Delta Q_{\mathrm{A}\to\mathrm{B}}$$
$$= \Delta Q_{\mathrm{C}\to\mathrm{D}} - \Delta Q_{\mathrm{A}\to\mathrm{B}}$$

であるので,仕事効率は

$$\begin{aligned}
\eta &= \frac{\Delta W}{\Delta Q_{\mathrm{B}\to\mathrm{C}} + \Delta Q_{\mathrm{C}\to\mathrm{D}}} = \frac{\Delta Q_{\mathrm{C}\to\mathrm{D}} - \Delta Q_{\mathrm{A}\to\mathrm{B}}}{\Delta Q_{\mathrm{B}\to\mathrm{C}} + \Delta Q_{\mathrm{C}\to\mathrm{D}}} \\
&\leq \frac{\Delta Q_{\mathrm{C}\to\mathrm{D}} - \Delta Q_{\mathrm{A}\to\mathrm{B}}}{\Delta Q_{\mathrm{C}\to\mathrm{D}}} = \frac{T_{\mathrm{C}} - T_{\mathrm{A}}}{T_{\mathrm{C}}} = \eta_{\mathrm{C}}
\end{aligned} \tag{7.14}$$

である.ここで,η_{C} はカルノーの最大仕事効率を表す.$\Delta Q_{\mathrm{B}\to\mathrm{C}} = 0$ のときに限り,不等式は等式となる.

　スターリング・エンジンの特徴は,(2) と (4) の過程における工夫である.(4) の過程で作業物質を直接低熱源で冷やすのではなく,ディスプレーサ・ピストンを高温側の気体の体積を減らすように動かして,高温側の気体を蓄熱器をもつ移動経路に通す.そして蓄熱器に熱を溜めることにより気体を冷却し,低温側に移動させる.この間,高温側と低温側は圧力は等しいため,この作業物質の移動のために仕事は必要ない.移動された気体の温度は下がっているので,全体の圧力は下がる.

§7.2 【応用】 実効効率

　(2) の過程としては，今度はディスプレーサ・ピストンを低温側の気体の体積を減らすように動かし，低温側の気体を蓄熱器を配置した移動経路に通す．その際，上述のように (4) の過程で蓄熱器に溜めておいた熱を利用して気体を加熱し，高温側に移動させる．この間でも，高温側と低温側は圧力は等しいためこの移動のための仕事は 0 である．蓄熱器はサイクル内部に置いてあるので，(2) と (4) の過程での外部との熱のやりとりはない．つまり，$\Delta Q_{\mathrm{B} \to \mathrm{C}} = \Delta Q_{\mathrm{D} \to \mathrm{A}} = 0$ である．よって，(7.14) 式は等号で成立することになり，

$$\eta = \eta_{\mathrm{C}} \tag{7.15}$$

が結論される．つまり，スターリング・サイクルは可逆過程なのである．

　サイクルが可逆となったのは，(2) の過程で発生する熱を無駄にせず，(4) の過程で再利用したからである．そこで用いたこの蓄熱器は，熱節約装置 (Heat Economiser)，あるいはリジェネレータとよばれる．蓄熱装置で可逆的に 100％の熱の出し入れを行うためには，準静的な温度変化を実現するため，論理的には無限個の異なる温度からなる部分をもつ仕組みを考えなくてはならない．これは実際には不可能であるので，スターリング・サイクルの仕事効率は，カルノーの最高仕事効率より低くなってしまうが，それでも他の機関に比べて仕事効率は高い．

　このサイクルは蒸気機関に変わるものとして注目され，実用化もされたが，実際に効率を上げるためには装置が大規模になり，爆発事故が多発したこともあり，現在ではあまり使われていない．ただし，通常のガソリン・エンジンのように燃料を爆発させる過程がなく静かなため，潜水艦の補助動力などに用いられている．また，廃熱利用の手段としても注目されている．さらに，サイクルを逆回しにすると冷却装置としても用いることができ，これは**スターリング冷却器**とよばれる．

§7.2　実効効率

　仕事効率 η は，高熱源から取り出した熱と仕事の比として定義されているので，実際にサイクルを回して仕事を得るのに，どのくらい時間がかかるのかということは全く考慮していない．可逆サイクルでは仕事効率が最大となるが，

可逆であるためには準静的過程を実現しなければならないことになり，このとき1サイクルを回すのに要する時間は無限大ということになってしまう．したがって，仕事効率がカルノーの最大値であるときには，単位時間あたりの仕事として定義される**仕事率**（パワー）は0となってしまう．

熱機関を実際に利用する際には，むしろ，仕事率を最大にするのが望ましい．仕事率を大きな値に保ったまま，仕事効率を上げるにはどうしたらよいのであろうか．このような問題は，**実用性能を重視する熱力学**（Endoreversible Thermodynamics）として研究されている[1]．

この問題に関して，ノビコフ・エンジンとよばれる過程が調べられている．高熱源の温度をT_1，低熱源の温度をT_2とする．このサイクルは，気体を等温膨張させる際に高熱源から熱を受け取り，等温圧縮する際に低熱源に熱を放出するのであるが，系が熱を受け取る際の温度をT_{1W}とし，熱を放出する際の温度をT_{2W}と仮定する．等温膨張過程と等温圧縮過程において系と熱源の間に熱が移動するが，熱伝導度をそれぞれα，βとし，熱の移動にかかる時間をそれぞれt_1，t_2とする．すると，高熱源から吸収した熱量と低熱源に放出した熱量は，それぞれ

$$Q_1 = \alpha t_1 (T_1 - T_{1W}), \quad Q_2 = \beta t_2 (T_2 - T_{2W}) \tag{7.16}$$

となる．サイクルが可逆である場合，

$$\frac{Q_1}{T_{1W}} = \frac{Q_2}{T_{2W}} \tag{7.17}$$

がなりたつので，仕事率は

$$P = \frac{Q_1 - Q_2}{\gamma(t_1 + t_2)} \tag{7.18}$$

である．ここで，分母は等温過程にかかる時間と断熱過程にかかる時間の和とすべきであるが，ここではそれを，等温過程にかかる時間$t_1 + t_2$のγ倍であるものとした．

$$x = T_1 - T_{1W}, \quad y = T_{2W} - T_2 \tag{7.19}$$

---

[1] I. Novikov: The Efficiency of Atomic Power Stations, Journal Nuclear Energy II, **7**, 125–128 (1958); translated from Atomnaya Energiya, **3**, 409 (1957). P. Chambadal: *Les centrales nucléaires*, Armand Colin, (1957). F. L. Curzon and B. Ahlborn: Am. J. Phys., **43**, 22–24 (1975).

として，仕事率を書き直すと

$$P = \frac{\alpha\beta xy(T_1 - T_2 - x - y)}{\gamma(\beta T_1 y + \alpha T_2 x + xy(\alpha + \beta))} \tag{7.20}$$

となる．仕事率が最大のときには，

$$\frac{\partial P}{\partial x} = 0, \quad \frac{\partial P}{\partial y} = 0 \tag{7.21}$$

が成り立つ．これらの式は，具体的には

$$\beta T_1 y(T_1 - T_2 - x - y) = x\{\beta T_1 y + \alpha T_2 x + xy(\alpha - \beta)\},$$
$$\alpha T_2 x(T_1 - T_2 - x - y) = y\{\beta T_1 y + \alpha T_2 x + xy(\alpha - \beta)\} \tag{7.22}$$

となるので，

$$y = \sqrt{\frac{\alpha T_2}{\beta T_1}} x \tag{7.23}$$

の関係が成り立つことになり，

$$x = \frac{T_1(1 - \sqrt{T_2/T_1})}{1 + \sqrt{\alpha/\beta}}, \quad y = \frac{T_2(\sqrt{T_1/T_2} - 1)}{1 + \sqrt{\beta/\alpha}} \tag{7.24}$$

という解が得られる．これより，仕事効率は

$$\eta = 1 - \frac{Q_2}{Q_1} = 1 - \frac{T_{2W}}{T_{1W}} = 1 - \frac{T_2 + y}{T_1 - x} = 1 - \sqrt{\frac{T_2}{T_1}} \tag{7.25}$$

と定まる．この結果は高熱源と低熱源の温度比だけで決まり，途中で仮定した熱伝導度 α, β には依存しない[2]．

§7.3 エアコンの原理：ヒートポンプ

熱機関は，高熱源から熱を吸収し，その一部を仕事に変換し，残りの熱を低熱源に捨てるという操作をするサイクル過程であった．外部から仕事をすることによって，このサイクルを逆に回すと，熱を低熱源から高熱源に移動させる

---

[2] この問題に対して，その後，より一般的な考察が与えられている．Y. Izumida and K. Okuda : Efficiency at Maximum Power of Minimally Nonlinear Irreversible Heat Engines, Euro. Phys. Lett. **97**, 10004 (2012). G. Benenti, K. Saito, and G. Casati, Phys. Rev. Lett. **106**, 230602 (2011).

ことができる．これを**ヒートポンプ**という．エアコンはこの仕組みを用いて，夏には部屋の中から熱を奪って高温の室外へ放出することにより室内を冷房し，冬には低温の室外から熱を取り出して部屋の中に移動させることにより室内を暖房している（図 7.6）．

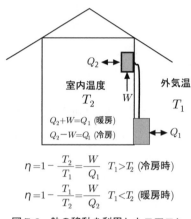

$$\eta = 1 - \frac{T_2}{T_1} = \frac{W}{Q_1} \quad T_1 > T_2 \text{ (冷房時)}$$

$$\eta = 1 - \frac{T_1}{T_2} = \frac{W}{Q_2} \quad T_1 < T_2 \text{ (暖房時)}$$

図 7.6 熱の移動を利用したエアコン

ここで注目すべきことは，ヒートポンプで暖房しているときの効率である．もともとのサイクルの仕事効率を η とすると，

$$\eta = \frac{W}{Q_{\text{高熱源}}}, \quad W = Q_{\text{高熱源}} - Q_{\text{低熱源}} \tag{7.26}$$

であるので，このサイクルを逆回転してヒートポンプとしたときに，1 サイクルの間に部屋に持ち込む熱量が $Q = Q_{\text{高熱源}}$ であるから，

$$Q_{\text{高熱源}} = \frac{W}{\eta} > W \tag{7.27}$$

となる．つまり，外から与えた仕事 W を，そのまま電熱器などで熱に変えた場合よりも，部屋を暖めるのに使える熱量は大きくなることになる．

簡単のため，可逆サイクルの場合を考えると，その仕事効率はカルノーの最大値

$$\eta_\text{C} = 1 - \frac{T_{\text{低熱源}}}{T_{\text{高熱源}}} \tag{7.28}$$

であるので例えば，外の温度が 0℃（約 273 K）で室内の温度が 25℃（約 298 K）の場合，

$$\frac{W}{\eta_{\mathrm{C}}} = \frac{T_{\text{高熱源}}}{T_{\text{高熱源}} - T_{\text{低熱源}}} \times W = \frac{298}{298 - 273} \times W \simeq 12W \tag{7.29}$$

である．ヒートポンプによる暖房は，電熱器での暖房より約 12 倍も効率がよいことになる．実際のサイクルは可逆サイクルではないが，それでも高い効率が得られる．

冷房は，高温の室内からの熱の取り出し過程となるので，低熱源側への熱の移動 $\Delta Q_{\text{低熱源}}$ の大きさが問題になる．この場合，

$$\begin{aligned} Q_{\text{低熱源}} &= Q_{\text{高熱源}} \times \frac{T_{\text{低熱源}}}{T_{\text{高熱源}}} \\ &= W \times \frac{T_{\text{高熱源}}}{T_{\text{高熱源}} - T_{\text{低熱源}}} \times \frac{T_{\text{低熱源}}}{T_{\text{高熱源}}} \\ &= W \times \frac{T_{\text{低熱源}}}{T_{\text{高熱源}} - T_{\text{低熱源}}} \end{aligned} \tag{7.30}$$

で与えられる．$T_{\text{低熱源}} \simeq T_{\text{高熱源}}$ であるので，この表式の分子は，暖房のときの表式 (7.29) とほぼ変わらない．しかし，分母は，冷房時には，例えば，外の温度が 30℃ の場合に室内温度を 25℃ に設定するというように，室内外の温度差 $T_{\text{高熱源}} - T_{\text{低熱源}}$ は小さいため，同じ熱量を移動させるために必要な仕事は，暖房時より少ない．（比熱は室温程度の温度領域ではほとんど温度に依存しないので，室温を 1℃ 変えるのに必要な熱量は，夏でも冬でもほぼ等しい．）そのため，暖房用のエアコンは，冷房用だけのものに比べて消費電力が大きい必要があることになる．

§7.4　フェーン現象

夏に太平洋から湿った風が日本列島に吹いた場合，列島の中央に位置する山脈によって**フェーン現象**とよばれる気象現象が起こり，中央盆地や日本海側の方が，太平洋側より気温が高くなることがある．

この現象は，図 7.7 に示すような熱力学的な過程として説明することができる．湿った空気（温度 T_1 とする）は，山を越すとき気圧が下がるので断熱膨張し，温度が下がる（温度 $T_2 < T_1$）．その結果，空気に含まれていた水蒸気は液化し，雨となって山に降る．水蒸気が液化する際には**潜熱（沸騰熱）**が放出されるため，空気の温度は上がる．その空気が山から下りてくるときには，今度は断熱圧縮過程となるので空気の温度は上がるのであるが（$T_3 > T_2$），上述

の潜熱による温度上昇分が加算されているので，温度は $T_3 > T_1$ となるのである．山から平地に吹き下ろす風は，高温の乾燥した空気となるのである．

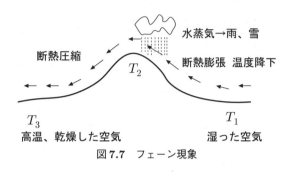

図7.7　フェーン現象

§7.5　分留

希薄溶液を扱った 5.4 節では，溶媒に不揮発性の溶質を溶かした場合を考えたが，ここでは水とアルコールのように，2 種類の液体が混合しているときの相図を議論することにする．

2つの物質 A と B の混合状態における典型的相図を図 7.8 に示した．物質 B の濃度を x とする．$x=0$ は純粋な物質 A を表しており，図の T_A は物質 A の沸点である．同様に，$x=1$ は純粋な物質 B を表しており，T_B は物質 B の沸点である．混合状態 $0<x<1$ での沸点は，図の下の曲線で与えられる．この曲線を，沸騰線，あるいは液相線とよぶ．

例えば，濃度 x_1 $(0<x_1<1)$ の混合液体を考えよう．$x=x_1$ で与えられる垂直線と沸騰線との交点の温度を T_1 とする．混合液体の温度を低温から上げていくと，温度 T_1 で混合液は沸騰するが，その温度での混合気体の安定な濃度は x_1 ではない．温度 T_1 で濃度 x_1 の液体と熱平衡にある気体の濃度は，図 7.8 で示したように x_2 で与えられる．つまり，濃度 x_1 の液体と濃度 x_2 の気体が平衡状態にあることになる．

このとき，化学ポテンシャルの間には，

$$\mu_{\text{液相 A}}(T_1, P, x_1) = \mu_{\text{気相 A}}(T_1, P, x_2),$$
$$\mu_{\text{液相 B}}(T_1, P, x_1) = \mu_{\text{気相 B}}(T_1, P, x_2) \tag{7.31}$$

§7.5 【応用】 分留

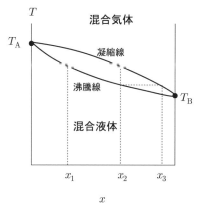

図 7.8 混合液体・気体の相図と分留のしくみ

という 2 つの等式が成り立っている．この連立方程式から x_2 を消去すると，T,P,x_1 の間の関係式，つまり沸点の x_1 依存性

$$f_{沸騰線}(T,P,x_1) = 0 \tag{7.32}$$

が得られることになるが，これが沸騰点の x_1 依存性を定める．それを描いたのが，図 7.8 の下側の曲線である．

同様に，(7.31) の連立方程式で x_1 を消去すると，混合気体の温度を高温から下げていったときに，液化が始まる温度（凝縮温度）の x_2 依存性を定める関係式

$$f_{凝縮線}(T,P,x_2) = 0 \tag{7.33}$$

が得られる．この関係式が定める曲線は**凝縮線**（あるいは**気相線**）とよばれる．これが図 7.8 の上側の曲線である．

各温度での共存状態での液相と気相の濃度差，つまり温度 T_1 での濃度 x_1 と濃度 x_2 の違いを利用して，混合液体を分離することができる．濃度 x_1 の液体を沸騰させると，出てくる気体の濃度は x_2 であるので，それを集めて冷却すると，濃度 $x_2(>x_1)$ の混合液体が得られる．図 7.8 に点線で示したように，それをもう一度沸騰させ，出てくる気体を再度冷却すると，濃度 $x_3(>x_2)$ の混合液体が得られる．この操作を繰り返すと濃度 x を高めることができるのである．この方法は**分留**とよばれる．

ちなみに，発酵によって作ることができる日本酒やワインなどの醸造酒のアルコール濃度はせいぜい 15％程度であるが，例えば，ワインを分留して得ら

れるブランデーのアルコール濃度は50％にもなる．このようにして作られる酒類は蒸留酒とよばれる．

上の分留の操作を繰り返すと，極限的には $x = 1$，つまり，純粋な物質 B が得られるように思えるが，途中のある温度で，沸騰線と凝縮線が一致してしまうことがあると，それ以上の分留はできない．この現象は**共沸** (azeotropy) とよばれる．実際，水とアルコールの場合には，一気圧においては，$x \simeq 0.96$，$T = 78.2$℃ で沸騰線と凝縮線が一致する．そのため，分留法ではアルコール濃度を96％以上高めることはできない．

§7.6 電池

電池は，2つの金属電極で酸化還元反応を起こし，この2つの電極間に電解質を挟んで，両電極で生じる電子の偏りによって生じる電位差を利用するものである．

ボルタの電池は，イオン化し易さ（イオン化傾向）の違う2つの金属，例えば銅 (Cu) と亜鉛 (Zn)，で作られた電極を電解質溶液 H_2SO_4 に入れたものである．この電解質溶液において，Zn 電極が溶け

$$Zn \to Zn^{2+} + 2e^- \tag{7.34}$$

となるが，他方の Cu 電極で，水素イオンが還元される

$$2H^+ + 2e^- \to \quad H_2. \tag{7.35}$$

その結果，電子の Zn 電極から Cu 電極への流れが生じることになる．これがボルタの電池の仕組みである．

この仕組みは簡単であるが，発生した水素が Cu 電極での反応を阻害したり，Zn 電極の周りに発生した Zn イオンがイオン化を阻害することで，急速に電圧が減ってしまう欠陥がある．このような効果は**分極**とよばれる．

分極を抑える仕組みを導入したものとして，**ガルバニ (galvani) 電池**とよばれるものがある．その典型例の1つである**ダニエル (Daniell) 電池**は，電極としてはボルタ電池と同じく Cu と Zn を用いるのであるが，その間に SO_4^{2-} イオンだけ通す半透膜で隔てた $CuSO_4$ 水溶液と $ZnSO_4$ 水溶液を入れたものである．Zn 電極では酸化反応 (7.34) が起き，Cu 電極では還元反応

$$\mathrm{Cu}^{2+} + 2\mathrm{e}^- \to \mathrm{Cu} \tag{7.36}$$

が起こる．これは，系全体としては化学反応

$$\mathrm{Zn} + \mathrm{CuSO}_4 \to \mathrm{Cu} + \mathrm{ZnSO}_4 \tag{7.37}$$

が起きていると見なすことができる．電極に生じた電荷が流れることによって系がする仕事 W は，酸化還元反応の前後での系のギブスの自由エネルギーの差である．

$$W = \Delta G \tag{7.38}$$

電池の起電力を ΔV として，電極間を移動した電荷の総量を $q > 0$ と書くことにすると，$W = q\Delta V$ であるので，電池の起電力はギブスの自由エネルギーの変化と

$$\Delta V = \frac{\Delta G}{q} \tag{7.39}$$

という関係式を満たすことになる．

§7.7 黒体輻射

7.7.1 シュテファン-ボルツマンの公式

　温度 T の物質で作られた箱の中の空間には，たとえそれが真空中に置かれていたとしても，電磁波が存在する．その電磁波は，箱を作っている温度 T の物質と熱平衡状態にあるので，電磁波の温度も T であるということもできる．この熱平衡状態にある電磁波の性質は，箱を作っている物質の温度 T だけで決まり，物質の種類には依存しない．このような電磁波は，特に，**黒体輻射**とよばれる．

　黒体輻射は**光子**とよばれる化学ポテンシャルが 0 である素粒子から成る気体として扱うことができる．これを**光子気体**とよぶ．光子の化学ポテンシャルは $\mu = 0$ と一定であるので，$d\mu = 0$ であり，微分形のギブス-デュエムの関係式 (3.20) より T と P は独立ではないことになる．単位体積あたりの内部エネルギー u は一般には T, P, μ の関数であるが，このことにより，黒体輻射（光子気体）においては温度だけの関数

$$u = \frac{U}{V} = u(T) \tag{7.40}$$

として与えられることになる．また，電磁波の性質として，電磁波の圧力を P とすると，

$$u(T) = 3P \tag{7.41}$$

という関係が成り立つ[3]．3.3 節で述べた偏微分の**公式3**より得られる関係式

$$\left(\frac{\partial U}{\partial V}\right)_T = \left(\frac{\partial U}{\partial V}\right)_S + \left(\frac{\partial U}{\partial S}\right)_V \left(\frac{\partial S}{\partial V}\right)_T \tag{7.42}$$

において，マクスウェルの関係

$$\left(\frac{\partial S}{\partial V}\right)_T = \left(\frac{\partial P}{\partial T}\right)_V$$

を用いると，

$$\left(\frac{\partial U}{\partial V}\right)_T = -P + T\left(\frac{\partial P}{\partial T}\right)_V$$

を得る．これに (7.40) 式と (7.41) 式を代入すると，

$$\left(\frac{\partial P}{\partial T}\right)_V = \frac{4P}{T} \tag{7.43}$$

という偏微分方程式が導かれるので，

$$P \propto T^4 \tag{7.44}$$

---

[3] h をプランク定数として，$\hbar = h/2\pi$ とすると，角振動数の電磁波のエネルギーは $E = \hbar\omega$ で与えられる．ここでは，電磁波を光子気体として考えているので，これが系の内部エネルギー U であるとする．熱力学関係式より，一般に，圧力 P は系の体積を断熱的に変えたときの内部エネルギー変化

$$P = -\left(\frac{\partial U}{\partial V}\right)_S$$

で与えられる．光速を c と書くことにすると，ω と波長 k との間には $\omega = ck$ という**分散関係**が成り立つ．いま，温度 T の物体でできた箱は，1 辺の長さが L の立方体であるとすると，その内容量が $V = L^3$ である．黒体輻射はこの箱の中の定在波であるので，

$$\hbar\omega = \hbar ck \propto L^{-1} \propto V^{-1/3}$$

が成り立つことになる．以上より，

$$\left(\frac{\partial U}{\partial V}\right)_S = -\frac{U}{3V}$$

であり，関係式

$$P = \frac{U}{3V} = \frac{1}{3}u(T)$$

が導かれる．

§7.7 【応用】 黒体輻射

であることがわかる．したがって，内部エネルギーは

$$U = Vu(T) = 3VP(T) = aVT^4 \tag{7.45}$$

というように，温度の4乗に比例することが結論される．この関係は**シュテファン–ボルツマンの輻射公式**とよばれる．また，係数 a を**シュテファン–ボルツマン係数**という．

これより，温度が高い系に接している真空には，エネルギーが高い電磁波が存在していることがわかる．電磁波のエネルギーは振動数が大きいほど大きく，また，振幅が大きいほど大きい．いわゆる**電波**とよばれる電磁波は周波数が比較的低く，**X線**や**ガンマ線**は周波数が高く，エネルギーが高い電磁波である．電磁波による真空の内部エネルギーを大きくするには，電磁波の振動数を大きくすることと，各振動数の振幅を大きくする2つの方法がある．熱平衡状態では，各振動数をもつ電磁波の振幅が温度によって決まっている．高温の物質，例えば溶けた鉄などが始め赤く，さらに温度を上げると白く光って見えるのは可視光の振動数をもつ電磁波の振幅が大きくなってくるためである．この温度変化は物質には依存しない．燃えてしまわないものであれば，鉄でも銅でも同じである．この振幅の周波数依存性を**黒体輻射スペクトル**という．歴史的には，この黒体輻射スペクトルを正しく記述する関数を古典力学の範疇では導出することはできず，黒体輻射の研究は**量子力学**の導入につながったのである．

第7章 いろいろな熱現象

□章末コラム　ビッグバンと宇宙背景輻射

　特定の天体（星や銀河）などからは，その物体固有の温度に相当する振動数分布（これを**スペクトル**という）をもつ電磁波が来る．星の色はその例である．しかし，星や銀河など何もない宇宙空間からも常に電磁波が来ており，これが地上での電波通信の雑音源となっていることが明らかになった．これは，宇宙空間の大部分を占める真空からの黒体輻射であり，**宇宙背景輻射**とよばれている．この宇宙背景輻射の温度は全天でほぼ一定であり，3K（つまり，約 -270 ℃）である．この3K輻射は，電磁波が空間物質で散乱された結果であるとする考え方と，宇宙がビックバンで急膨張した後に冷却が進み，現在の温度が3Kであることを意味しているという考え方がある．実際に観測されている輻射の温度が宇宙のどの方向でも均一であることから，後者の考え方が主流となっている．また，輻射温度のわずかなゆらぎは，宇宙初期の量子的なゆらぎと関連づけて議論されている．

―――――――― 第 7 章　章末問題 ――――――――

問題 1　ブレイトンサイクルの仕事 W をサイクル図で囲まれた面積から求めよ.

問題 2　ディーゼルエンジンの効率 (7.5) を求めよ.

問題 3　気相でも液相でもよく混ざり合う 2 種類の物質 A,B の純粋物質での沸点を T_A, T_B とする．そこでの潜熱を L_A, L_B とする．沸騰線，液化線を決める方程式を書き下せ．

問題 4　共沸点では沸騰線 $T_{沸騰}(T,P,x)$, 凝縮線 $T_{凝縮}(T,P,x)$ の傾きが 0 となる，すなわち，

$$T_{沸騰}(T,P,x) = T_{凝縮}(T,P,x) \quad \frac{dT_{沸騰}(T,P,x)}{dx} = \frac{dT_{凝縮}(T,P,x)}{dx} = 0 \quad (7.46)$$

が成り立つことを示せ．

第8章 輸送現象と線形応答

熱力学は主に熱平衡状態を対象にした理論である．熱力学第2法則は，マクロな系は熱平衡状態へ自発的に緩和することを主張するが，その緩和の仕方には言及しない．この最終章では，外力により系が熱平衡状態から少しだけ離れた状態を考え，電流や熱流といった流れを伴う自然現象を取り扱うことにする．外力が弱いとき，その大きさに比例する応答に関しては線形応答理論とよばれる理論が成立し，輸送現象を統一的に議論することができる．

§8.1 応答現象

熱力学的な状態にある系に対して外力をかけたとき，系が見せるマクロな状態変化を，一般に**応答現象**という．熱平衡状態にある系に外力をかけると，一般に系は，元の熱平衡状態とは異なる別の熱平衡状態へと変化する．例えば，電場をかけたときの電気分極の誘起や，磁場をかけたときの磁化誘起などは，外力の下で実現する熱平衡状態は，外力がないときの熱平衡状態とは異なっていることを示す．これらの変化は**静的な応答現象**とよばれる．変化を示す量は内部エネルギー，分極，磁化など示量性の物理量であり，それらをまとめて A と書くことにする．また，それに共役な外力の強さを a と記すことにする．

a の値が小さい場合，それに共役な物理量 A は，$a=0$ のときの値 $A(0)$ よりわずかに変化したものであると仮定することにする．この変化量を ΔA と書くことにすると，

$$\Delta A = A(a) - A(0) = \chi a + \mathcal{O}(a^2), \quad \chi = \left.\frac{\partial A}{\partial a}\right|_{a=0} \tag{8.1}$$

と書けることになる．このとき，χ を**線形の応答関数**という．例えば，磁場 $(a=H)$ をかけたときの磁化 $(A=M)$ の応答関数は**帯磁率** χ_M

$$M = \chi_M H, \tag{8.2}$$

であり，また電場 $(a=E)$ をかけたときの電気分極 $(A=P)$ の応答関数は**誘電率** χ_E

第8章 輸送現象と線形応答

$$P = \chi_P E, \tag{8.3}$$

である．

次に，外場によって流れが引き起こされる場合を考える．例えば，電気伝導体に弱い電場をかけて系に電位差 ΔV を生じさせると，定常的に一定の**電流** I_E が流れる状態になる．電位差が小さい場合，電流は電位差に比例し

$$I_\mathrm{E} = \frac{1}{R}\Delta V \tag{8.4}$$

という関係が成り立つ．これが**オームの法則**である．ここで，R は伝導体の**電気抵抗**とよばれる．また，**電気伝導率** σ を

$$\sigma = \frac{1}{R} \tag{8.5}$$

で定義すると，オームの法則は

$$I_\mathrm{E} = \sigma \Delta V \tag{8.6}$$

という形にも書ける．

また，系に定常的な温度差 ΔT がある状況では，ある一定の**熱流** I_H が流れる．温度差が小さいときには，熱流の大きさは温度差に比例する．そこでの比例係数は**熱伝導度**とよばれ，それを κ と表すことにすると

$$I_\mathrm{H} = \kappa \Delta T \tag{8.7}$$

と書き表せる．この関係は**熱伝導のフーリエ則**とよばれる．このように，電流や熱流といった流れを伴う現象を一般に，**伝導現象**，あるいは**輸送現象**という．

電位差や温度差があり，系に定常的な流れがある状態は，熱平衡状態ではない．よって，一般に，輸送現象はこれまで本書で扱ってきた平衡熱力学の範疇を超えたものである．しかしながら，オームの法則やフーリエの法則において，電位差 ΔE や温度差 ΔT を外力 a と思うと，(8.6) 式や (8.7) 式は，(8.1) 式と同じ形である．そこで，電流 I_E や熱流 I_H といった輸送現象も，電位差 ΔE や温度差 ΔT に対する応答現象の一種と見なせる．このとき，流れに対する応答関数，すなわち，電気伝導度 σ や熱伝導度 κ などを，一般に**輸送係数**とよぶことにする．

§8.2　オンサーガーの相反定理

応答現象は，上で例示したように，系に外力 a をかけたことにより，それに共役な物理量 A の値が変化するという直接的な系の応答だけではない．例えば，磁場をかけたとき（電場に共役な）電気分極が現れるような間接的な応答もある．これを**交差的応答**という．

まず，熱平衡状態における磁場 H と磁化 M，電場 E と電気分極 P の関係を考えてみることにする．熱平衡状態では，3.4 節で述べたように，ヘルムホルツの自由エネルギーの 2 回連続微分可能性

$$\left(\frac{\partial^2 F}{\partial E \partial H}\right)_T = \left(\frac{\partial^2 F}{\partial H \partial E}\right)_T$$

より，マクスウェルの関係

$$\left(\frac{\partial M}{\partial E}\right)_{T,H} = \left(\frac{\partial P}{\partial H}\right)_{T,E} \tag{8.8}$$

が得られる．この関係は，電場に対する磁化の応答と磁場に対する電気分極の応答が，熱平衡状態においては，等しいことを意味している．

これと類似な関係が，輸送係数にも成り立つことがオンサーガーによって明らかにされた[1]．例として，系に電位差 ΔV と温度差 ΔT の両方がある場合に生じる電流 I_E と熱流 I_H について考えてみよう．4つの係数 $C_{jk}, j, k = 1, 2$，を導入して

$$\begin{aligned} I_\mathrm{E} &= C_{11}\Delta V + C_{12}\Delta T, \\ I_\mathrm{H} &= C_{21}\Delta V + C_{22}\Delta T \end{aligned} \tag{8.9}$$

という線形関係が成り立っているものとする．

ここで注意しなくてはならないのは，一般に，外力の強さ $\{a_j\}$ とそれに伴う変位 $\{A_j\}$ は，その積 $a_j A_k$ がエネルギーの次元をもつように定める必要があるということである．その意味で，(8.9) は適当ではなく，温度差に共役な量としてはエントロピー流

$$I_S = \frac{I_\mathrm{H}}{T}$$

を用いる必要がある．そこで，

$$L_{11} = C_{11}, \quad L_{12} = C_{12}, \quad L_{21} = \frac{C_{21}}{T}, \quad L_{22} = \frac{C_{22}}{T} \tag{8.10}$$

---

[1] オンサーガー (Lars Onsager, 1903–1976) はノルウェー出身でアメリカで活躍した物理学者．1968 年に不可逆過程の熱力学の研究に対してノーベル化学賞を受賞している．

として，(8.9) 式を

$$I_\mathrm{E} = L_{11}\Delta V + L_{12}\Delta T,$$
$$I_S = L_{21}\Delta V + L_{22}\Delta T \tag{8.11}$$

と書き直すことにする．このとき，交差応答を表す係数が等しくなる．

$$L_{12} = L_{21} \tag{8.12}$$

この関係をオンサーガーの相反定理という[2]．

§8.3 熱電効果

　上記に従って，電位差と温度差のある系の性質をもう少し詳しくみておこう．ただし，なじみ深い量で議論した方がわかりやすいので，まずは，(8.11) ではなく (8.9) を用いることにする．

　(8.9) の係数 C_{11} は温度差がないときの，電位差と電流の比であり，通常の電気伝導率である．

$$C_{11} = \sigma \tag{8.13}$$

係数 C_{22} は電位差がないときの温度差と熱流の比であるが，これは，熱伝導率 κ そのものではない．何故ならば，熱電率 κ は，電位差 ΔE が 0 ではなく電流 I_E が 0 のときの，温度差と熱流の比として定義されているからである．(8.9) の第 1 式で，$I_\mathrm{E} = 0$ とすると，

$$C_{11}\Delta V + C_{12}\Delta T = 0 \implies \Delta V = -\frac{C_{12}}{C_{11}}\Delta T \tag{8.14}$$

という関係式が得られる．これを (8.9) の第 2 式に代入すると，

$$I_\mathrm{H} = C_{21}\left(-\frac{C_{12}}{C_{11}}\Delta T\right) + C_{22}\Delta T$$

を得るので，熱伝導度 κ は

$$\kappa = \left.\frac{I_\mathrm{H}}{\Delta T}\right|_{I_\mathrm{E}=0} = \frac{-C_{12}C_{21} + C_{11}C_{22}}{C_{11}} \tag{8.15}$$

---

[2] この性質は，磁場などの物理量は常に正確に平衡状態での値をとるのではなく，その値の周りで少しずれるゆらぎの効果があり，その性質を統計力学的に取り扱うことで示すことができる．オンサーガーの相反定理の導出は，ゆらぎに対して分布関数の考え方を導入した後，8.9 節で示すことにする．

§8.3 【発展】 熱電効果

で与えられることになる．

この節で特に注目したいのは，2つの交差係数 C_{12}, C_{21} である．C_{12} は温度差によって引き起こされる電流の大きさを表し，係数 C_{21} は電位差によって生じる熱流の大きさを表す．温度差と電位差の間の交差現象は，特に，**熱電効果** とよばれる[3]．

8.3.1 ゼーベック効果

電流が流れていなくても，導線の両端に温度差があると電位差が生じる．(8.11) の第1式で $I_E = 0$ とおくと，関係式

$$\Delta V = -\frac{L_{12}}{L_{11}}\Delta T \tag{8.16}$$

が得られる．この電位差 ΔV を**熱起電力**という．この現象は**ゼーベック効果**とよばれ，(8.16) 式に現れる係数

$$\alpha = \frac{L_{12}}{L_{11}} \tag{8.17}$$

は**ゼーベック係数**とよばれる．2つの異なる金属 A と B を導線でつないで，温度差がある別々の場所に置くと，ゼーベック係数の違いによって起電力

$$V_{AB} = \int_{T_1}^{T_2} (\alpha^A(T') - \alpha^B(T'))dT' \tag{8.18}$$

が生じる．逆に，熱起電力を測ることで温度差を知ることもできる．この効果を応用した温度計を**熱電対**という．

8.3.2 ペルティエ効果

温度が等しく T である2つの金属 A と B を導線でつないで，一定の電流

$$I_E = L_{11}^A \Delta V^A = L_{11}^B \Delta V^B \tag{8.19}$$

を流すと，つなぎ目で熱流の不一致

$$I_H^A = TL_{21}^A \Delta V^A \neq I_H^B = TL_{21}^B \Delta V^B \tag{8.20}$$

---

[3] この効果は，古くはキュリーによって指摘されていたが，最近，十倉好紀 (Y. Tokura, S. Seki and N. Nagaosa: Rep. Prog. Phys. **77**, 076501 (2014).) などの研究者によって，非常に強い交差現象を示す物質が発見され，**マルチフェロイック現象**として注目されている．これらは，熱の制御に対して有効な手段を与え，エネルギー問題や環境問題の解決にも重要な役割をするものと期待されている．

が起きる. つまり,

$$\frac{dQ}{dt} = I_\mathrm{H}^\mathrm{A} - I_\mathrm{H}^\mathrm{B} = T\left(\frac{L_{21}^\mathrm{A}}{L_{11}^\mathrm{A}} - \frac{L_{21}^\mathrm{B}}{L_{11}^\mathrm{B}}\right) I_\mathrm{E} \tag{8.21}$$

が値をもつ. そのため, 電流の向きによって熱 Q の出入り, つまり発熱, あるいは, 冷却が起こることになる. この現象は**ペルティエ (Peltier) 効果**とよばれる. 係数

$$\Pi = T\frac{L_{21}}{L_{11}} = T\alpha \tag{8.22}$$

を**ペルティエ係数**という.

8.3.3 トムソン効果

また, 1 つの金属でできている導線に温度差 ΔT がある状況で電流を流すと, 交差項のため, ジュール熱以外の効果として熱の放出や吸収が起こる. この効果は**トムソン効果**とよばれ, その発生熱量は単位時間あたり

$$Q = \mu I_\mathrm{E} \Delta T \tag{8.23}$$

で与えられる (章末問題参照). μ はゼーベック係数 α を用いて

$$\mu = T\frac{d\alpha}{dT} \tag{8.24}$$

で表され, **トムソン係数**とよばれる.

§8.4 一般化されたジュール熱とエントロピー生成

電位差や温度差などの熱力学的な外力が系に作用し, 電流や熱流などの定常的な流れが生じている系を考える. 例えば, 電気回路に定常電流 I が流れている場合, 一定の起電力 (電圧) V の下, 単位時間あたり I_E だけの電荷の移動が行われていることになるので, 系は単位時間あたり VI の仕事をし続けることになる. 系は定常状態であると仮定すると, この仕事はすべて熱となって定常的に外部に放出されていることになる. これが**ジュール熱**である. 単位時間あたりの発熱量を Q と書くことにすると,

$$Q = VI = \sigma V^2 > 0 \tag{8.25}$$

§8.4 【発展】 一般化されたジュール熱とエントロピー生成

である．ここで，σ はオームの法則 (8.6) に現れた電気伝導度である．

このジュール熱発生の現象を，以下のように一般化する．電流と電圧をそれぞれ，M 種類の流れ $\{J_1, J_2 \cdots, J_M\}$ と，それに共役な M 種類の外力 $\{f_1, f_2 \cdots, f_M\}$ がある場合を考える．それらをそれぞれ M 個を成分にもつベクトル $\bm{J}$ とそれに共役な M 種類の外力を成分にもつベクトル $\bm{f}$ で表す．

$$\bm{J} = \begin{pmatrix} J_1 \\ J_2 \\ \cdots \\ J_M \end{pmatrix}, \quad \bm{f} = \begin{pmatrix} f_1 \\ f_2 \\ \cdots \\ f_M \end{pmatrix} \tag{8.26}$$

単位時間あたりの**一般化されたジュール熱**は，この 2 つのベクトルの内積

$$Q = \sum_{i=1}^{M} f_i J_i = \bm{f} \cdot \bm{J}$$

$$= {}^t\bm{f} \bm{J} = (f_1, f_2 \cdots, f_M) \begin{pmatrix} J_1 \\ J_2 \\ \cdots \\ J_M \end{pmatrix} \tag{8.27}$$

で与えられる[4]．ここで，(8.11) を一般化して，$M \times M$ の係数行列 L があって，2 つのベクトル量 $\bm{J}$ と $\bm{f}$ の間に

$$\bm{J} = \mathsf{L} \bm{f} \tag{8.28}$$

という線形関係が成り立つことを仮定することにする．これを特に，**線形応答**の関係という．すると，一般化されたジュール熱 (8.27) は

$$Q = {}^t\bm{f} \mathsf{L} \bm{f} \tag{8.29}$$

という **2 次形式**で書けることになる．オンサーガーの相反定理より係数行列 L は対称行列であり，

$${}^t\mathsf{L} = \mathsf{L} \tag{8.30}$$

---

[4] 多成分の外力ベクトル $\bm{f}$ に行列を演算した数式を用いるとあとの議論で便利であるので，$\bm{J}$ と $\bm{f}$ の内積を転置した行ベクトル（横ベクトル）${}^t\bm{f}$ で表している．

が成り立つ．また，4.6 節で行った熱平衡状態の安定性の議論を一般化すると，

$$Q > 0 \tag{8.31}$$

でなければならないはずである[5]．したがって，係数行列 L の固有値はすべて正でなければならないことになる．この正定値である単位時間あたりの一般化されたジュール熱を**熱発生率**，あるいは**エントロピー生成速度**とよぶ．

§8.5 一般化線形応答理論

時間 t に依存した外力 $F(t)$ を系にかけた場合を考えることにする．外力 $F(t)$ の絶対値が小さいときには，系の応答はそれに比例する．このような線形性が成り立っているとき，物理量 $X(t)$ は

$$X(t) = \chi_\infty F(t) + \int_{-\infty}^{t} \Phi(t-t')F(t')dt' \tag{8.32}$$

と表せる．ただし，外場がないときの物理量の値，すなわち**熱平衡値**は 0 であるものとする．右辺第 1 項の係数 χ_∞ は瞬間的な応答を表し，第 2 項は時間的な遅れを伴って起こる応答を表している．関数 $\Phi(t)$ は**応答関数**とよばれる．この表式 (8.32) を**線形応答**という．

外力として，時刻 $t = t_0$ で強さ F_0 の撃力を与えた場合は，$F(t)$ は

$$F(t) = F_0 \delta(t - t_0) \tag{8.33}$$

と表されるので，物理量 X の時間変化は

$$X(t) = \chi_\infty F_0 \delta(t - t_0) + F_0 \Phi(t - t_0), \quad t > t_0 \tag{8.34}$$

で与えられる（図 8.1）．

それまで一定の強さ F_0 でかけていた外力を $t = t_0$ で取り除くという状況は，**階段関数**

$$\theta(x) = \begin{cases} 1, & (x > 0) \\ 0, & (x \leq 0) \end{cases} \tag{8.35}$$

---

[5] もし，ある固有値が負の場合にはその固有値に関する一般化された流れがそれに共役な力の逆方向に流れ，一般化されたエントロピーの安定性に反する．

§8.5 【発展】 一般化線形応答理論

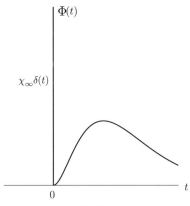

図 8.1 応答関数のイメージ

を用いて,
$$F(t) = F_0 \theta(t_0 - t) \tag{8.36}$$
と表される. これを (8.32) 式に代入することにより, このような状況のときの物理量 $X(t)$ の時間依存性は,

$$\begin{aligned} X(t) &= F_0 \chi_\infty \theta(t_0 - t) + F_0 \int_{-\infty}^{t} \Phi(t - t')\theta(t_0 - t')dt' \\ &= F_0 \chi_\infty \theta(t_0 - t) + F_0 \int_{0}^{\infty} \Phi(s)\theta(t_0 - t + s)ds \end{aligned} \tag{8.37}$$

で与えられることになる. ここで, 関数 $\Psi(t)$ を

$$\Psi(t) = \begin{cases} \int_t^\infty \Phi(s)ds, & t \geq 0, \\ \chi_\infty + \int_0^\infty \Phi(s)ds, & t < 0 \end{cases} \tag{8.38}$$

と定義することにすると, (8.37) は

$$X(t) = F_0 \Psi(t - t_0) \tag{8.39}$$

と表されることになる. 関数 $\Psi(t)$ を**緩和関数**とよぶ. この関数は $t = 0$ で χ_∞ の飛びがあり, 図示すると図 8.2 のようになる.

また, 外力が

$$F_0 \cos \omega t = F_0 \mathrm{Re}(e^{-i\omega t}), \quad i = \sqrt{-1} \tag{8.40}$$

第8章 輸送現象と線形応答

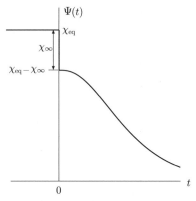

図 **8.2** 緩和関数のイメージ

のように角振動数 ω で周期的に時間変動する場合を扱うために,複素外場

$$F(t) = F_0 e^{-i\omega t} \tag{8.41}$$

に対して,複素数で与えられる応答

$$X(t) = F_0 \chi_\infty e^{-i\omega t} + F_0 \int_{-\infty}^{t} \Phi(t-t') e^{-i\omega t'} dt'$$
$$= F_0 e^{-i\omega t} \left\{ \chi_\infty + \int_0^\infty e^{i\omega s} \Phi(s) ds \right\} \tag{8.42}$$

を考えることにする.関係式

$$X(t) = \chi(\omega) F_0 e^{-i\omega t} \tag{8.43}$$

によって,**複素アドミッタンス** $\chi(\omega)$ を定義する.すると,これは応答関数 $\Phi(t)$ を用いて

$$\chi(\omega) = \chi_\infty + \int_0^\infty e^{i\omega s} \Phi(s) ds \tag{8.44}$$

で与えられることになる.

緩和関数の定義 (8.38) より

$$\frac{d\Psi(t)}{dt} = -\Phi(t)\theta(t) \tag{8.45}$$

であるので,(8.44) 式の中の積分を部分積分することにより,複素アドミッタンスと緩和関数の間の関係式

$$\chi(\omega) \equiv \chi_\infty + i\omega \int_0^\infty e^{i\omega s} \Psi(s) ds + \Psi(0) \tag{8.46}$$

§8.6 【発展】 複素アドミッタンスの特性

が導かれる[6].

§8.6 複素アドミッタンスの特性

複素アドミッタンスという名前は，$\chi(\omega)$ が，電気回路において電圧と電流の関係を表す同名の物理量を一般化したものと見なせるからである（章末問題参照）.

8.6.1 複素アドミッタンスと散逸

複素アドミッタンスの実部と虚部を

$$\chi(\omega) = \chi'(\omega) + i\chi''(\omega) \tag{8.47}$$

と表す．これらに対して，それぞれ，

$$\begin{aligned}\chi'(\omega) &= \chi_\infty + \int_0^\infty \cos(\omega s)\Phi(s)ds \\ &= \chi_\infty - \omega \int_0^\infty \sin(\omega s)\Psi(s)ds + \Psi(0),\end{aligned} \tag{8.48}$$

$$\begin{aligned}\chi''(\omega) &= \int_0^\infty \sin(\omega s)\Phi(s)ds \\ &= \omega \int_0^\infty \cos(\omega s)\Psi(s)ds\end{aligned} \tag{8.49}$$

という表式を与えることができる.

応答 $X(t)$ が変位を表している場合と，流れを表している場合がある．例えば，電場をかけた場合，系が示す分極は変位としての応答であり，系に生じる電流は流れとしての応答である.

外場を

$$F(t) = F_0 \cos(\omega t) = \mathrm{Re}\left(F_0 e^{-i\omega t}\right) \tag{8.50}$$

とすると，$X(t)$ は

$$X(t) = \mathrm{Re}\left(\chi(\omega)F_0 e^{-i\omega t}\right) \tag{8.51}$$

---

[6] 部分積分をするとき，あらかじめ被積分関数において，$\varepsilon > 0$ として $e^{i\omega s} \to e^{i(\omega+i\varepsilon)s}$ という置き換えをしておいて，$s = \infty$ からの寄与は消すことにする．この操作は**因果律**に拠るものとして正当化される.

である．

$X(t)$ が変位としての応答である場合には，周期的な外場がする仕事は，

$$dW = F(t)dX(t) \tag{8.52}$$

であるので，仕事率（単位時間あたりの仕事）は

$$P = \frac{\omega}{2\pi} \int_0^{2\pi/\omega} F(s) \frac{dX(s)}{ds} ds \tag{8.53}$$
$$= \frac{\omega F_0^2}{2} \chi''(\omega)$$

で与えられる（章末問題参照）．つまり，複素アドミッタンスの虚部 $\chi''(\omega)$ を用いて表される．

これに対して，$X(t)$ が流れとしての応答である場合には，仕事率は $P = F(t)X(t)$ で与えられるので，

$$P = \frac{\omega}{2\pi} \int_0^{2\pi/\omega} F(s)X(s)ds = \frac{F_0^2}{2} \chi'(\omega) \tag{8.54}$$

となり，複素アドミッタンスの実部 $\chi'(\omega)$ を用いて表される（章末問題参照）．

定常状態においては，これらの仕事は一般化されたジュール熱として放出されることになる．以上より，複素アドミッタンスは系の**散逸**の様子を表す物理量であることがわかる．

8.6.2 コール–コールプロット

緩和関数 $\Psi(t)$ が，指数関数を用いて

$$\Psi(t) = (\chi^{\mathrm{eq}} - \chi_\infty)e^{-t/\tau} \tag{8.55}$$

という形で与えられるとき，系は**緩和時間** τ をもつ**デバイ緩和**に従うという．このとき，(8.45) より応答関数は

$$\Phi(t) = \frac{\chi^{\mathrm{eq}} - \chi_\infty}{\tau} e^{-t/\tau} \tag{8.56}$$

で与えられる．また，複素アドミッタンス

$$\chi(\omega) = \chi_\infty + \int_0^\infty \frac{\chi^{\mathrm{eq}} - \chi_\infty}{\tau} e^{-s/\tau} e^{i\omega s} ds$$

§8.6 【発展】 複素アドミッタンスの特性

の実部 $\chi'(\omega)$ と虚部 $\chi''(\omega)$ は，それぞれ

$$\chi'(\omega) = \chi_\infty + (\chi^{\mathrm{eq}} - \chi_\infty)\frac{1}{1+\omega^2\tau^2}$$
$$\chi''(\omega) = (\chi^{\mathrm{eq}} - \chi_\infty)\frac{\omega\tau}{1+\omega^2\tau^2} \quad (8.57)$$

となる．これより，

$$\left(\chi'(\omega) - \frac{\chi^{\mathrm{eq}} + \chi_\infty}{2}\right)^2 + \chi''(\omega)^2 = \left(\frac{\chi^{\mathrm{eq}} - \chi_\infty}{2}\right)^2 \quad (8.58)$$

という等式が成り立つことを示すことができる．つまり，複素アドミッタンスを複素上半面上にプロットすると半円を描くことになる．このようなプロットをコール–コール (**Cole-Cole**) プロット（図 8.3）という．

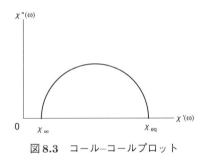

図 8.3　コール–コールプロット

8.6.3　クラマース–クローニッヒの関係

複素アドミッタンスは複素上半面で解析的であることから，複素上半平面の閉曲線 C に沿ってコーシー積分を行うと，

$$\int_C \frac{dz'}{2\pi i}\frac{\chi(z)}{z'-z} = \begin{cases} \chi(z), & \mathrm{Im}\,z > 0 \\ 0, & \mathrm{Im}\,z < 0 \end{cases} \quad (8.59)$$

という等式が得られる．また，主値積分をとることをPと略記することにすると，一般に

$$\lim_{\varepsilon \to 0+}\frac{1}{\omega \pm i\varepsilon} = \frac{\mathrm{P}}{\omega} \mp i\pi\delta(\omega) \quad (8.60)$$

の関係が成り立つ．(8.47) とすると，これらの公式から

$$\chi'(\omega) = \mathrm{P}\int_{-\infty}^{\infty}\frac{d\omega'}{\pi}\frac{\chi''(\omega')}{\omega-\omega'}, \quad (8.61)$$

$$\chi''(\omega) = -\mathrm{P}\int_{-\infty}^{\infty}\frac{d\omega'}{\pi}\frac{\chi'(\omega')}{\omega-\omega'} \tag{8.62}$$

という複素アドミッタンスの実部と虚部の間の関係式が得られる．これを，**クラマース–クローニッヒの関係**という．

この関係式より，複素アドミッタンスの虚部 $\chi''(\omega)$ は，

$$\chi''(\omega) \simeq \frac{d\chi(\omega)}{d\omega} \tag{8.63}$$

というように，近似的に実部 $\chi'(\omega)$ の導関数で与えられることが導かれる．以下，これを示すことにする．(8.62) 式は

$$\chi''(\omega) = -\mathrm{P}\int_{-\infty}^{\infty}\frac{d\omega'}{\pi}\frac{\chi'(\omega')(\omega+\omega')}{\omega^2-\omega'^2} \tag{8.64}$$

と書き直せる．ここで，$\chi'(\omega)$ は偶関数であり，また

$$\mathrm{P}\int_{-\infty}^{\infty}\frac{d\omega'}{\pi}\frac{1}{\omega^2-\omega'^2} = 0$$

であることを用いると，(8.64) 式はさらに

$$\begin{aligned}
\chi''(\omega) &= \omega\mathrm{P}\int_{-\infty}^{\infty}\frac{d\omega'}{\pi}\frac{\chi'(\omega')-\chi'(\omega)}{\omega'^2-\omega^2} \\
&= -\int_{0}^{\infty}\frac{d\omega'}{\pi}(\chi'(\omega')-\chi'(\omega))\left(\frac{1}{\omega'+\omega}+\frac{1}{\omega'-\omega}\right) \\
&= -\int_{0}^{\infty}\frac{d\omega'}{\pi}\frac{d\chi'(\omega')}{d\omega'}\log\left|\frac{\omega'-\omega}{\omega'+\omega}\right|
\end{aligned}$$

と式変形することができる．ここで，

$$-\log\left|\frac{u'-u}{u'+u}\right| \simeq \delta(u-u')$$

という近似式を用いると，(8.63) が導かれる．

§8.7 ウィーナー–ヒンチンの定理

物理量は実際には熱平衡値のまわりに時間的に変動している．この変動を物理量の**ゆらぎ**とよび，それを 8.7 節では，$X(t)$ と書くことにする．時間 t に依

§8.7 【発展】 ウィーナー–ヒンチンの定理

存した物理量のゆらぎ $X(t)$ に対して，ある有限な時間間隔 $[-T,T]$ を考え，その周波数成分を考えることにする．角振動数 ω をもつ周波数成分は

$$\widehat{X}_T(\omega) = \int_{-T}^{T} X(t)e^{i\omega t}dt \tag{8.65}$$

で与えられる．その上で，**ゆらぎのスペクトルを**

$$S(\omega) = \lim_{T\to\infty} \frac{|\widehat{X}_T(\omega)|^2}{2T} = \lim_{T\to\infty} \frac{\widehat{X}_T(\omega)\widehat{X}_T(-\omega)}{2T} \tag{8.66}$$

で定義することにする．この量とゆらぎの**時間相関関数**

$$R(t) = \langle X(t)X(0) \rangle \tag{8.67}$$

との関係を議論する．

系が定常的でかつ，時間に関して並進対称であると仮定すると，(8.67) で表した時間相関関数は

$$R(t) = \lim_{T\to\infty} \frac{1}{2T} \int_{-T}^{T} X(t+t')X(t')dt' \tag{8.68}$$

というように，時間平均として与えられると考えられる．フーリエ変換の性質[7]を利用すると (8.65) の逆変換は

$$X(t) = \lim_{T\to\infty} \frac{1}{2\pi} \int_{-\infty}^{\infty} \widehat{X}_T(\omega)e^{-i\omega t}d\omega \tag{8.71}$$

で与えられる．

これを (8.68) 式に代入すると，

$$R(t) = \lim_{T\to\infty} \frac{1}{2T} \int_{-T}^{T} dt' \frac{1}{2\pi} \int_{-\infty}^{\infty} d\omega \widehat{X}_T(\omega) e^{-i\omega(t+t')}$$
$$\times \frac{1}{2\pi} \int_{-\infty}^{\infty} d\omega' \widehat{X}_T(\omega') e^{-i\omega' t'}$$

---

[7] フーリエ変換

$$\widehat{X}(\omega) = \int_{-\infty}^{\infty} X(t)e^{i\omega t}dt = \lim_{T\to\infty} \widehat{X}_T(\omega) \tag{8.69}$$

の逆変換は

$$X(t) = \frac{1}{2\pi} \int_{-\infty}^{\infty} \widehat{X}(\omega)e^{-i\omega t}d\omega \tag{8.70}$$

で与えられる．

$$= \frac{1}{2\pi} \int_{-\infty}^{\infty} d\omega \, e^{-i\omega t} S(\omega) \tag{8.72}$$

となる．ただしここで，ディラックのデルタ関数に対するフーリエ変換の公式

$$\lim_{T \to \infty} \frac{1}{2\pi} \int_{-T}^{T} e^{-i\omega t} dt = \frac{1}{2\pi} \int_{-\infty}^{\infty} e^{-i\omega t} dt = \delta(\omega)$$

を用いた．他方，$R(t)$ のフーリエ変換を $G(\omega)$ と書くことにすると，

$$R(t) = \frac{1}{2\pi} \int_{-\infty}^{\infty} G(\omega) e^{-i\omega t} d\omega$$

であるので，これを (8.72) 式と比べることにより，

$$G(\omega) = S(\omega) \tag{8.73}$$

であることが結論される．つまり，ゆらぎのスペクトル $S(\omega)$ は相関関数 $R(t)$ のフーリエ変換 $G(\omega)$ と等しい．これを，**ウィーナー–ヒンチンの定理**という．

§8.8 ゆらぎを取り入れた熱力学

8.8.1 ミクロなゆらぎの分布

一般に，平衡熱力学で扱う物理量は状態量である．したがって，熱平衡状態が指定されると，物理量の平衡値は一意的に定まることになる．しかし状態を詳しくみると，物理量は平衡値のまわりに分布している．このように，熱平衡状態から「わずかにずれた状態」を，我々は熱平衡状態からの**ゆらぎ**と捉えることにする．

本書では，熱力学は物質に対するマクロな描像に基づいた理論であると繰り返し述べてきた．ここで「マクロな描像」とは何か，改めて議論してみることにする．

内部エネルギーや自由エネルギーなど，示量性をもつ変数はすべてその定義から，系の大きさが無限大の極限では発散することになる．そこで，このような極限を考えるときには，まず，示量性変数に対してそれぞれ，1 粒子あたりの量（あるいは単位体積あたりの量）を考えることにする．すると，示強性をもつ量が得られることになる．その上で，系を構成している粒子数を無限大とする極限 $N \to \infty$（あるいは，系の体積 V を無限大とする極限 $V \to \infty$）を

§8.8 【発展】 ゆらぎを取り入れた熱力学

考えるのである.この極限において,1粒子あたり(あるいは,単位体積あたり)として定義した変数がそれぞれ確定値をとるようになり,それらを変数として系を記述することができたとき,**マクロな描像**が得られたことになる.このとき熱力学が構築できることから,このような無限粒子極限 $N \to \infty$(あるいは,無限体積極限 $N \to \infty$)を,特に,**熱力学極限**とよぶ[8].

この熱力学極限を議論するために,以下では,示量性の物理量 A の代わりに,単位粒子あたりの量

$$\alpha = \frac{A}{N} \tag{8.74}$$

を考えることにする.

統計力学によると,粒子数 N が十分に多いときには,A の**分布関数** $\mathrm{p}(A|T,a,N)$ は,6.8 節と 6.9 節で導入した現象論的自由エネルギーに相当するある関数

$$\mathcal{G}(A|T,a,N) = \mathcal{G}(A|T,0,N) - aA \tag{8.75}$$

を用いて

$$\mathrm{p}(A|T,a,N) \propto e^{-\beta \mathcal{G}(A|T,a,N)} \tag{8.76}$$

と与えられる[9].ここで,β は温度の逆数をボルツマン定数 (3.45) で割ったものである.

$$\beta = \frac{1}{k_\mathrm{B} T} \tag{8.77}$$

$\mathcal{G}(A|T,a,N)$ も示量性の量であるので,単位粒子あたりの $\mathcal{G}(A|T,a,N)$

$$g(\alpha|T,a,N) = \frac{\mathcal{G}(A|T,a,N)}{N} \tag{8.78}$$

を用いることにする.ここで,$g(\alpha|T,a,N)$ は,(8.74) で定義した単位粒子あたりの量 α の関数であるとする.物理量 α の分布関数は (8.76) を書き換えた

$$\mathrm{p}(\alpha|T,a,N) \propto e^{-\beta N g(\alpha|T,a,N)} \tag{8.79}$$

---

[8] 粒子数 N を単位体積あたりの粒子数,すなわち,粒子数密度 $\rho = N/V$ に,また,体積 V を ρ の逆数である 1 粒子あたりの占有体積 $v = V/N$ で置き換える.その上で,ρ や v の極限値が存在するようにするには,$N \to \infty$ と $V \to \infty$ を同時にとる必要がある.このように,ある条件を満たすように複数の変数の極限を同時にとる操作を,一般に**スケーリング極限**という.熱力学極限はスケーリング極限の一種である.

[9] 物理量 A は一般には連続変数であり,その場合には $\mathrm{p}(A|T,a,N)$ は**確率密度関数**である.比例定数は,これを A の定義域 $\mathcal{A}$ にわたって積分した値が 1 となるという**規格化条件** $\int_\mathcal{A} \mathrm{p}(A|T,a,N)dA = 1$ より定める.

で与えられる．

以下ではしばらく，外場 $a=0$ の場合を考えることにする．6.8 節の (6.62) と同様にして，熱平衡状態は $\mathcal{G}(A|T,a,N)$ が最小値をとる状態である[10]．また，4.6 節で与えた熱平衡状態の安定性に対する議論が，$\mathcal{G}(A|T,a,N)$ 現象論的自由エネルギーに対しても成り立つものと仮定すると，

$$g'(\alpha = \alpha^{\text{eq}}|T,0,N) = \left.\frac{\partial g(\alpha|T,0,N)}{\partial \alpha}\right|_{\alpha=\alpha^{\text{eq}}} = 0,$$

$$g''(\alpha = \alpha^{\text{eq}}|T,0,N) = \left.\frac{\partial^2 g(\alpha|T,0,N)}{\partial \alpha^2}\right|_{\alpha=\alpha^{\text{eq}}}$$

$$\equiv g''(T,0,N) > 0 \tag{8.81}$$

が成り立つことになる．ただし，変数 α の熱平衡値を α^{eq} と記した．したがって，$g(\alpha|T,0,N)$ を α^{eq} のまわりでテイラー展開すると

$$g(A|T,0,N) = g_0 + \frac{1}{2}g''(T,0,N)(\alpha - \alpha^{\text{eq}})^2 + \cdots \tag{8.82}$$

となり，α^{eq} からの偏差 $\alpha - \alpha^{\text{eq}}$ の 3 次以上を無視すると，分布関数は規格化因子も含めて

$$\text{p}(\alpha|T,0,N) = \sqrt{\frac{N\beta g''(T,0,N)}{2\pi}}e^{-\beta N g''(T,0,N)(\alpha-\alpha^{\text{eq}})^2/2} \tag{8.83}$$

と定まることになる[11]．これは，**平均値**が α^{eq} で，**分散**が

$$\sigma_\alpha^2 = \frac{1}{N\beta g''(T,0,N)} \tag{8.84}$$

---

[10] その最小値は，熱力学的な 1 粒子あたりのギブスの自由エネルギー，すなわち，化学ポテンシャル $\mu(T,a) = G(T,a,N)/N$ を与える．

$$\min_\alpha g(\alpha|T,a,N) = g(\alpha^{\text{eq}}|T,a,N)$$

$$= \frac{1}{N}G(T,a,N) = \mu(T,a) \equiv g_0. \tag{8.80}$$

[11] α の定義域は実数全体 $\mathcal{A} = (-\infty, \infty)$ であると仮定して，ガウスの積分公式

$$\int_{-\infty}^{\infty} e^{-\frac{1}{2}c\alpha^2} = \sqrt{\frac{2\pi}{c}}, \quad (c > 0)$$

を用いた．

§8.8 【発展】 ゆらぎを取り入れた熱力学

のガウス分布（正規分布）に他ならない[12]．

粒子数 N を大きくすると，α の分散 (8.84) は N に反比例して減少する．(8.83) より，熱力学極限 $N \to \infty$ では，α の分布は α^{eq} にのみ値をもつディラックのデルタ関数で表される分布

$$\lim_{N \to \infty} \mathrm{p}(\alpha|T,0,N) = \delta(\alpha - \alpha^{\mathrm{eq}}) \tag{8.85}$$

に収束することがわかる．（この分布を α^{eq} を中心とするディラック測度という．）つまり，熱力学極限 $N \to \infty$ においては，1粒子あたりの物理量 α はもはや分布せず，確定値 α^{eq} に収束することを意味する．ゆらぎはすべて均されてしまい，熱平衡値が確定的に実現されることになるのである．

8.8.2 カークウッドの関係

物理量の分布関数を用いて，外場 a への応答を調べてみることにする．簡単のため，$\alpha^{\mathrm{eq}}(a=0) = 0$ である場合を考えることにする．(8.75) より $g(\alpha|T,a,N) = g(\alpha|T,0,N) - a\alpha$ が成り立つので，外力 $a \neq 0$ のときには，分布関数 (8.83) は

$$\mathrm{p}(\alpha|T,a,N) = \sqrt{\frac{N\beta g''(T,a,N)}{2\pi}} e^{-\beta N\{g''(T,a,N)\alpha^2/2 - a\alpha\}} \tag{8.86}$$

と一般化される．指数関数の中身を平方完成すると

$$\begin{aligned}
&-\beta N\Big\{g''(T,a,N)\alpha^2/2 - a\alpha\Big\} \\
&= -\frac{\beta N (g''(T,a,N)}{2}\left(\alpha - \frac{a}{g''(T,a,N)}\right)^2 + \beta N \frac{a^2}{g''(T,a,N)}
\end{aligned} \tag{8.87}$$

となるので，$a \neq 0$ のときの α の平均値は

$$\alpha^{\mathrm{eq}}(a) = \frac{a}{g''(T,a,N)} \tag{8.88}$$

---

[12] 確率密度関数が $\mathrm{p}(x) = e^{-(x-x_0)^2/2\sigma^2}/\sqrt{2\pi}\sigma$, $x \in (-\infty,\infty)$ で与えられる連続変数の分布を，平均値 x_0, 分散 σ^2 のガウス分布（正規分布）という．ここで，平均値と分散は，それぞれ次の積分で定義されたものである．

$$\langle x \rangle \equiv \int_{-\infty}^{\infty} x\mathrm{p}(x) = x_0,$$

$$\langle (x-x_0)^2 \rangle \equiv \int_{-\infty}^{\infty} (x-x_0)^2 \mathrm{p}(x) = \sigma^2.$$

となる．元の示量性変数 $A = A(a)$ の外力 a に対する応答関数を χ_A と書くことにすると，(8.74) の関係から，

$$\chi_A \equiv \frac{A(a)}{a} = \frac{N\alpha^{\mathrm{eq}}(a)}{a}$$
$$= \frac{N}{g''(T, a, N)} \tag{8.89}$$

となる．

他方，外力 $a = 0$ のときの物理量 A のゆらぎの大きさは，分布 (8.83) での分散 $\langle (A - A^{\mathrm{eq}})^2 \rangle$ で表現できると考えると，(8.74) の関係より，これは α の分散 $\sigma_\alpha^2 = \langle (\alpha - \alpha)^2 \rangle$ と

$$\langle (A - A^{\mathrm{eq}})^2 \rangle = N^2 \langle (\alpha - \alpha^{\mathrm{eq}})^2 \rangle \tag{8.90}$$

という関係にあることになる．よって，(8.84) より，

$$\langle (A - A^{\mathrm{eq}})^2 \rangle = \frac{N}{\beta g''(T, a, N)} \tag{8.91}$$

となる．(8.89) と (8.91) を比較すると

$$\chi_A = \beta \langle (A - A^{\mathrm{eq}})^2 \rangle \tag{8.92}$$

の関係があることがわかる．つまり，応答はゆらぎの分散に比例し，温度に反比例することになる．これを**カークウッドの関係**という．ここで，示量性変数である A の応答関数 χ_A は N に比例する示量性をもつ熱力学量であるので，それに比例するゆらぎの分散も (8.91) のように N に比例する量である．したがって，ゆらぎ $|A - A^{\mathrm{eq}}|$ 自身は $\sqrt{N}$ に比例する量であることになる．よって，1 粒子あたりの値のゆらぎというものを考えると，それは $1/\sqrt{N}$ に比例することになり，熱力学極限 $N \to \infty$ では 0 となる．逆に言うと，示量性変数のゆらぎは $\sqrt{N}$ のオーダーであり示量性をもつことはできないが，その分散は N のオーダーであり，示量性をもつ応答関数を与えることになるのである．

8.8.3 ゆらぎの緩和

マクロな系を熱平衡状態からずらすと，熱平衡状態への緩和が起こる．これは，2.2 節で述べた熱力学第 0 法則の主張する熱平衡状態の唯一性の結果であり，また，4.6 節で説明した熱力学的安定性とのためとも考えられる．しかし，

§8.9 【発展】 オンサーガーの相反定理の導出

平衡熱力学の範疇では，この緩和の仕方について，一般には何も言うことができない．

そこでここでは，物理量 α の緩和現象が指数関数的

$$\alpha(t) = \alpha(0) e^{-t/\tau}, \quad t \geq 0 \tag{8.93}$$

になっていることを仮定する．これを**デバイ緩和**とよび，τ を**緩和時間**という．この場合，$\alpha(t)$ は微分方程式

$$\frac{d\alpha(t)}{dt} = -\frac{1}{\tau}\alpha(t), \quad t \geq 0 \tag{8.94}$$

を満たす．

§8.9 オンサーガーの相反定理の導出

本節では，前節で導入したゆらぎを取り込んだ熱力学を用いて，オンサーガーの相反定理を一般的に証明する．ここでは，(8.74) と同様に，示量的変数を粒子数で割った量を考えるが，単一ではなく，M 個の変数が系の状態に寄与するものとし，それらを $\{\alpha_j\}(j=1,2,\ldots,M)$ と書くことにする．ただしここでも，簡単化のため，それらの量の熱平衡値はすべて 0 であるものと仮定する．

$$\alpha_j^{\mathrm{eq}} = 0, \quad j = 1, 2, \ldots, M \tag{8.95}$$

ゆらぎのない場合 ($\alpha_j = 0$) の1粒子あたりの系のエントロピーを S_0 と書くことにする．ゆらぎ $\alpha_j\,(j=1,2,\ldots,M)$ が存在するが，それらの絶対値がいずれも小さい場合には，エントロピーは

$$S(\{\alpha_j\}_{j=1}^M) = S_0 - \frac{1}{2}\sum_{1 \leq j,k \leq M} c_{jk}\alpha_j\alpha_k \tag{8.96}$$

という形で与えられるものと仮定する．ここで，$c_{jk}\,(j,k=1,2,\ldots,M)$ は $\alpha_j\,(j=1,2,\ldots,M)$ には依存しない定係数である．この形は2次形式（8.4 節）であり，$c_{jk} = c_{kj}\,(j,k=1,2,\ldots,M)$ としても一般性を失わないので，以後はこれを仮定する．よって，これらの係数を成分とする $M \times M$ の行列を $\mathsf{C} = (c_{jk})$ と書くことにすると，これは実対称行列となる．つまり，行列 $\mathsf{C} = (c_{jk})$ の転置行列を ${}^t\mathsf{C} = (c_{kj})$ と書くことにすると，${}^t\mathsf{C} = \mathsf{C}$ が成り立つ．

一般に，実対称行列は実直交行列を用いて対角化できるが，エントロピーの値が S_0 で与えられる平衡状態は熱力学的に安定であることから，すべての固有値は正でなくてはならない．このとき，**C** は**正値行列**であるという．ゆらぎ $\alpha_j\,(j=1,2,\ldots,M)$ を M 成分のベクトルを用いて，

$$\boldsymbol{\alpha} = \begin{pmatrix} \alpha_1 \\ \alpha_2 \\ \vdots \\ \alpha_M \end{pmatrix}, \quad {}^t\boldsymbol{\alpha} = (\alpha_1, \alpha_2, \ldots, \alpha_M) \tag{8.97}$$

と表すことにする．すると，(8.96) 式は

$$S(\boldsymbol{\alpha}) = S_0 - \frac{1}{2}{}^t\boldsymbol{\alpha}\mathsf{C}\boldsymbol{\alpha} \tag{8.98}$$

と書ける．

一般にゆらぎは時間 t の関数 $\alpha_j = \alpha_j(t)\,(j=1,2,\ldots)$ であり，それらの時間微分により，流れ

$$J_j = \frac{d\alpha_j(t)}{dt} \quad (j=1,2,\ldots,M) \quad \Longleftrightarrow \quad \boldsymbol{J} = \frac{d\boldsymbol{\alpha}(t)}{dt} \tag{8.99}$$

が与えられる．また，共役な外力は

$$f_j = \frac{\partial S(\boldsymbol{\alpha})}{\partial \alpha_j} = -\sum_{k=1}^{M} c_{jk}\alpha_k \quad (j=1,2,\ldots,M), \tag{8.100}$$

で定義され，これはベクトル表示では

$$\boldsymbol{f} = -\mathsf{C}\boldsymbol{\alpha} \tag{8.101}$$

と表される．

今，外力と流れとの間に，線形の関係

$$J_j = \sum_{k=1}^{M} L_{jk} f_k \quad (j=1,2\ldots,M) \quad \Longleftrightarrow \quad \boldsymbol{J} = \mathsf{L}\boldsymbol{f} \tag{8.102}$$

が成り立っているものと仮定する．ここで，$L_{jk}\,(j,k=1,2,\ldots,M)$ は $\boldsymbol{J}$ や $\boldsymbol{f}$ の成分によらない定係数であり，L_{jk} を (j,k)-成分とする $M\times M$ の係数行列を $\mathsf{L}=(L_{jk})$ と書いた．このような $\boldsymbol{J}$ と $\boldsymbol{f}$ の間の線形関係が，**線形応答**であ

§8.9 【発展】 オンサーガーの相反定理の導出

る.行列 L は正則行列であり,逆行列が常に存在するものとして,(8.102) を解くことにより,

$$f_j = \sum_{k=1}^{M} (\mathsf{L}^{-1})_{jk} J_k \quad (j=1,2,\ldots,M) \iff \boldsymbol{f} = \mathsf{L}^{-1}\boldsymbol{J} \tag{8.103}$$

という関係式が得られる.

ここで,8.8.3 項でのデバイ緩和の仮定を拡張し,すべてのゆらぎは熱平衡状態に向かって指数関数的に緩和をするものとする.具体的には,$M \times M$ の行列 $\mathsf{R} = (R_{jk})$ が存在して,M 成分をもつゆらぎ $\boldsymbol{\alpha}(t)$ は,微分方程式

$$\frac{d\boldsymbol{\alpha}}{dt} = -\mathsf{R}\boldsymbol{\alpha} \tag{8.104}$$

に従って緩和していくものとする.[13] 行列 R は (8.94) の右辺に現れた係数 $-1/\tau$ を多成分に拡張したものであり,緩和時間 τ が正であることに対応して,R の固有値はすべて正であるべきである.

一方,(8.101) 式より,行列 C も正則であるとすると,

$$\boldsymbol{\alpha} = -\mathsf{C}^{-1}\boldsymbol{f} \tag{8.105}$$

であるので,流れの定義式 (8.99) と合わせると,

$$\boldsymbol{J} = \frac{d\boldsymbol{\alpha}}{dt} = \mathsf{R}\mathsf{C}^{-1}\boldsymbol{f} \tag{8.106}$$

が得られる.これを,線形応答の関係式 (8.102) と比べると,線形応答係数 $\mathsf{L} = (L_{jk})$ と緩和係数 $\mathsf{R} = (R_{jk})$ との間に,

$$\mathsf{L} = \mathsf{R}\mathsf{C}^{-1} \tag{8.107}$$

という関係があることが結論される.

8.8.1 項で,単独の変数 α に関して分布が (8.83) 式で与えられることを述べたが,系のエントロピーが (8.98) 式のように与えられている場合には,次のように拡張される.

$$\mathrm{p}(\boldsymbol{\alpha}) \propto \exp\left(-\frac{1}{2}\beta^t\boldsymbol{\alpha}\mathsf{C}\boldsymbol{\alpha}\right) \tag{8.108}$$

---

[13] この関係は,ゆらぎの平均値に関するものと理解すべきであるが,ここでの議論ではゆらぎ自身も同様の緩和を示すものとする.

この確率分布の下，ゆらぎの**同時刻相関関数** G_{jk} ($j,k=1,2,\ldots,M$) は

$$G_{jk} = \langle \alpha_j \alpha_k \rangle \equiv \int \alpha_j \alpha_k \mathrm{p}(\boldsymbol{\alpha}) d\boldsymbol{\alpha} \quad (j,k=1,2,\ldots,M) \tag{8.109}$$

で定義される．ここで，$d\boldsymbol{\alpha} = d\alpha_1 d\alpha_2 \cdots d\alpha_M$ であり，最右辺は M 重積分を意味する．すると，(8.109) を各成分とする $M \times M$ 行列

$$\mathsf{G} = (G_{jk}) \equiv \langle \boldsymbol{\alpha}\,{}^t\boldsymbol{\alpha} \rangle \tag{8.110}$$

は一般に

$$\mathsf{G} = \beta^{-1}\mathsf{C}^{-1} \tag{8.111}$$

であることが示せる（章末問題）．よって，G も実対称行列であることになる．

次に，異なる2時刻 $s \neq t$ におけるゆらぎの間の相関 $\langle \alpha_j(t)\alpha_k(s) \rangle$ について考えることにする．これを**時間相関関数**という．時間に関して系が並進対称性をもつものと仮定すると，

$$\begin{aligned}\langle \alpha_j(t)\alpha_k(s) \rangle &= \langle \alpha_j(t-s)\alpha_k(0) \rangle \\ &= \langle \alpha_j(0)\alpha_k(s-t) \rangle \quad (j,k=1,2,\ldots,M)\end{aligned} \tag{8.112}$$

が成り立つ．さらに，**時間反転対称性**

$$\langle \alpha_j(t)\alpha_k(0) \rangle = \langle \alpha_j(0)\alpha_k(t) \rangle \quad (j,k=1,2,\ldots,M) \tag{8.113}$$

も仮定することにする．この両辺を時刻 t で微分すると

$$\left\langle \frac{d\alpha_j(t)}{dt}\alpha_k(0) \right\rangle = \left\langle \alpha_j(0)\frac{d\alpha_k(t)}{dt} \right\rangle \tag{8.114}$$

である．これを行列の形で書くと

$$\left\langle \frac{d\boldsymbol{\alpha}(t)}{dt}\,{}^t\boldsymbol{\alpha}(0) \right\rangle = \left\langle \boldsymbol{\alpha}(0)\frac{d\,{}^t\boldsymbol{\alpha}(t)}{dt} \right\rangle \tag{8.115}$$

である．ここで，デバイ緩和の仮定 (8.104) を用いると

$$\mathsf{R}\langle \boldsymbol{\alpha}(t)\,{}^t\boldsymbol{\alpha}(0) \rangle = \langle \boldsymbol{\alpha}(0)\,{}^t\boldsymbol{\alpha}(t) \rangle{}^t\mathsf{R} \tag{8.116}$$

という関係式が導かれる．この関係式において $t \to 0$ の極限をとると，時間相関関数は同時刻相関関数に収束するので，(8.110) で与えられた定義より，

$$\mathsf{R}\mathsf{G} = \mathsf{G}^t\mathsf{R} \tag{8.117}$$

§8.9 【発展】 オンサーガーの相反定理の導出

が得られる。G は対称行列であったので

$$RG = G\,{}^tR = {}^tG\,{}^tR = {}^t(RG) \tag{8.118}$$

であり，RG は対称行列であることがわかる．ここで，(8.107) と (8.111) を用いると，

$$L = RC^{-1} = \beta RG \tag{8.119}$$

であるから，L も対称行列

$$L = {}^tL \iff L_{jk} = L_{kj} \quad (j, k = 1, 2, \ldots, M) \tag{8.120}$$

であることが結論される．よって，輸送係数の交差成分は対称であり，M 成分に拡張されたオンサーガーの相反定理が証明されたことになる．

ここで注意しなくてはならないのは，上の証明の途中の (8.113) 式のところで，時間反転操作を行い，ゆらぎの時間相関関数がこの操作に対して不変であることを用いたことである．ところが，系の状態を指定するパラメータのうち，時間反転に関して反対称のものもある．例えば，磁場 H がその例である．よって，輸送係数がそのようなパラメータの関数である場合には，オンサーガーの相反定理 (8.120) を表示する際に，

$$L_{jk}(H) = L_{kj}(-H) \quad (j, k = 1, 2, \ldots, M) \tag{8.121}$$

というように書くべきである．また，物理量として速度など時間反転に関して反対称な量を考えた場合は，当然，時間反転において符号が変わる．そのとき，(8.113) 式は

$$\langle \alpha_j(t)\alpha_k(0) \rangle = -\langle \alpha_j(0)\alpha_k(t) \rangle \quad (j, k = 1, 2, \ldots, M) \tag{8.122}$$

となる．この場合，これらの成分に関して L の非対角成分の符号は変わり，オンサーガーの相反定理は

$$L_{jk} = -L_{kj} \tag{8.123}$$

と表されることになる．

§8.10 エントロピー生成最小の原理

エントロピー生成 (8.29) の時間微分は

$$\frac{dQ}{dt} = 2\,{}^t\!\boldsymbol{f}\mathsf{L}\frac{d\boldsymbol{f}}{dt} = 2\,{}^t\!\boldsymbol{J}\frac{d\boldsymbol{f}}{dt} \tag{8.124}$$

である．ここで，線形応答の関係式 (8.102) を用いた．さらに，(8.99) と (8.101) より，

$$\frac{d\boldsymbol{f}}{dt} = -\mathsf{C}\frac{d\boldsymbol{\alpha}}{dt} = -\mathsf{C}\boldsymbol{J} \tag{8.125}$$

であることに注意すると，(8.124) は，

$$\frac{dQ}{dt} = -2\,{}^t\!\boldsymbol{J}\mathsf{C}\boldsymbol{J} \tag{8.126}$$

という 2 次形式で表されることがわかる．C は正値行列であったので，

$$\frac{dQ}{dt} \leq 0 \tag{8.127}$$

であり，エントロピー生成速度は時間とともに単調に減少することになる．よって，十分に時間が経過して，系が定常状態に達したときにはエントロピー生成速度は最小になっていることになる．このことは，系はエントロピー生成速度を最小にするように時間発展することを意味する．

これから，エントロピー生成速度を変分関数にして，非平衡な熱力学状態を変分法に基づいて研究することが可能である．プリゴジンはこの性質を**エントロピー生成最小の原理**と名づけ，この原理を元にして非平衡熱力学の構築を試みた[14]．

8.10.1 電気回路でのエントロピー生成最小の原理

熱の発生の様子が変分原理に基づいて説明できる例として，抵抗を用いた回路での電流分布の問題がある．N 個の格子点からなる格子を考え，格子点対 (j,k) の間に電気抵抗 R_{jk} を置き，格子点 j から格子点 k に流れる電流を J_{jk} とする $(j,k = 1, 2, \ldots, N)$．回路での電流分布は，任意の閉回路 $C = \{(\ell, m)\}$ で

$$\sum_{(\ell,m)\in C} R_{\ell m} J_{\ell m} = 0 \tag{8.128}$$

---

[14] プリゴジン (Ilya Prigogine, 1917–2003) はベルギーの物理学者であり，非平衡熱力学，特に**散逸構造**の研究に対して 1977 年にノーベル化学賞を受賞している．

が成り立ち，また，任意の格子点 k に流れ込む電流の和は 0

$$\sum_{\ell=1}^{N} J_{\ell m} = 0 \quad (m = 1, 2, \ldots, N) \tag{8.129}$$

であるという**キルヒホッフの法則**を用いて解くことができる．発生するジュール熱は

$$P = \sum_{(\ell,m)\in C} R_{\ell m}(J_{\ell m})^2 \tag{8.130}$$

である．ここで閉回路 $C = \{(\ell, m)\}$ の電流を ε だけ

$$J_{\ell m} \to J_{\ell m} + \varepsilon \tag{8.131}$$

というように変化させたとすると，発生するジュール熱の変化は

$$\Delta P = \sum_{(\ell,m)\in C} R_{\ell m}(2\varepsilon J_{\ell m} + \varepsilon^2) \tag{8.132}$$

であるが，(8.128) より

$$\Delta P = \sum_{(\ell,m)\in C} R_{\ell m}\varepsilon^2 \tag{8.133}$$

であることになる．キルヒホッフの法則に従う電気回路においてジュール熱の変分をとると，ε の 1 次の項は消え，正係数をもつ 2 次式が与えられることは，電流分布は発生するジュール熱を最小にする，つまりエントロピー生成速度を最小にするように定っていることを意味している．

§8.11 揺動・散逸定理

外力がなく系が熱平衡状態にあるときの，系の時間的なゆらぎ（**揺動**）の様子は，時間相関関数 (8.67) で表される．他方，複素アドミッタンスは 8.6.1 項で述べたように，外力がはたらき変位や流れが生じた結果，一般化されたジュール熱が発生し，エネルギーが散逸される様子を表している．以下では，この 2 つの物理量の間の関係を導く．この関係は**揺動・散逸定理**とよばれる．

8.11.1 第1種の揺動・散逸定理

周期的に時間変動する外力 $F(t)$ に対する物理量 $X(t)$ の応答は，各々のフーリエ変換（周波数 ω 成分）

$$\widehat{X}(\omega) = \int_{-\infty}^{\infty} X(t)e^{i\omega t}dt, \quad \widehat{F}(\omega) = \int_{-\infty}^{\infty} F(t)e^{i\omega t}dt \qquad (8.134)$$

を用いると，複素アドミッタンス $\chi(\omega)$ を用いて，

$$\widehat{X}(\omega) = \chi(\omega)\widehat{F}(\omega) \qquad (8.135)$$

と表すことができる[15]．

ここで，$\theta(x)$ を階段関数 (8.35) として，外力が

$$F(t) = F_0 \theta(-t) \qquad (8.136)$$

で与えられる場合を考えることにする．ここで，$\theta(-t)$ が

$$\theta(-t) = \lim_{\varepsilon \to 0+} \frac{1}{2\pi i} \int_{-\infty}^{\infty} \frac{e^{-i\omega t}}{\omega - i\varepsilon} d\omega \qquad (8.137)$$

と表せることを用いると，

$$\widehat{F}(\omega) = \lim_{\varepsilon \to 0+} \frac{1}{i} \frac{F_0}{\omega - i\varepsilon}$$

である．よって，

$$X(t) = \frac{1}{2\pi}\int_{-\infty}^{\infty} \widehat{X}(\omega)e^{-i\omega t}d\omega = \frac{1}{2\pi}\int_{-\infty}^{\infty} \chi(\omega)\widehat{F}(\omega)e^{-i\omega t}d\omega$$

は，主値積分の公式 (8.60) より，すべての時刻 t において

$$X(t) = \int_{-\infty}^{\infty} \frac{F_0}{2\pi i}\chi(\omega)\left(\frac{\mathrm{P}}{\omega} + i\pi\delta(\omega)\right)e^{-i\omega t}$$

---

[15] この関係式より，

$$X(t) = \frac{1}{2\pi}\int_{-\infty}^{\infty} \widehat{X}(\omega')e^{-i\omega' t} = \frac{1}{2\pi}\int_{-\infty}^{\infty} \chi(\omega')\widehat{F}(\omega')e^{-i\omega' t}d\omega'$$

であるが，特に，$\widehat{F}(\omega') = 2\pi F_0 \delta(\omega' - \omega)$ のときは，

$$F(t) = \frac{1}{2\pi}\int_{-\infty}^{\infty} \widehat{F}(\omega')e^{-i\omega' t}dt = F_0 e^{-i\omega t}, \quad X(t) = \chi(\omega)F_0 e^{-i\omega t}$$

これが，8.5 節の (8.41), (8.43) で考えた状況である．

§8.11 【発展】 揺動・散逸定理

$$= F_0 \left\{ \frac{1}{2\pi i} \mathrm{P} \int_{-\infty}^{\infty} \chi(\omega) \frac{e^{-i\omega t}}{\omega} d\omega + \frac{\chi(0)}{2} \right\} \tag{8.138}$$

と表されることが導かれる. $t < 0$ のときには, (8.136) より, $F(t < 0)(= F_0)$ は一定なので, $\widehat{F}(\omega) = 2\pi F_0 \delta(\omega)$ である. よって, (8.135) より $\widehat{X} = 2\pi \chi(0) F_0 \delta(\omega)$ であるから,

$$X(t) = \frac{1}{2\pi} \int_{-\infty}^{\infty} \widehat{X}(\omega) e^{-i\omega t} d\omega = F_0 \chi(0), \quad t < 0 \tag{8.139}$$

が成り立つ.

さて, ここで熱平衡状態におけるゆらぎの相関関数 (8.67) を考えることにする. 相関関数 $R(t)$ で $t=0$ とすると, これは熱平衡状態でのゆらぎの分散に他ならないので, (8.92) と同様に, 熱平衡状態での応答関数 χ^{eq} を用いて

$$R(0) = \langle X(0)^2 \rangle = k_{\mathrm{B}} T \chi^{\mathrm{eq}} \tag{8.140}$$

で与えられる. $t > 0$ での $R(t)$ の時間依存性は, 上で求めた $X(t)$ の $t > 0$ での時間依存性と等しい. ただし, $X(t)$ に対しては (8.136) のように, $t < 0$ で一定値 F_0 の外力を課し, その結果, (8.139) で与えたように, $X(t)$ の値は $t < 0$ では $F_0 \chi(0)$ であった. いま, χ^{eq} と $\chi(0)$ は等しい. すると, $t \geq 0$ のときには, (8.138) で与えられた $X(t)$ の表式において F_0 を $k_{\mathrm{B}} T$ に置き換えることにより, $R(t)$ が得られる.

$$R(t) = \frac{k_{\mathrm{B}} T}{F_0} X(t), \quad t \geq 0. \tag{8.141}$$

ここで, (8.139) より

$$X(-t) - F_0 \chi(0) = 0, \quad t > 0 \tag{8.142}$$

であるから, (8.141) は

$$R(t) = \frac{k_{\mathrm{B}} T}{F_0} (X(t) + X(-t) - F_0 \chi(0)) \tag{8.143}$$

と書き直すことができる. これは, すべての時刻 t に関して, 相関関数 $R(t)$ が時間反転対称性

$$R(t) = R(-t) \tag{8.144}$$

をもつことを明示する表式である．この式に (8.138) を代入すると

$$R(t) = \frac{k_\mathrm{B}T}{\pi i}\mathrm{P}\int_{-\infty}^{\infty}\frac{\chi(\omega)\cos(\omega t)}{\omega}d\omega \tag{8.145}$$

が得られる[16]．これが，ゆらぎの相関関数 $R(t)$ と複素アドミッタンス $\chi(\omega)$ とを関係づける**第1種の揺動・散逸定理**である．この関係を周波数成分で表すと

$$G(\omega) = k_\mathrm{B}T\frac{\chi(\omega) - \chi^*(\omega)}{i\omega} \tag{8.146}$$

となる．

8.11.2　第2種の揺動・散逸定理

次に，変位あるいは流れ $X(t)$ がゆらぐのではなく，外力 $F(t)$ がゆらぐ場合を考えることにする．ある有限な時間間隔 $[-T,T]$ を考え，角振動数 ω をもつ周波数成分

$$\widehat{F}_T(\omega) = \int_{-T}^{T}F(t)e^{i\omega t}dt \tag{8.147}$$

に注目することにする．**複素インピーダンス**を

$$Z(\omega) = \frac{1}{\chi(\omega)} \tag{8.148}$$

と定義すると，(8.135) より，

$$\lim_{T\to\infty}\widehat{F}_T(\omega) = \widehat{F}(\omega) = Z(\omega)\widehat{X}(\omega) = \lim_{T\to\infty}Z(\omega)\widehat{X}_T(\omega) \tag{8.149}$$

という関係が成り立つ．よって，**外力のゆらぎのスペクトル**を

$$S_F(\omega) = \lim_{T\to\infty}\frac{|\widehat{F}_T(\omega)|^2}{2T} \tag{8.150}$$

と定義すると，ウィーナー–ヒンチンの関係 (8.73) を用いて

$$\begin{aligned}S_F(\omega) &= \lim_{T\to\infty}\frac{|Z_T(\omega)|^2|\widehat{X}_T(\omega)|^2}{2T}\\ &= |Z(\omega)|^2 S(\omega) = |Z(\omega)|^2 G(\omega)\end{aligned} \tag{8.151}$$

を得る．ここで，(8.146) と (8.148) を用いると，

$$S_F(\omega) = Z^*(\omega)Z(\omega)k_\mathrm{B}T\frac{\chi(\omega) - \chi^*(\omega)}{i\omega}$$

---

[16] (8.145) で $t = 0$ とし，主値積分を実行すると $R(0) = k_\mathrm{B}T\chi(0)$ となる．

§8.12 【発展】 非平衡熱力学

$$= k_{\mathrm{B}} T \frac{Z^*(\omega) - Z(\omega)}{i\omega} \tag{8.152}$$

という関係が得られる．外力のゆらぎのスペクトルと複素インピーダンスの関係を与える (8.152) は**第2種の揺動・散逸定理**とよばれる．

§8.12 非平衡熱力学

自発的な熱の流れは高温側から低温側に一方的に起こることを，物理学の原理として主張する熱力学第2法則は，エントロピーという熱力学量を導入することで定式化され，熱力学という理論体系として整備された．しかしながら，熱力学第2法則は，熱がどのように流れるかについては何も言っておらず，熱平衡への緩和の仕方についての原理は未だ知られていない．

その未知の原理の解明を目指して，**非平衡熱力学**，あるいはミクロな立場から議論を展開する**非平衡統計力学**という研究分野において，多くの研究者が今日も果敢な挑戦を続けている．

章末コラム　熱の伝導現象

熱の移動は，伝導，対流，放射の3つの形態がある．温度の異なる固体を接触させたり，流体に小さな温度差を与えた場合には，熱伝導係数に比例した熱の移動が起こる．これが伝導である．また，放射による熱の移動は7.7節で説明した黒体輻射によって起こる．この場合，物体の温度によって決まる黒体輻射によりエネルギーが放出されると物体の温度は下がり，逆に外部からの輻射を受けることで物体の温度が上がる．日向ぼっこは太陽からの輻射を利用している．対流は，流体の運動が関わるので解析が複雑になる．温度が異なる2つの板の間に，液体を媒体として入れた場合，温度差がある閾値を越すと対流が始まる．これは**ベナール対流**とよばれ動的相転移の観点からも興味深い現象である．

固体が液体に接している場合，実際の熱の伝わり方は，境界の状態によって大きく影響を受ける．特に，境界で対流などの流体力学的効果がある場合は，単純な熱伝導にはならず**伝熱現象**とよばれるふるまいを示す．

例えば，鉄板で壁を通して，室内から外に逃げる熱量は単純には，温度差×熱伝導率×面積で与えられると考えられるが，実際の熱量伝搬はそれよりはるかに少ない．それは，対流効果のため固体表面での温度変化が大きく，鉄の壁の両端，つまり熱伝導率を適用する部分では温度差が小さくなるためである．温度が大きく変わる固体表面領域は**温度境界相**とよばれる．このような効果を取り入れた解析は伝熱工学の分野で詳しく調べられている．そこでは，熱伝導率 λ の代わりに熱伝達率 h が用いられる．温度境界相での熱伝達の大きさは，固体表面の温度 T_W と室内温度 T_R を用いて

$$q = h(T_W - T_R) \tag{8.153}$$

と与えられる．この関係は**ニュートンの冷却法則**とよばれる．熱伝導率と熱伝達率の関係は，系の代表的な長さを L として，**ヌッセルト数**とよばれる無次元の比 hL/λ で与えられる．

第 8 章 章末問題

問題 1 また，1 つの金属でできている導線に温度差 ΔT がある状況で電流を流したときに，交差項のために生じるジュール熱以外の熱の発生 (8.23) を求めよ．

問題 2 関係 (8.53), (8.54) を導け．

問題 3 電圧 E で駆動される抵抗 R とインダクタンス L を直列に配置した電気回路を考える．この系での複素アドミッタンスを求めよ．

問題 4 緩和関数が**減衰緩和**（**Van Vleck-Weisskopf-Frölich 型共鳴吸収**）

$$\Psi(t) = \chi_{\rm st} - \chi_\infty e^{-t/\tau} \cos(\omega_0 t) \tag{8.154}$$

で与えられる場合の応答関数，複素アドミッタンス，コール・コールプロットを求めよ．

問題 5 変数 $\boldsymbol{\alpha} = \{\alpha_1, \alpha_2, \cdots, \alpha_M\}$ の確率分布が対称行列 C によって

$$\mathrm{p}(\boldsymbol{\alpha}) \propto \exp\left(-\frac{1}{2}\beta^t\boldsymbol{\alpha}\mathsf{C}\boldsymbol{\alpha}\right)$$

で与えられる (8.108) 場合，相関関数

$$G_{jk} = \langle \alpha_j \alpha_k \rangle \equiv \int \alpha_j \alpha_k p(\boldsymbol{\alpha}) d\boldsymbol{\alpha} \quad (j, k = 1, 2, \ldots, M)$$

を行列要素とする $M \times M$ 行列 (8.110)

$$\mathsf{G} = (G_{jk}) = \langle \boldsymbol{\alpha}\,{}^t\boldsymbol{\alpha}\rangle$$

$$\mathsf{G} \propto \mathsf{C}^{-1} \tag{8.155}$$

で与えられることを示せ．

章末問題 解答

第2章

問題1 まず，クラウジウスの原理 (C) → トムソンの原理 (T) を証明するためにその対偶である $\overline{\mathrm{T}} \to \overline{\mathrm{C}}$ を示す．トムソンの原理を否定して，他に何の変化も残さずに，温度 T_1 の熱源から奪った熱 Q をすべて仕事に変えることができたと仮定する．すると，それによって得た仕事 $W = Q$ を用いて，カルノー・サイクルを動かし，温度 $T_2 < T_1$ の低熱源から熱 Q_2 をとり，元の熱源に $Q_1 = Q_2 + W = Q_2 + Q$ の熱を戻すプロセスが可能となる．この全体の過程を考えると，他に何の変化も残さずに，熱 Q_2 を低熱源から高熱源に移動させたことになる．これはクラウジウスの原理の否定である．よって，$\overline{\mathrm{T}} \to \overline{\mathrm{C}}$ が示された．次に，T → C を示すために $\overline{\mathrm{C}} \to \overline{\mathrm{T}}$ を示す．

クラウジウスの原理を否定して，他に何の変化も残さず，熱 Q_2 を低温の物体から高温の物体に移すことができたと仮定する．すると，カルノー・サイクルを動かし，高熱源から $Q_1 = Q_2 + Q$ の熱を取り出し，低熱源へ Q_2 の熱を戻すことが可能になる．この全体の過程を考えると，他に何の変化も残さず，高熱源の熱 Q をすべて仕事に変えることができることになる．これは，トムソンの原理の否定である．これによって $\overline{\mathrm{C}} \to \overline{\mathrm{T}}$ が示された．以上からクラウジウスの原理 (C) とトムソンの原理 (T) の等価性が証明された．

問題2 サイクル図において断熱変化を表す線が交点 C をもつということは，その点を通して2つの状態が断熱的に移り変われることを意味する．そこで，等温変化によって移り変わることができる2つの状態 A, B が，断熱的に移り変われるものと仮定することにする．サイクル ABCA を考えると，ABCA で囲まれた面積が，1周する間にサイクルが外部にする仕事である．プロセス CAB は断熱過程なので，この仕事は等温変化 AB の間にサイクルが得た熱量に等しい．この過程全体を考えると，等温変化で1つ

の熱源から得た熱を他に何も変化を起こさず仕事に変えたことになるので，トムソンの原理に反する．つまり，ABCAで囲まれた面積はゼロでなくてはならないことになる．これはCが異なる断熱線の交点であることと矛盾する．よって，背理法より，命題が証明されたことになる．

問題3 トムソンの原理は，外部に何の変化も与えず，周期的に仕事を取り出す機関（第二種永久機関）を否定している．

問題4 カルノー・サイクルでは，等温過程ではT一定，断熱過程ではS一定であるので，TS平面でのサイクルはT軸に平行な線とS軸に平行な線からなる長方形となる．

問題5 2.5.3項と同じように，背理法によって証明する．もし，仕事効率が異なる可逆過程 A, B があったとし，それぞれの仕事効率をη_A, η_Bとする．ここでは$\eta_A > \eta_B$とする．この場合，可逆過程 A では高熱源からQ_{1A}を取り出し，仕事Wをして低熱源に

$$Q_{2A} = Q_{1A} - W = Q_{1A}(1 - \eta_A)$$

の熱を放出する．可逆過程 B を逆回し，低熱源から$Q_{2B} = Q_{2A}$を取り出し，高熱源に熱をくみ上げたとする．このとき，

$$Q_{2B} = Q_{1B}(1 - \eta_B)$$

であるので，

$$Q_{1B} = Q_{1A}\frac{1 - \eta_A}{1 - \eta_A} > Q_{1A}$$

である．これは高熱源から熱を取り出し，すべて仕事に変えたことになるので熱力学の第2法則に反する．これより，与えられた高熱源と低熱源の間に置かれたすべての可逆過程の仕事効率は同じであることがわかる．

問題6 理想気体は第3章で説明するように，等温過程では (3.49)

$$PV = nRT$$

を満たし，また断熱過程では (3.53)

$TV^{\gamma-1}$が一定：γは定圧熱容量と定積熱容量の比 ($\gamma = C_P/C_V$)

であることが知られている．

カルノー・サイクル (等温膨張 (A–B), 断熱膨張 (B–C), 等温圧縮 (C–D), 断熱圧縮 (D–A)) での, 体積をそれぞれ V_A, V_B, V_C, V_D, また, 温度をそれぞれ $T_A = T_B = T_H^{気体温度計}$, $T_C = T_D = T_L^{気体温度計}$ とする. (3.53) の関係から

$$T_B V_B^{\gamma-1} = T_C V_C^{\gamma-1}$$

$$T_D V_D^{\gamma-1} = T_A V_A^{\gamma-1}$$

である. 高熱源から得る熱は

$$Q_H = \int_{V_A}^{V_B} \frac{nRT_H}{V} dV = nRT_H \ln \frac{V_A}{V_B}$$

であり, 低熱源に放出する熱は

$$Q_L = \int_{V_D}^{V_C} \frac{nRT_L}{V} dV = nRT_L^{気体温度計} \ln \frac{V_D}{V_C}$$
$$= nRT_L^{気体温度計} \ln \frac{V_A (T_H/T_L)^{\gamma-1}}{V_B (T_H^{気体温度計}/T_L^{気体温度計})^{\gamma-1}}$$
$$= nRT_L^{気体温度計} \ln \frac{V_A}{V_B}$$

である. これから

$$\frac{Q_H}{Q_T} = \frac{T_H^{気体温度計}}{T_L^{気体温度計}}$$

である. これより

$$\eta = 1 - \frac{Q_H}{Q_T} = 1 - \frac{T_L^{気体温度計}}{T_H^{気体温度計}}$$

第 3 章

問題 1 断熱圧縮前の空気の温度を T_0, 体積を V_0, また, 圧縮後の気体の温度を T, 体積を V と書くことにすると, ポアソンの法則 (3.53) より

$$\frac{T}{T_0} = \left(\frac{V_0}{V}\right)^{1.4-1} = 10^{0.4} \simeq 2.51$$

が成り立つ. これより, 圧縮後は

$$273 \times 2.51 = 685 \, \text{K}$$

となる. これは, 約 $685 - 273 = 412$°C である.

章末問題　解答

問題 2　圧縮前の空気の圧力を P_0 と書き，圧縮中に空気の体積が v になったときの圧力を $P(v)$ と書くことにすると，ポアソンの法則 (3.54) より

$$P(v) = P_0 \left(\frac{V_0}{v}\right)^\gamma = P_0 \left(\frac{V_0}{v}\right)^{1.4}$$

が成り立つ．よって，この圧縮過程のために空気にしなければならない仕事は

$$W = -\int_{V_0}^{V} P(v) dv = -\int_{V_0}^{V} P_0 \left(\frac{V_0}{v}\right)^{1.4} dv$$
$$= P_0 V_0^{1.4} \frac{1}{0.4} \left(\left(\frac{1}{V}\right)^{0.4} - \left(\frac{1}{V_0}\right)^{0.4}\right)$$

である．与条件より，$V_0 = 1\,\mathrm{m}^3$ であるので

$$P_0 V_0^{1.4} = P_0 V_0 = nRT$$

という等式が成り立つ．圧縮前は 1 気圧，0℃ で 体積が $1\,\mathrm{m}^3$ であったので，(22.4 リットル $= 2.24 \times 10^{-2}\,\mathrm{m}^3$ なので) この空気のモル数は

$$n = \frac{1}{2.24 \times 10^{-2}} \simeq 44.6\,\mathrm{mol}$$

である．以上より，

$$W \simeq 44.6 \times 8.31 \times 273 \times \frac{1}{0.4} \times (10^{0.4} - 1)$$
$$= \simeq 3.82 \times 10^5\,\mathrm{J}$$

と求まる．

問題 3

$$\frac{\partial S}{\partial T} = \frac{C_V}{T}$$

であるので，V, N の関数 $g(V, N)$ を用いて

$$S(T) = \int_{T_0}^{T} \frac{C_V^0 N}{T'} dT' + g(V, N) = C_V^0 N \ln T + g(N/V) + a$$

と書ける．ここで C_V^0 は一粒子あたりの定積比熱である．また，a は定数である．$g(V, N)$ は示量性の量であり，かつ単位体積あたりのエントロ

ピーは N/V の関数でなくてはならないので，ある 1 変数関数 $h(x)$ を用いて

$$g(V, N) = V h\left(\frac{N}{V}\right)$$

と表されることになる．これはまた，$q(x) = x h(x)$ とおくことにより，

$$g(V, N) = N q\left(\frac{N}{V}\right)$$

と表すこともできる．他方，熱力学的関係

$$\frac{\partial S}{\partial V} = \frac{P}{T}$$

に理想気体の状態方程式の一つである

$$\frac{P}{T} = \frac{k_\mathrm{B} N}{V}$$

を用いると

$$\frac{\partial S}{\partial V} = \frac{k_\mathrm{B} N}{V} = V h'\left(\frac{N}{V}\right) \times \left(-\frac{N}{V^2}\right)$$

より

$$q'\left(\frac{N}{V}\right) = -\frac{k_\mathrm{B} V}{N}$$

という関係が導ける．これから

$$q\left(\frac{N}{V}\right) = -k_\mathrm{B} \ln\left(\frac{N}{V}\right) + b$$

となる．ここで b は定数である．これらを用いると

$$S(T) = C_V^0 N \ln T - N k_\mathrm{B} \ln\left(\frac{N}{V}\right) + bN + c$$

である．以上より，化学ポテンシャルに関する状態方程式は

$$\frac{\mu}{T} = -\frac{\partial S}{\partial N} = -C_V^0 \ln T + k_\mathrm{B} \ln\left(\frac{N}{V}\right) + b$$

となる．ここで，b は定数である．理想気体の内部エネルギーに対する状態方程式 (3.46) を用いると，この式は U, V, N を用いて

$$\frac{\mu}{T} = -\frac{C_V}{N} \ln\left(\frac{U}{C_V}\right) + k_\mathrm{B} \ln\left(\frac{N}{V}\right) + c$$

と書き直すことができる．これが，理想気体の化学ポテンシャルに対する状態方程式である．

問題 4 偏微分の公式 1 と公式 2 より,

$$\left(\frac{\partial P}{\partial T}\right)_V = -\left(\frac{\partial P}{\partial V}\right)_T \left(\frac{\partial P}{\partial T}\right)_V$$

が得られる．これに，上の定義式 (3.70) を代入すれば，(3.71) が導かれる．

問題 5 偏微分の公式 1 と公式 2 より

$$\left(\frac{\partial T}{\partial V}\right)_U = -\frac{\left(\frac{\partial U}{\partial V}\right)_T}{\left(\frac{\partial U}{\partial T}\right)_V} \qquad \text{(Ans.1)}$$

である．ここで，偏微分の**公式 3**，熱力学関係式 (3.6)，および，マクスウェルの関係 (3.29) を用いると，

$$\left(\frac{\partial U}{\partial V}\right)_T = \left(\frac{\partial U}{\partial V}\right)_S + \left(\frac{\partial U}{\partial S}\right)_V \left(\frac{\partial S}{\partial V}\right)_T = -P + T\left(\frac{\partial P}{\partial T}\right)_V$$

が得られ，定積熱容量の定義式より

$$\left(\frac{\partial U}{\partial T}\right)_V = \left(\frac{\partial U}{\partial S}\right)_V \left(\frac{\partial S}{\partial T}\right)_V = T\left(\frac{\partial S}{\partial T}\right)_V = C_V$$

であることがわかる．よって，(Ans.1) より

$$\left(\frac{\partial T}{\partial V}\right)_U = \frac{1}{C_V}\left[P - T\left(\frac{\partial P}{\partial T}\right)_V\right]$$

である．

問題 6 等温変化で系がする仕事は

$$\Delta W_{\text{AC}} = \int_{V_0}^{V_0+\Delta V} P(V) dV = P_0 V_0 \int_{V_0}^{V_0+\Delta V} \frac{1}{V} dV = P_0 V_0 \ln\left(\frac{V_0+\Delta V}{V_0}\right)$$

一方，断熱過程ではポアソンの法則 (3.54) より，$PV^\gamma =$ 一定である．よって，V_0 から $V_0+\Delta V$ への膨張過程の途中，気体の体積が V であったときの圧力を $P(V)$ と書くと，

$$P(V) = \frac{P_0 V_0^\gamma}{V^\gamma}$$

となる．よって，この過程で系がする仕事は

$$\Delta W_{\text{AB}} = \int_{V_0}^{V_0+\Delta V} P(V) dV = P_0 V_0^\gamma \int_{V_0}^{V_0+\Delta V} V^{-\gamma} dV$$

$$= \frac{P_0 V_0^\gamma}{1-\gamma}\left[(V_0+\Delta V)^{1-\gamma}-V_0^{1-\gamma}\right] = \frac{P_0 V_0}{1-\gamma}\left[\left(1+\frac{\Delta V}{V_0}\right)^{1-\gamma}-1\right]$$

と求まる.
この差は

$$\Delta W_{\rm AC}-\Delta W_{\rm AB} = P_0 V_0\left(\ln\left(\frac{V_0+\Delta V}{V_0}\right)-\frac{P_0 V_0}{1-\gamma}\left[\left(1+\frac{\Delta V}{V_0}\right)^{1-\gamma}-1\right]\right)$$

である.

$$\ln(1+x) = x - \frac{1}{2}x^2\cdots, \quad (1+x)^\alpha = 1 + \alpha x + \frac{\alpha(\alpha-1)}{2}x^2\cdots$$

であるので

$$\Delta W_{\rm AC}-\Delta W_{\rm AB} = P_0 V_0 \frac{\Delta V}{V_0}\frac{\gamma-1}{2}\left(\frac{\Delta V}{V_0}\right)^2+\cdots$$

である.

第4章

問題1 系 A,B の全体を考えるとき,独立変数は T, V, N であるので,熱平衡にある条件はヘルムホルツの自由エネルギーが最小になることである.それぞれの系で体積,粒子数を変化させた時のヘルムホルツの自由エネルギーの変化はそれぞれ

$$dF_1 = \left(\frac{\partial F_1}{\partial V}\right)_{N_1}dV_1 + \left(\frac{\partial F_1}{\partial N}\right)_{V_1}dN_1 = -P_1 dV + \mu_1 dN,$$

$$dF_2 = \left(\frac{\partial F_2}{\partial V}\right)_{N_2}dV_2 + \left(\frac{\partial F_2}{\partial N}\right)_{V_2}dN_2 = -P_2 dV + \mu_2 dN,$$

であり,$dF = dF_1 + dF_2 = 0$ であるためには

$$P_1 = P_2 \quad \mu_1 = \mu_2$$

である.

問題2 可逆過程であるのでクラウジウスの等式で T を一定とすると

$$\frac{1}{T}\oint \delta Q = 0$$

である.つまり,熱の出入りはない.内部エネルギーの変化はないので仕事も 0 である.

問題 3 定積熱容量が負にならないことは (4.30) で示した．また，(3.39) において $A_i = S, A_k = V, a_i = T, a_k = -P$ とすると

$$C_P > C_V$$

がいえる．

問題 4 断熱過程 ($dS = 0$) の場合，内部エネルギー U が最小である状態であることから

$$\left(\frac{\partial^2 U}{\partial V^2}\right)_{S,N} = -\left(\frac{\partial P}{\partial V}\right)_{S,N} > 0$$

という条件式が導かれる．また，等温過程 ($\Delta T = 0$) で，ヘルムホルツの自由エネルギー F が最小の状態であることから

$$\left(\frac{\partial^2 F}{\partial V^2}\right)_{T,N} = -\left(\frac{\partial P}{\partial V}\right)_{T,N} > 0$$

が得られ，$\kappa_S > 0$ かつ，$\kappa_T > 0$ であることが結論される．

問題 5 温度 $T_\text{熱源}$ の熱源に接している系の熱平衡状態の条件として (4.14)

$$\Delta S < \frac{\Delta U - W}{T_\text{熱源}}$$

において，外部との粒子のやりとり ΔN による仕事，すなわち仕事は

$$W = \nu \Delta N$$

であり，化学ポテンシャル μ は一定であることから $\Delta \mu = 0$ であるので

$$W = \nu \Delta N = \delta(N\mu)$$

である．これから，上の条件は $\Delta T_\text{熱源} = 0$ を考慮すると

$$T_\text{熱源} \Delta S < \Delta U - \Delta(N\mu) \to \Delta U - \Delta(N\mu) - \Delta(T_\text{熱源} S) > 0 = -PV$$

となる．任意の仮想的変化に対してこの関係が成り立つことは，$-PV$ が最小であることを結論する．

第5章

問題 1
$$\int_{P_0}^{P} \left(\frac{\partial G}{\partial P}\right)_{T,N} dP' = \int_{P_0}^{P} V(T, P', N) dP' = \int_{P_0}^{P} \frac{nRT}{P'} dP' = nRT \ln \frac{P}{P_0}$$

を n で割ると得られる.

問題 2 混合系のギブスの自由エネルギーが

$$G(T, P, n_1, n_2, \cdots, n_M) = \sum_{j=1}^{M} n_j G_j^0(T) - T\Delta S, \quad \Delta S = -R \sum_{j=1}^{M} n_j \ln x_j$$

であるので (5.66) を用いて

$$\mu(T, P, n_1, n_2, \cdots, n_M) = \sum_{j=1}^{M} n_j (\mu_j^0(T) + RT(\ln P_j + \ln x_j))$$

を n で割ると得られる.

問題 3
$$RT \ln \frac{f_i}{P_i} = \mu_{実在} - \mu_{理想}$$

を代入すると得られる.

$\nu_i = f_i/P_i$ は**逃散能係数**とよばれる.逃散能 f_j は j 番目の成分が系の外部に逃げ出そうとする強さを表す量であり,圧力の次元をもつ.圧力が小さい場合,実在気体は理想気体に近づくため,f_j は分圧 P_j に一致する.

問題 4 理想気体の状態方程式 $(PV = nRT)$ において n は単位体積あたりのモル数なので $V = 1$ として

$$n = [\text{A}] + [\text{A}_2] = \frac{p}{RT} = \frac{1.013 \times 10^6}{8.3 \times 10^7 \times (273 + 18)} = 4.19 \times 10^{-5}\,\text{mol/cm}^3$$

である.これと
$$\frac{[\text{A}]^2}{[\text{A}_2]} = 1.70 \times 10^{-4}\,\text{mol/cm}^3$$

を連立して解くと

$$[\text{A}] = 3.5 \times 10^{-5}\,\text{mol/cm}^3, \quad [\text{A}_2] = 0.7 \times 10^{-5}\,\text{mol/cm}^3,$$

であるので
$$\alpha = \frac{[\text{A}]}{[\text{A}] + 2[\text{A}_2]} = 0.71$$

となる.
また,

$$\frac{d}{dT}\ln K_c = \frac{\Delta U}{RT^2} = \frac{5.0 \times 10^4 \times 4.2 \times 10^7 \text{ erg/cal}}{8.3 \times 10^7 \times (273+18)^2} = 0.30$$

$x = [\text{A}] \times 10^5$ とする.

$$K_c = \frac{x^2}{4.19-x} \times 10^{-5}, \quad \alpha = \frac{x}{8.39-x}$$

$$\frac{d}{dT}\alpha = \frac{dx}{dT}\left(\frac{1}{8.39-x} + \frac{x}{(8.39-x)^2}\right) = \frac{dx}{dT}\frac{8.39}{(8.39-x)^2}$$

また,

$$\frac{d}{dT}K_c = 10^{-5} \times \frac{dx}{dT}\left(\frac{2x}{4.19-x} + \frac{x^2}{(4.19-x)^2}\right)$$
$$= 10^{-5} \times \frac{dx}{dT}\frac{2x(4.19-x)+x^2}{(4.19-x)^2}$$

であるので

$$\frac{dx}{dT} = 10^5 \times \frac{d}{dT}K_c\frac{(4.19-x)^2}{8.38x-x^2}$$

を用いると

$$\frac{d}{dT}\alpha = 10^5 \times \frac{d}{dT}K_c\frac{(4.19-x)^2}{8.38x-x^2} \times \frac{8.39}{(8.39-x)^2}$$

に $x=3.5$ と

$$\frac{\frac{d}{dT}K_c}{K_c} = 0.3 \to \frac{d}{dT}K_c = 0.3 \times 1.70 \times 10^{-4} = 5.1 \times 10^{-4}$$

を代入すれば

$$\frac{d}{dT}\alpha = 5.1 \times 10^{-4} \times 10^5 \frac{8.39(4.19-x)^2}{x(8.38-x)^3} \simeq 0.05/\text{K}$$

となる.

問題 5

$$d\ln P_j = d\ln\left(p\frac{n_j}{\sum_{k=1}^{M}n_k}\right)$$

より

$$d(\ln P_j) = \frac{dn_j}{n_j} - \frac{\sum_{k=1}^{M} dn_k}{\sum_{k=1}^{M} n_k}$$

であり，j について和をとると

$$\sum_{j=1}^{M} n_j d(\ln P_j) = \sum_{j=1}^{M} dn_j - \sum_{j=1}^{M} n_j \frac{\sum_{k=1}^{M} dn_k}{\sum_{k=1}^{M} n_k} = 0$$

である．T, P を一定に保った場合のギブス-デュエムの関係

$$SdT - VdP + \sum_{j=1}^{M} n_j d\mu_j = 0 \to \sum_{j=1}^{M} n_j d\mu_j = 0$$

と逃散能係数の定義 $f_j = P_j \nu_j$ より

$$d\mu_j = d\left[\mu_j^0(T) + RT\ln(\nu_j)\right],$$

より題意が示せる．

問題 6 T, P を一定に保った場合のギブス-デュエムの関係

$$SdT - VdP + \sum_{j=1}^{M} n_j d\mu_j = 0 \to x_1 d\mu_1 + x_2 d\mu_2 = 0$$

より，(5.68) を用いて

$$x_1 \frac{dP_1}{P_1} + x_2 \frac{dP_2}{P_2} = 0$$

(5.77) より

$$\frac{dP_1}{P_1} = \frac{dx_1}{x_1} = \frac{-dx_2}{x_1} \simeq -dx_2$$

であるので

$$\frac{dP_2}{P_2} \simeq \frac{dx_2}{x_2}$$

となる．これは P_2 と x_2 が比例していることを示している．

問題 7 $x_j = \frac{P_j}{P}$ を (5.33) に代入すると

$$e^{-\sum_{j\in 左辺} \nu_j \ln x_j + \sum_{k\in 右辺} \nu_k \ln x_k} = e^{\sum_{j\in 左辺} \nu_j (\ln P_j - \ln P) - \sum_{k\in 右辺} \nu_k (\ln P_k - \ln P)}$$

$$= e^{\sum_{j\in 左辺} \nu_j (\mu_j^0(T, P_0) + RT \ln P/P_0)/RT - \sum_{k\in 右辺} \nu_k (\mu_k^0(T, P_0) + RT \ln P/P_0)/RT}$$

であり，整理すると (5.39) が得られる．

第 6 章

問題 1 ファンデルワールス状態方程式 (6.12)

$$P = \frac{nRT}{V-bN} - a\left(\frac{N}{V}\right)^2$$

において

$$\frac{dP}{dV} = -\frac{nRT}{(V-bN)^2} + 2a\left(\frac{N^2}{V^3}\right) = 0$$

$$\frac{d^2P}{dV^2} = 2\frac{nRT}{(V-bN)^3} - 6a\left(\frac{N^2}{V^4}\right) = 0$$

を連立すると

$$V_\mathrm{c} = 3bN, \quad T_\mathrm{c} = \frac{8a}{27bk_\mathrm{B}}$$

が得られる．これらを (6.12) に代入すると

$$P_\mathrm{c} = \frac{a}{27b^2}$$

が得られる．

問題 2 ファンデルワールス状態方程式 (6.12) を

$$\begin{aligned}
P &= \frac{nRT}{V-bN} - a\left(\frac{N}{V}\right)^2 \\
&= P_\mathrm{c} + \left(\frac{\partial P}{\partial V}\right)\bigg|_{P=P_\mathrm{c}}(V-V_\mathrm{c}) + \frac{1}{2}\frac{\partial^2 P}{\partial V^2}\bigg|_{P=P_\mathrm{c}}(V-V_\mathrm{c})^2 \\
&\quad + \frac{1}{3!}\frac{\partial^3 P}{\partial V^3}\bigg|_{P=P_\mathrm{c}}(V-V_\mathrm{c})^3 + \cdots
\end{aligned}$$

と書き直し，臨界点での性質 (6.13) を用いると

$$P - P_\mathrm{c} \simeq (V-V_\mathrm{c})^3$$

が導かれる．よって，(6.81) が成り立つ．これより，

$$\left(\frac{\partial V}{\partial P}\right)_{T=T_\mathrm{c}} \propto \lim_{P\to P_\mathrm{c}}(P-P_\mathrm{c})^{-2/3} = \infty$$

が証明される．

問題 3

$$2am + 4bm^3 = h$$

に $m = m_\mathrm{s} + \delta$ を代入する. δ の一次のオーダーで

$$\left(12bm_\mathrm{s}^2 - 2|a|\right)\delta = h$$

$m_\mathrm{s} = \sqrt{|a|/2b}$ に注意すると

$$\chi = \frac{\delta}{h} = \frac{1}{4|a|}$$

問題 4 標準状態 ($P = 1\,\mathrm{atom} = 101325\,\mathrm{Pa}$, $T = 298.15\,\mathrm{K}$) では，ほぼ理想気体として振る舞い $1\,\mathrm{mol}$ は体積 $V = 2.24 \times 10^{-2}\,\mathrm{m}^3$ であるが，そこでの補正項からの寄与は $a(n/V)^2 = 2.7 \times 10^{-3}\,\mathrm{atom} \ll 1\,\mathrm{atom}$, $bn = 32.01 \times 10^{-6}\,\mathrm{m}^3 \ll 2.24 \times 10^{-2}\,\mathrm{m}^3$ と小さい．

問題 5 ジュール・トムソン係数

$$\left(\frac{\partial T}{\partial P}\right)_H = \frac{1}{C_P}\left[T\left(\frac{\partial V}{\partial T}\right)_P - V\right]$$

に，ファンデルワールスの状態方程式

$$P = \frac{Nk_\mathrm{B}T}{V - bN} - a\left(\frac{N}{V}\right)^2$$

を圧力一定のもと T で微分すると

$$0 = \frac{Nk_\mathrm{B}}{V - bN} - \left(\frac{\partial V}{\partial T}\right)_P\left(-\frac{Nk_\mathrm{B}T}{(V - bN)^2} + 2a\frac{N^2}{V^3}\right)$$

より

$$\left(\frac{\partial V}{\partial T}\right)_P = \frac{NV^3 k_\mathrm{B}(V - bN)}{NV^3 k_\mathrm{B}T - 2aN^2(V - bN)^2}$$

これより，ジュール・トムソン係数は

$$\left(\frac{\partial T}{\partial P}\right)_H = \frac{1}{C_P}\left[T\frac{NV^3 k_\mathrm{B}(V - bN)}{NV^3 k_\mathrm{B}T - 2aN^2(V - bN)^2} - V\right]$$

で与えられる．理想気体の場合は $a = b = 0$ であり，ジュール・トムソン係数は 0 であるが，一般の気体では 0 でない値をとる．ジュール・トムソン係数が正の場合，気体はジュール・トムソン膨張で温度が下がり，負の

場合は温度が上がる．ちょうど0となる点を逆転点という．リンデの液化器ではジュール・トムソン係数が正になる領域を用いている．

理想気体に近い場合，ジュール・トムソン係数は近似的に

$$\left(\frac{\partial T}{\partial P}\right)_H = \frac{N}{C_P}\left(\frac{2a}{k_B T} - b\right)$$

であり，逆転温度は

$$T_{逆転} = \frac{2a}{k_B b}$$

で与えられる．

問題6 定圧熱容量 C_P は，熱力学の一般的な関係 (3.36) にファンデルワールスの状態方程式を用いると

$$C_P = C_V + T\left(\frac{\partial V}{\partial T}\right)_P \left(\frac{\partial P}{\partial T}\right)_V = C_V + T\left(\frac{\partial V}{\partial T}\right)_P \left(\frac{Nk_B}{V - bN}\right)$$

$$= C_V + \left(\frac{NV^3 k_B(V - bN)}{NV^3 k_B T - 2aN^2(V - bN)^2}\right)\left(\frac{Nk_B}{V - bN}\right)$$

であり，理想気体に近い場合には

$$C_P \simeq C_V + Nk_B\left(1 - 2a\frac{N}{V}\right)$$

となる．

問題7 定積熱容量 C_V については

$$\left(\frac{\partial C_V}{\partial V}\right)_T = \frac{\partial^2 U}{\partial V \partial T} = \frac{\partial}{\partial T}\left(\frac{\partial U}{\partial V}\right)_T$$

において，

$$\left(\frac{\partial U}{\partial V}\right)_T = \left(\frac{\partial U}{\partial V}\right)_S + \left(\frac{\partial U}{\partial S}\right)_V \left(\frac{\partial S}{\partial V}\right)_T = -P + T\left(\frac{\partial S}{\partial V}\right)_T$$

および，マクスウェルの関係

$$\left(\frac{\partial S}{\partial V}\right)_T = \left(\frac{\partial P}{\partial T}\right)_V$$

を用いると

$$\left(\frac{\partial C_V}{\partial V}\right)_T = \frac{\partial}{\partial T}\left(-P + T\left(\frac{\partial P}{\partial T}\right)_V\right) = T\frac{\partial^2 P}{\partial T^2}$$

の関係があることがわかる．ファンデルワールスの状態方程式では

$$\frac{\partial^2 P}{\partial T^2} = 0$$

であるので，C_V は V に依存せず温度だけの関数であることがわかる．それを，$C_V(T)$ と書く．この関数形は気体を構成する分子の構造に依存する．

問題 8 等式

$$\left(\frac{\partial \mu_{\mathrm{A}}}{\partial T}\right)_{P_{\mathrm{c}}} - \left(\frac{\partial \mu_{\mathrm{B}}}{\partial T}\right)_{P_{\mathrm{c}}} = S_{\mathrm{A}}(T) - S_{\mathrm{B}}(T)$$

を $P = P_{\mathrm{c}}$ で考える．$\Delta T = T - T_{\mathrm{c}}$ としてこの右辺を展開すると，$S_{\mathrm{A}}(T_{\mathrm{c}}) = S_{\mathrm{B}}(T_{\mathrm{c}})$ であるから，

$$S_{\mathrm{A}}(T_{\mathrm{c}}) + \left(\frac{\partial S_{\mathrm{A}}}{\partial T}\right)_{P_{\mathrm{c}}} \Delta T - S_{\mathrm{B}}(T_{\mathrm{c}}) - \left(\frac{\partial S_{\mathrm{B}}}{\partial T}\right)_{P_{\mathrm{c}}} \Delta T$$

$$= \left(\left(\frac{\partial S_{\mathrm{A}}}{\partial T}\right)_{P_{\mathrm{c}}} - \left(\frac{\partial S_{\mathrm{B}}}{\partial T}\right)_{P_{\mathrm{c}}}\right) \Delta T$$

を得る．同様に，

$$\left(\frac{\partial \mu_{\mathrm{A}}}{\partial P}\right)_{T} - \left(\frac{\partial \mu_{\mathrm{B}}}{\partial P}\right)_{T} = V_{\mathrm{A}}(T) - V_{\mathrm{B}}(T)$$

を $P = P_{\mathrm{c}}$ で考え，この右辺を展開すると，

$$V_{\mathrm{A}}(T_{\mathrm{c}}) + \left(\frac{\partial V_{\mathrm{A}}}{\partial T}\right)_{P_{\mathrm{c}}} \Delta T - V_{\mathrm{B}}(T_{\mathrm{c}}) - \left(\frac{\partial V_{\mathrm{B}}}{\partial T}\right)_{P_{\mathrm{c}}} \Delta T$$

$$= \left(\left(\frac{\partial V_{\mathrm{A}}}{\partial T}\right)_{P_{\mathrm{c}}} - \left(\frac{\partial V_{\mathrm{B}}}{\partial T}\right)_{P_{\mathrm{c}}}\right) \Delta T$$

を得る．よって，ロピタルの定理より，(6.44) で $P = P_{\mathrm{c}}$ とした等式から (6.55) が導かれる．

問題 9 等式

$$\left(\frac{\partial \mu_{\mathrm{A}}}{\partial T}\right)_{P} - \left(\frac{\partial \mu_{\mathrm{B}}}{\partial T}\right)_{P} = S_{\mathrm{A}}(P) - S_{\mathrm{B}}(P)$$

を $T = T_{\mathrm{c}}$ で考える．$\Delta P = P - P_{\mathrm{c}}$ としてこの右辺を展開すると，$S_{\mathrm{A}}(P_{\mathrm{c}}) = S_{\mathrm{B}}(P_{\mathrm{c}})$ であるから，

$$S_{\mathrm{A}}(P_{\mathrm{c}}) + \left(\frac{\partial S_{\mathrm{A}}}{\partial P}\right)_{T_{\mathrm{c}}} \Delta P - S_{\mathrm{B}}(P_{\mathrm{c}}) - \left(\frac{\partial S_{\mathrm{B}}}{\partial P}\right)_{T_{\mathrm{c}}} \Delta P$$

章末問題　解答

$$= \left(\left(\frac{\partial S_\mathrm{A}}{\partial P}\right)_{T_\mathrm{c}} - \left(\frac{\partial S_\mathrm{B}}{\partial P}\right)_{T_\mathrm{c}}\right)\Delta P$$

を得る．同様に

$$\left(\frac{\partial \mu_\mathrm{A}}{\partial P}\right)_T - \left(\frac{\partial \mu_\mathrm{B}}{\partial P}\right)_T = V_\mathrm{A}(P) - V_\mathrm{B}(P)$$

を $T = T_\mathrm{c}$ で考えて，その右辺を展開すると

$$= V_\mathrm{A}(P_\mathrm{c}) + \left(\frac{\partial V_\mathrm{A}}{\partial P}\right)_{T_\mathrm{c}}\Delta P - V_\mathrm{B}(P_\mathrm{c}) - \left(\frac{\partial V_\mathrm{B}}{\partial P}\right)_{T_\mathrm{c}}\Delta P$$

$$= \left(\left(\frac{\partial V_\mathrm{A}}{\partial T}\right)_P - \left(\frac{\partial V_\mathrm{B}}{\partial T}\right)_P\right)\Delta P$$

が得られる．よって，ロピタルの定理より，(6.44) で $T = T_\mathrm{c}$ とした等式から (6.56) が導かれる．

問題 10　一次相転移点では

$$\left(\frac{\partial \mathcal{G}}{\partial M}\right) = 0, \quad \text{かつ} \quad \mathcal{G}_\mathrm{GL}(M|T,0) = 0$$

であるので

$$2aM + 4bM^3 + 6cM^5 = 0, \quad \text{かつ} \quad aM^2 + bM^4 + cM^6 = 0$$

これらから

$$b = -2\sqrt{ac} < 0$$

が条件であり，そのときの磁化の値は

$$M = \pm\sqrt{\frac{2a}{|b|}}$$

である．

問題 11　スピノーダル点では

$$\left(\frac{\partial \mathcal{G}}{\partial M}\right) = 0, \quad \text{かつ} \quad \frac{\partial^2 \mathcal{G}}{\partial M^2} = 0$$

であるので

$$2aM + 4bM^3 + 6cM^5 = 0, \quad \text{かつ} \quad 2a + 12bM^2 + 30cM^4 = 0$$

これらから，スピノーダル点で成り立つ条件式は

$$b = -\sqrt{3ac}$$

であり，そのときの磁化の値は

$$M = \pm\sqrt{\frac{a}{|b|}}$$

であることが導かれる．

第 7 章

問題 1 この面積を計算する．A, B, C, D 点での圧力をそれぞれ，P_A, P_B, P_C, P_D とする．圧力 P を積分変数として考えると，

$$\Delta W = \int_{P_\mathrm{C}}^{P_\mathrm{B}} V(P)dP - \int_{P_\mathrm{D}}^{P_\mathrm{A}} V(P)dP$$

である．断熱過程におけるポアソンの法則 (3.54) より

$$V(P) = \begin{cases} V_\mathrm{B}\left(\dfrac{P_\mathrm{B}}{P}\right)^{1/\gamma}, & \mathrm{B} \to \mathrm{C}\ \text{のとき}, \\ V_\mathrm{A}\left(\dfrac{P_\mathrm{A}}{P}\right)^{1/\gamma}, & \mathrm{D} \to \mathrm{A}\ \text{のとき}, \end{cases}$$

であるので，

$$\begin{aligned} W &= \frac{1}{1-1/\gamma}\left\{V_\mathrm{B}\left(P_\mathrm{B} - \left(\frac{P_\mathrm{B}}{P_\mathrm{C}}\right)^{1/\gamma}P_\mathrm{C}\right) - V_\mathrm{A}\left(P_\mathrm{A} - \left(\frac{P_\mathrm{A}}{P_\mathrm{D}}\right)^{1/\gamma}P_\mathrm{D}\right)\right\} \\ &= \frac{nR}{1-1/\gamma}(T_\mathrm{B} - T_\mathrm{C} - T_\mathrm{A} + T_\mathrm{D}) \\ &= C_P(T_\mathrm{B} - T_\mathrm{C} - T_\mathrm{A} + T_\mathrm{D}) \end{aligned}$$

となる．ただしここで，理想気体の状態方程式 (3.41)，および，マイヤーの関係 (3.50) を用いた．この結果は，当然，(7.8) 式と一致する．

問題 2 図 7.2(b) において，吸熱は過程 (B→C) で $Q_\mathrm{BC} = C_P(T_\mathrm{C} - T_\mathrm{B})$，排熱は過程 (D→A) で $Q_\mathrm{DA} = C_V(T_\mathrm{D} - T_\mathrm{A})$ である．$\gamma = C_P/C_V$ を用いると，仕事効率は

$$\eta = \frac{C_P(T_\mathrm{C} - T_\mathrm{B}) - C_V(T_\mathrm{D} - T_\mathrm{A})}{C_P(T_\mathrm{C} - T_\mathrm{B})} = 1 - \frac{1}{\gamma}\frac{T_\mathrm{D} - T_\mathrm{A}}{T_\mathrm{C} - T_\mathrm{B}}$$

である．ここで，等圧過程では

$$\frac{T_C}{T_B} = \frac{V_C}{V_B}$$

断熱過程では $TV^{\gamma-1}$ が一定なので

$$\frac{T_A}{T_B} = \left(\frac{V_B}{V_A}\right)^{\gamma-1}, \quad \frac{T_C}{T_D} = \left(\frac{V_A}{V_C}\right)^{\gamma-1}$$

を用いると (7.5) が得られる．

問題 3 平衡条件

$$\mu_{A,g}^0 + RT \ln x_{A,g} = \mu_{A,l}^0 + RT \ln x_{A,l},$$
$$\mu_{B,g}^0 + RT \ln x_{B,g} = \mu_{B,l}^0 + RT \ln x_{B,l}$$

ただし，

$$x_{A,g} + x_{B,g} = 1, \quad x_{A,l} + x_{B,l} = 1$$

これら4つの方程式から $x_{A,g}, x_{B,g}, x_{A,l}, x_{B,l}$ が決められる．$x_{B,g} = x_{B,g}(T)$ が与えられた圧力での沸騰線，$x_{B,l} = x_{B,g}(T)$ が与えられた圧力での液化線である．

問題 4 相平衡の条件

$$\mu_{液相 A}(T, P, x_1) = \mu_{気相 A}(T, P, x_2), \quad \mu_{液相 B}(T, P, x_1) = \mu_{気相 B}(T, P, x_2)$$

において，クラウジウス-クラペイロンの関係を導いたときのように，密度に関して少しずれたところ

$$x_1 = x_1 + \delta x_1, \quad x_2 = x_2 + \delta x_2, \quad T = T + \delta T$$

を考え，そこでの相平衡の条件

$$\mu_{液相 A}(T, P, x_1 + \delta x_1) = \mu_{気相 A}(T, P, x_2 + \delta x_2),$$
$$\mu_{液相 B}(T, P, x_1 + \delta x_1) = \mu_{気相 B}(T, P, x_2 + \delta x_2)$$

と上の関係から

$$\left(\frac{\partial \mu_{液相 A}}{\partial T}\right)_{P,x_1} \delta T + \left(\frac{\partial \mu_{液相 A}}{\partial x_1}\right)_{P,T} \delta x_1 = \left(\frac{\partial \mu_{気相 A}}{\partial T}\right)_{P,x_2}$$

章末問題 解答

$$\delta T + \left(\frac{\partial \mu_{気相 A}}{\partial x_2}\right)_{P,T} \delta x_2$$

$$\left(\frac{\partial \mu_{液相 B}}{\partial T}\right)_{P,x_1} \delta T + \left(\frac{\partial \mu_{液相 B}}{\partial x_1}\right)_{P,T} \delta x_1 = \left(\frac{\partial \mu_{気相 B}}{\partial T}\right)_{P,x_2}$$

$$\delta T + \left(\frac{\partial \mu_{気相 B}}{\partial x_2}\right)_{P,T} \delta x_2$$

である.共沸点では濃度が等しいので,粒子 A の個数を n_A,粒子 B の個数を n_B とする.第 1 式 × n_A + 第 2 式 × n_B は

$$\left\{\left(\frac{\partial \mu_{液相 A}}{\partial T}\right)_{P,x_1} n_A + \left(\frac{\partial \mu_{液相 B}}{\partial T}\right)_{P,x_2} n_B\right\} \delta T$$

$$+ \left\{\left(\frac{\partial \mu_{液相 A}}{\partial x_1}\right)_{P,T} n_A + \left(\frac{\partial \mu_{液相 B}}{\partial x_1}\right)_{P,T} n_B\right\} \delta x_1$$

$$= \left\{\left(\frac{\partial \mu_{気相 A}}{\partial T}\right)_{P,x_1} n_A + \left(\frac{\partial \mu_{気相 B}}{\partial T}\right)_{P,x_2} n_B\right\} \delta T$$

$$+ \left\{\left(\frac{\partial \mu_{気相 A}}{\partial x_1}\right)_{P,T} n_A + \left(\frac{\partial \mu_{気相 B}}{\partial x_1}\right)_{P,T} n_B\right\} \delta x_2$$

となる.ここで,液相,気相の両方でのギブス–デュエムの関係

$$-(n_A S_A + n_B S_A)\,dT + (n_A V_A + n_B V_B)\,dP + n_A d\mu_A + n_B d\mu_B = 0$$

において $dT = dP = 0$ として

$$\left(\frac{\partial \mu_{液相 A}}{\partial x_1}\right)_T n_A + \left(\frac{\partial \mu_{液相 B}}{\partial x_1}\right)_T n_B = 0$$

$$\left(\frac{\partial \mu_{気相 A}}{\partial x_2}\right)_T n_A + \left(\frac{\partial \mu_{気相 B}}{\partial x_2}\right)_T n_B = 0$$

であるので

$$\left\{\left(\frac{\partial \mu_{液相 A}}{\partial T}\right)_{P,x_1} n_A + \left(\frac{\partial \mu_{液相 B}}{\partial T}\right)_{P,x_1} n_B\right\} \delta T$$

$$= \left\{\left(\frac{\partial \mu_{気相 A}}{\partial T}\right)_{P,x_2} n_A + \left(\frac{\partial \mu_{気相 B}}{\partial T}\right)_{P,x_2} n_B\right\} \delta T$$

であるが,一般に気相,液相で係数は異なるので

$$\delta T = 0$$

である.

第8章

問題 1 導線のある場所 $x \sim x + dx$ ($0 \leq x \leq L$：導線の長さ) での熱の発生は，流量の変化で与えられるので，熱の発生の全量は

$$d\hat{Q}(x) = I_\mathrm{H}(x+dx) - I_\mathrm{H}(x)$$

である．

$$I_\mathrm{H}(x) = T(x)\alpha(T(x))I_\mathrm{E}$$

を代入すると

$$d\hat{Q} = \left(T\frac{d\alpha(T)}{dT}\frac{dT}{dx}dx + \frac{dT(x)}{dx}\alpha(x)dx\right)I_\mathrm{E}$$

第二項は，$\Delta V = \alpha \Delta T$ であるので，ゼーベック効果によるジュール熱である．

そのため，ジュール熱以外の熱の発生 Q は

$$dQ = T\frac{d\alpha(T)}{dT}\frac{dT}{dx}dx I_\mathrm{E}$$

となる．これより，導体全体では

$$Q = T\frac{d\alpha(T)}{dT}\Delta T I_\mathrm{E}$$

である．

問題 2 $X(t)$ が変位の時は

$$\begin{aligned}F(t)\frac{d}{dt}X(t) &= F_0 \cos\omega t \times \frac{d}{dt}\mathrm{Re}\left(\chi(\omega)F_0 e^{-i\omega t}\right) \\ &= F_0^2 \cos\omega t(-\chi'\sin\omega t + \chi''\cos\omega t)\end{aligned}$$

であるので

$$P = \frac{\omega^2}{2\pi}F_0^2 \int_0^{2\pi/\omega}\cos^2(\omega s)ds = \frac{\chi''\omega}{2}F_0^2.$$

$X(t)$ が流れの時は

$$\begin{aligned}P &= \frac{\omega}{2\pi}\int_0^{2\pi/\omega}F_0\cos(i\omega s)X(s)ds \\ &= \frac{\omega}{2\pi}F_0^2\int_0^{2\pi/\omega}\cos^2(\omega s)ds = \frac{\chi'}{2}F_0^2\end{aligned}$$

問題 3 電流 $I(t)$ に対して，微分方程式

$$I(t) = \frac{1}{R}E + L\frac{dI(t)}{dt}$$

が成り立つ．駆動電圧が交流電圧

$$E(t) = \mathrm{Re}\, E_0 e^{-i\omega t}$$

で与えられる場合，この回路の定常電流は

$$\begin{aligned}I(t) &= \mathrm{Re}\, \frac{1}{1+iL\omega}\frac{E_0}{R}e^{-i\omega t} = \mathrm{Re}\, \frac{1-iL\omega}{1+(L\omega)^2}\frac{E_0}{R}e^{-i\omega t} \\ &= \frac{\cos\omega t + L\omega \sin\omega t}{1+(L\omega)^2}\frac{E_0}{R}\end{aligned}$$

である．一般に，電気回路の複素アドミッタンス $\chi(\omega)$ は，電流 $I(t)$ のうち駆動外場と同じ位相 $e^{-i\omega t}$ で振動する成分と，駆動電圧の振幅 E_0 との比として定義される．今の場合，

$$\chi(\omega) = \frac{1-iL\omega}{1+(L\omega)^2}\frac{1}{R}$$

である．

問題 4 このとき，応答関数は

$$\Phi(t) = \frac{\chi_{\mathrm{st}} - \chi_\infty}{\tau}e^{-t/\tau}(\cos(\omega_0 t) + \omega_0 \tau \sin(\omega_0 t))$$

であり，複素アドミッタンスは

$$\chi(\omega) = \chi_\infty + \frac{\chi_{\mathrm{st}} - \chi_\infty}{2}\left(\frac{1+i\omega_0\tau}{1-i(\omega-\omega_0)\tau} + \frac{1-i\omega_0\tau}{1-i(\omega+\omega_0)\tau}\right)$$

となる．実部と虚部をプロットするとデバイ緩和の場合の円弧が上方にずれる．

問題 5 関数

$$Z(\boldsymbol{f}) = \int d\boldsymbol{\alpha}\, \exp\left(-\frac{1}{2}\beta\,{}^t\boldsymbol{\alpha}\mathsf{C}\boldsymbol{\alpha} - \boldsymbol{f}\boldsymbol{\alpha}\right)$$

が求められれば，

$$\langle \alpha_j \alpha_k \rangle = \frac{\partial}{\partial f_j}\frac{\partial}{\partial f_k}\ln Z(\boldsymbol{f})$$

によって，相関関数を導くことができる．C を対角化する直交変換を U として，

$$U\beta\mathsf{C}U^{-1} = \Lambda, \quad \Lambda_{jk} = \lambda_j \delta_{jk}$$

とすると，(8.12) は

$$Z(\boldsymbol{f}) = \int d\boldsymbol{\alpha} \exp\left(-\frac{1}{2}\beta^t\boldsymbol{\alpha} U^{-1}UCU^{-1}U\boldsymbol{\alpha} - \boldsymbol{f}U^{-1}U\boldsymbol{\alpha}\right)$$

と書き直される．ここで，

$$\boldsymbol{\xi} = U\boldsymbol{\alpha}, \quad \boldsymbol{\zeta} = U\boldsymbol{f}$$

という変数変換を行うと，

$$\begin{aligned}Z(\boldsymbol{f}) &= \int d\boldsymbol{\xi} \exp\left(-\frac{1}{2}\beta^t\boldsymbol{\xi} D\boldsymbol{\xi} - \boldsymbol{\zeta}\boldsymbol{\xi}\right) \\ &= \int d\boldsymbol{\xi} \exp\left(-\frac{1}{2}\beta^t(\boldsymbol{\xi} - D^{-1}\boldsymbol{\zeta})D(\boldsymbol{\xi} - D^{-1}\boldsymbol{\zeta}) - \boldsymbol{\zeta} D^{-1}\boldsymbol{\zeta}\right) \\ &= \frac{1}{\sqrt{\det(D)}} \exp\left(-\boldsymbol{\zeta} D^{-1}\boldsymbol{\zeta}\right) \\ &= \frac{1}{\sqrt{\det(D)}} \exp\left(-\boldsymbol{\zeta} UU^{-1}D^{-1}UU^{-1}\boldsymbol{\zeta}\right) \\ &= \frac{1}{\sqrt{\det(D)}} \exp\left(-\boldsymbol{\xi}\beta^{-1}\mathsf{C}^{-1}\boldsymbol{\xi}\right)\end{aligned}$$

と計算できる．これより，

$$\langle \alpha_j \alpha_k \rangle = \frac{\partial}{\partial f_j}\frac{\partial}{\partial f_k} \ln Z(\boldsymbol{f}) = \beta^{-1}(\mathsf{C}^{-1})_{jk}$$

が導かれる．

索引

英数字

1 カロリー (cal), 4
1 次相転移, 131
2 次相転移, 131
2 相共存状態, 129, 140
3 重臨界点, 150

Henry の法則, 110

PH: ペーハー, 103

Van Vleck-Weisskopf-Frölich 型共鳴吸収, 207

あ行

ウィーナー–ヒンチンの定理, 188
エーレンフェストの関係, 135
液相線, 166
エントロピー, 38
エントロピー生成最小の原理, 200
エントロピー生成速度, 182
エントロピー増大の原理, 72
応答関数, 56, 135, 182
応答現象, 175
オームの法則, 176
オットー・サイクル, 154
オンサーガーの相反定理, 177
温度, 36
温度計, 2, 8
温度計可能の法則, 13

か行

カークウッドの関係, 193
外燃機関, 154
解離反応, 110
化学反応, 98
化学ポテンシャル, 49
可逆サイクル, 28
拡散過程, 90
活度 (activity), 103
活動度, 103
活量係数, 103
過飽和気体, 123
カラテオドリの原理, 39
カルノー・サイクル, 28
カルノーの命題, 30
ガルバニ (galvani) 電池, 168
カロリック（熱素）, 6, 13
寒剤, 108
緩和関数, 183
気相線, 167
気体温度計, 6
気体温度計の絶対温度, 7
気体定数, 59
ギブス-デュエムの関係式, 50, 51
ギブスの自由エネルギー, 49
ギブスの相律, 115
ギブスのパラドックス, 92
凝固（固化）, 111
凝固点降下, 97
強磁性状態, 141
強磁性相, 142
凝縮（液化）, 112
凝縮線, 167
共沸, 168
共役な量, 55

索引

ギンツブルグ–ランダウの自由エネルギー, 138
クラウジウス–クラペイロンの関係, 132
クラウジウスの原理, 25
クラウジウスの等式, 38, 75
クラウジウスの不等式, 73
クラマース–クローニッヒの関係, 187
グランドポテンシャル, 49
ケルビン, 7
現象論的自由エネルギー, 136
交差的応答, 177
光子気体, 169
コール–コールプロット, 186
黒体輻射, 169
黒体輻射スペクトル, 171
孤立系, 46
混合エントロピー, 92

さ行

サイクル, 18
三重点, 112
残留エントロピー, 107
時間相関関数, 198
時間反転対称性, 198
磁気相転移, 131
示強性量, 11
仕事効率, 28
仕事率, 162
磁性体の相転移, 141
実効効率, 161
実在気体, 116
湿度, 114
質量作用の法則, 98, 101
自発磁化, 142
自発磁化の臨界指数, 144
自発的対称性の破れ, 142
シャルルの法則, 7

従属変数, 45
ジュール・サイクル, 156
ジュール–トムソン過程, 62
ジュール–トムソン係数, 62
ジュール熱, 180
ジュールの実験, 14
ジュールの法則, 64
シュテファン–ボルツマンの公式, 169
準安定状態, 123
準静的過程, 19, 65
昇華曲線, 112
蒸気機関, 157
常磁性状態, 141
常磁性相, 142
状態方程式, 47
状態量, 11
蒸発曲線, 112
示量性量, 11
浸透圧, 97
スターリング・エンジン, 158
スターリング冷却器, 161
スピノーダル線, 124
スピノーダル点, 124, 140
スピン, 141
ゼーベック効果, 179
積分分母, 39
摂氏温度, 6
絶対零度, 7
絶対零度への到達不可能性, 107
線形応答, 181, 182
潜熱, 132
全微分, 23, 46
相図, 111
相転移, 111
相転移点, 123
相平衡, 80

た行

第1種の揺動・散逸定理, 202

索 引

第2種の揺動・散逸定理, 204
第一種永久機関, 24
対応状態, 120
帯磁率, 146, 176
帯磁率の臨界指数, 145
第二種永久機関, 26
ダニエル (Daniell) 電池, 168
断熱圧縮率, 57
断熱自由膨張, 63
断熱消磁, 107
秩序変数, 141
定圧熱容量, 57
ディーゼル・サイクル, 155
定積熱容量, 57
デバイ緩和, 195
デュロン-プチ (Dulong-Petit) の法則, 106
電気伝導率, 176
伝導現象, 176
等温圧縮率, 57
統計力学, 3
逃散能 (fugacity), 109
特異点, 144
独立変数, 45
突沸, 123
トムソン効果, 180
トムソンの原理, 26

な 行

内燃機関, 154
内部エネルギー, 15
熱機関, 1, 20, 153
熱素論, 6
熱電効果, 178
熱電対, 179
熱伝導度, 176
熱平衡状態, 11
熱容量, 5
熱力学, 1

熱力学関数, 46, 47
熱力学極限, 191
熱力学第 0 法則, 12
熱力学第 1 法則, 6, 16
熱力学第 2 法則, 25
熱力学第 3 法則, 42, 89, 105
熱力学的温度, 35
熱力学の基本方程式, 40
ネルンスト-プランクの定理, 105
ノビコフ・エンジン, 162

は 行

排除体積効果, 116
反応熱, 103
ヒートポンプ, 163
ヒステリシス現象, 147
比熱, 5, 57
比熱の臨界指数, 146
比熱比, 61
標準状態, 9
ファンデルワールスの状態方程式, 118
フーリエ則, 176
フェーン現象, 165
複素アドミッタンス, 185
物質量, 59
沸点上昇, 96
沸騰 (気化, 蒸発), 112
沸騰線, 166
沸騰熱, 132
ブレイトン・サイクル, 156
分布関数, 191
分留, 167
平衡定数, 101, 102
ペルティエ効果, 179
ヘルムホルツの自由エネルギー, 48
偏微分, 21, 46
ポアソンの法則, 61
ボイルの法則, 60

飽和液体, 121
飽和気体, 121
飽和蒸気圧, 113
ボーア磁子, 141
保磁力, 147
保存量, 17
ボルタの電池, 168
ボルツマン定数, 59
ボルツマンの原理, 41

ま行

マイヤー・サイクル, 18
マイヤーの関係, 14, 60
マクスウェルの悪魔, 95
マクスウェルの関係, 55
マクスウェルの面積則, 127
マクロ（巨視的）な描像, 3
ミクロ（微視的）な描像, 3
水の三重点, 35
モル数, 59

や行

ヤコビアン, 53
融解, 111
融解曲線, 112
融解熱, 132
誘電率, 175
輸送係数, 176
輸送現象, 176
揺動・散逸定理, 201

ら行

ラウール (Raoult) の法則, 110
ランキン・サイクル, 157
ランフォード伯, 13
臨界圧力, 120
臨界温度, 120
臨界体積, 120
臨界点, 112
リンデの液化器, 63
ルジャンドル変換, 48
レナード=ジョーンズポテンシャル, 116

□監修者

益川 敏英
　　名古屋大学素粒子宇宙起源研究機構名誉機構長・特別教授／京都大学名誉
　　教授／京都産業大学名誉教授

□編集者

植松 恒夫
　　京都大学大学院理学研究科物理学・宇宙物理学専攻教授（〜2012年3月）
　　京都大学国際高等教育院特定教授（2013年4月〜2018年3月）
　　京都大学名誉教授

青山 秀明
　　京都大学大学院理学研究科物理学・宇宙物理学専攻教授（〜2019年3月）
　　京都大学名誉教授・大学院総合生存学館（思修館）特任教授

□著者

宮下 精二
　　東京大学理学系研究科物理学専攻教授（〜2019年3月）
　　東京大学名誉教授

き かんこう ざ ぶつり がく　　ねつりきがく
基幹講座物理学　熱力学　　　　　　　　　Printed in Japan

2019年9月25日　第1刷発行　　　　　　　　　　©Seiji Miyashita 2019

　　　　　　　　監　修　　益川　敏英
　　　　　　　　編　集　　植松　恒夫，青山　秀明
　　　　　　　　著　者　　宮下　精二
　　　　　　　　発行所　　東京図書株式会社
　　　　　　　　　〒102-0072 東京都千代田区飯田橋3-11-19
　　　　　　　　　振替 00140-4-13803 電話 03(3288)9461
　　　　　　　　　http://www.tokyo-tosho.co.jp/

ISBN 978-4-489-02318-7